土力学与地基基础

万凤鸣　主编

哈爾濱工業大學出版社

图书在版编目(CIP)数据

土力学与地基基础 / 万凤鸣主编.— 哈尔滨：
哈尔滨工业大学出版社，2021.10
ISBN 978-7-5603-9765-8

Ⅰ.①土… Ⅱ.①万… Ⅲ.①土力学②地基－
基础（工程）Ⅳ.①TU4

中国版本图书馆 CIP 数据核字(2021)第 211438 号

策划编辑　闻竹
责任编辑　周一瞳
封面设计　宣是設計
出版发行　哈尔滨工业大学出版社
社　　址　哈尔滨市南岗区复华四道街 10 号　邮编 150006
传　　真　0451－86414749
网　　址　http://hitpress.hit.edu.cn
印　　刷　北京荣玉印刷有限公司
开　　本　787mm×1092mm 1/16　印张 15　字数 390 千字
版　　次　2021 年 10 月第 1 版　2021 年 10 月第 1 次印刷
书　　号　ISBN 978-7-5603-9765-8
定　　价　45.00 元

前言

PREFACE

随着城市建设的快速发展及高层建筑、大型公共建筑、重型设备基础、城市地铁、越江越海隧道等工程的大量兴建，土力学理论与地基基础技术显得越来越重要。“土力学与地基基础”是土木工程专业一门理论性和实践性都较强的专业课。

本书介绍了土力学的理论基础，即土的物理性质，地基中土的应力、变形，以及土的抗剪强度特性；还对工程应用的内容进行了介绍，包括地基勘察、土坡稳定、挡土墙、天然地基上浅基础等。本书在编写过程中注重理论联系实际，在工程应用上侧重于路桥专业的实际需要，具有一定的针对性。本书采用了新修订的岩土工程规范、规程和标准，突出了应用性。

本书始终依据地基基础、工程勘察等方面的新国家或地方规范、标准的要求，兼顾我国土地辽阔、各地土质各异的特点，力求反映地基基础工程、岩土工程、地基处理的新技术、新工艺。本书在编写过程中始终注意一个原则，即对土力学原理做简要阐述后，侧重说明其相关的工程应用。

本书着重阐述应用方面的内容，以满足高等职业教育高等性和职业性的双重特点，适应土木工程类专业技术技能人才培养的需要。

限于作者水平，书中疏漏及不足之处在所难免，敬请读者批评指正。

编　者

2021 年 7 月

目录

CONTENTS

第一章　绪　论

第一节　土与土力学的概念

人类工程活动主要是在地球表层(地壳)进行的，这里广泛分布着岩石和土。岩石是天然产出的具有一定结构构造的矿物集合体；土是在地质历史时期(特别是第四纪)，地壳表层岩石经受长期风化作用而不断破碎、分解形成的碎屑颗粒，残留在原地或经过各种地质营力(如风、流水等)的搬运、沉积所形成的大小不等的颗粒状松散堆积物。与其他材料相比，土具有以下特点。

(1) 三相体。土的固体颗粒相互搭接或弱胶结，构成土的骨架。固体颗粒之间存在着大量的孔隙，并为水和空气所填充，所以土是由固体颗粒、液体水和气体组成的一种三相体。特殊情况下，土是两相体，如地下水位以下的饱和土仅由固体颗粒和孔隙水组成，而风干土则没有孔隙水。土体中颗粒大小和矿物成分差别很大，各组成部分的数量比例也各不相同，同时颗粒表面与孔隙水之间存在着复杂的化学作用，从而影响着土的性质。这样，土的力学性质要比单相固体或液体复杂得多。

(2) 碎散性。土体是由大小不同的颗粒组成的，颗粒之间没有联结强度或联结强度远小于颗粒本身的强度。与其他材料(如岩石)相比，其强度(通常指抗剪强度)很低，可以近似认为土体是碎散的，是一种以摩擦为主的集聚性材料。这是土有别于其他连续介质的一大特点。

(3) 透水性。土体中存在着大量的孔隙，可以充满足够数量的重力水，并允许这些重力水在孔隙中自由运动。但砂土等粗粒土和黏土等细粒土的透水性差别很大。

(4) 多孔性。由于土体中存在着大量的孔隙，因此土体受到荷载作用而易于产生压缩变形，而且其变形量一般远比其他常见建筑材料大。这种变形主要表现为颗粒之间的相对移动和重新排列。

(5) 自然变异性或不均匀性。由于形成过程的自然条件不同，各地也就产生了性质各异的土，因此土具有区域性。由于土的生成条件和环境的改变，土体也会产生竖向和水平向的不均匀性，甚至还会产生各向异性，因此同一场地、不同深度处土的性质可能不一样，相距很近的土的性质也可能发生变化，即使是同一点的土，其力学性质也会因方向的不同而不同。因此，土的性质远比其他建筑材料复杂。

(6) 易变性。与其他建筑材料相比，土的工程特性更易受外界温度、湿度、地下水、荷载等因素的影响而发生显著的变化。

知识拓展

土力学是以传统的工程力学和地质学的知识为基础，研究土的物理力学性质以及土中渗流、应力、变形、强度和稳定性等问题的一个力学分支。

第二节　地基及基础的概念

把两个岩土层面所限制的同一岩性的层状岩土称为地层。在地层中修建工业厂房、民用住宅、桥梁、码头等建筑物时，地层用来支撑建筑物，并承受其传下的荷载，此时一定范围内地层中的应力状态将发生变化，通常称这部分地层为建筑物的地基，而建筑物将上部结构的荷载传给地基的地下部分，通常称为基础，基础底面至地面的距离称为基础的埋置深度 d，简称埋深(图 1-1)。一般情况下，地基由多层岩土组成，直接支撑基础的地层称为持力层，在持力层下方的地层称为下卧层，它们都要满足一定的强度要求和变形限制，但一般对持力层的要求更高。

对于确定的拟建场地，人们对其地质条件没有选择的余地，只能尽可能地把它了解清楚，从而合理地加以利用或处理。如果地基是良好的地层，开挖基坑后就可以直接修筑基础，此类地基称为天然地基。如果地基软弱，承载力不足或预计变形过大，无法满足要求，则需要对其进行加固处理，处理后的地基称为人工地基。地基的处理方法有多种，如换填法、挤密法、振冲法、强夯法、预压法、胶结法等。

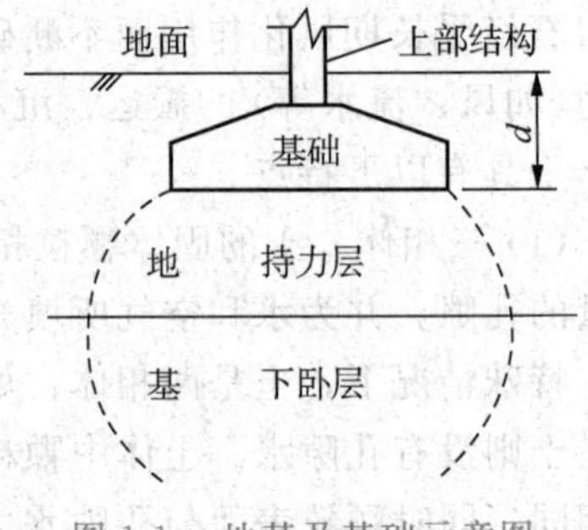

图 1-1　地基及基础示意图

基础的作用是将建筑物的全部荷载传递给地基。根据其埋置深度和施工方法，基础可分为浅基础和深基础。通常把埋置深度不大(一般不超过 5 m)，只需经过挖槽、排水等普通施工程序就可以建造起来的基础称为浅基础，如柱下独立基础、墙下或柱下条形基础、柱下十字交叉条形基础、筏形基础和箱形基础等。如果浅层土质不良，需要借助于特殊的施工方法和机具，把基础埋置在较深的地层中，将荷载传递到深部良好地层中，这样建造起来的基础就称为深基础，如桩基础、沉井基础及地下连续墙等。

在进行地基基础设计时，首选方案是天然地基上的浅基础。如果天然地基不能满足设计要求，则可以考虑采用人工地基或深基础方案。此时，应在综合考虑工程地质条件、结构类型、材料情况、施工条件和工期、环境影响等诸多因素的基础上因地制宜，在保证安全可靠的前提下进行技术经济分析后确定。

第三节　本书内容的重要性和任务

建造各类建筑物几乎都涉及本书内容，保证建筑物施工期和竣工后的安全及正常使用是应该面对和处理的两大主题。地基基础作为建筑物的根本，属于隐蔽工程，其勘察、设计和施工质量直接关系着建筑物安危。在建筑工程重大事故中，以该方面的事故居多，而且一旦发生地基基础事故，补救异常困难。特别是在复杂建筑条件下建设高层建筑，技术难度高，建筑环境要求严格，投资比例高，施工时间长，正确解决地基基础设计与施工及其与环境的相互作用问题就显得尤为重要。因此，本书内容在建筑工程中的重要性不言而喻。

为保证建筑物的安全和正常使用，与上部结构一样，基础应具有足够的强度、刚度和

耐久性，其材料、类型、埋置深度、底面尺寸和截面等都需要进行合理的选择和必要的计算。同时，本书还要研究和解决以下两大类问题。

(1) 土体稳定问题。土体稳定问题包括地基承载力、边坡及挡土墙的稳定等，也就是研究土体中的应力和强度，避免土体因强度不足而导致建筑物的破坏或边坡丧失稳定性。该方面著名的失败案例之一就是加拿大特朗斯康谷仓。该谷仓平面呈矩形，由65个圆筒仓组成，南北向长59.44 m，东西向宽23.47 m，高31.00 m，容积36 368 m^3，自重20 000 t。该谷仓基础为钢筋混凝土筏板基础，厚度61 cm，埋深3.66 m。谷仓地基土事先未进行勘察，仅根据邻近结构物基槽开挖试验结果，计算得到地基承载力为352 kPa，并应用于该谷仓。该谷仓于1913年完工，10月13日谷仓装入31 822 m^3谷物(基底压力为329.4 kPa)时，发现1 h内竖向沉降达30.5 cm，24 h内谷仓向西倾斜达26°53′，西端下沉7.32 m，东端上抬1.52 m。由于该谷仓整体性很强，因此上部筒仓完好无损。事后查明，该谷仓地基实际承载力为194～277 kPa，远小于谷仓破坏时的基底压力。因此，谷仓地基因强度不足而丧失整体稳定性。

(2) 地基变形问题。虽然地基具有足够的强度能保证自身稳定，但是地基的变形尤其是沉降(竖向变形)和不均匀沉降等也不应超过建筑物的允许值。否则，轻者导致建筑物的倾斜、开裂、降低或失去使用价值，重者将会造成建筑物的倒塌破坏，造成重大的人员财产损失。著名的意大利比萨斜塔就是如此。该塔于1173年动工，1178年建至第4层中部，高度约29 m时，因塔身明显倾斜而停工，随后又断续施工，并于1370年竣工。全塔共8层，高度为55 m，基底压力约为50 kPa，地基持力层为粉砂，下卧层为粉土和黏性土。该塔向南倾斜，南北两端沉降差1.80 m，塔顶偏离中心线达5.27 m，倾斜5.5°，成为危险建筑，1990年被封闭。

此外，需要指出的是，对于堤岸等土工建筑物、水工建筑物地基或其他挡土挡水结构，除在荷载作用下地基要满足前述的稳定和变形要求外，还要研究渗流对地基变形和稳定的影响。

第四节　本书的特点、学习方法和要求

本书包括工程地质基本概念、土力学和地基基础设计等内容，同时又涉及混凝土结构及砌体结构和建筑施工等课程，涉及面很广，因此具有理论公式多、概念抽象、系统性差、计算量大、实践性强等特点。在学习中要特别注意以下问题。

(1) 强化基本概念及理论的学习，重视有关理论和公式的适用性。首先，要牢固掌握本书中的基本概念及理论，以便熟练地应用到实际工程中。例如，土的物理性质指标的计算贯穿本书始末，只有牢固掌握其概念及计算方法，后续内容如地基应力计算、地基沉降分析等才能迎刃而解；又如，有效应力原理是土力学的基石之一，深刻领会其精髓，才能理解饱和黏土的渗透固结和抗剪强度理论的实质；再如，牢固掌握土的极限平衡理论，就可以驾轻就熟地进行土压力计算、地基承载力计算及土坡稳定分析等。其次，由于问题的复杂性，因此本书有较多计算理论和公式是在做出某些假设和忽略某些因素的前提下建立的，如土中应力计算、地基沉降计算、土的抗剪强度理论、基础设计、复合地基理论等。尽管它们是目前解决工程实际问题的理论依据，并且在长期的工程实践中发挥着无可替代的作用，但是也应当充分了解这些理论并不能模拟、概括地基土各种力学性状的全貌，注

意它们在工程实际使用中的适用条件。对于计算公式，一定要掌握其来源、意义和应用条件，否则计算结果是毫无意义的。

(2) 紧抓四大主题，建立内在联系。初次接触土力学，一般都会觉得它要比其他力学学科的系统性差。认真学习后，会发现土力学研究的内容无外乎应力、变形、强度(稳定)和渗流四大主题，课程安排也就是围绕这四大主题展开的。实际上，前三大主题类似于其他力学的研究内容，仅仅是研究方法和侧重点有所不同而已。另外，鉴于岩土材料的特殊性，土力学课程中增添了渗流的内容。因此，学习中只要紧紧抓住这四大主题，找出各章之间的内在联系，就可以做到零而不乱、有条不紊。

(3) 重视土工试验，加强动手操作能力。解决地基基础问题的关键步骤之一是计算指标和参数的确定，即土的工程性质指标的测定。相关的试验方法包括室内试验和原位测试两类，它们各有其特点和适用条件。必须重视学习与掌握这些指标的试验测定方法，了解这些指标的适用条件。对主要的试验指标，应掌握其土工试验的操作方法与数据整理方法。这样也有助于对有关理论知识的理解，提高分析问题、解决问题的能力。

(4) 加强案例学习，结合实际工程，提高运用理论知识解决实际问题的能力。本书中的理论是对实际工程的总结和升华，自然也可用于指导实际工程。本书中的大多数内容就是一个个工程实例，每章后面的习题就是工程内容的适当简化。例如，地基沉降量的计算、挡土墙土压力计算、地基承载力计算、边坡稳定性分析等，都是工程设计和施工中的常见内容，基础工程部分更是建筑工程不可或缺的重要内容。学生可以通过学习例题和完成作业，牢固掌握相应计算的要点，为今后的工作积累经验。特别是到施工现场，结合图纸和实物，更有助于有关知识的理解和应用。

(5) 重视工程地质的基本知识，培养阅读和使用岩土工程勘察资料的能力。在工程实践中，地基基础事故比其他事故多的原因之一，就是对地基勘察没有给予充分的重视。不少地区都有不经勘察而盲目进行地基基础设计和施工而造成工程事故的事例。但是，更常见的是贪快图省、勘察不详，结果反而延误建设进度，浪费大量资金，甚至遗留后患。优良的设计方案必须以准确的勘察资料为依据。设计工程师对地基土层的分布、土的疏密、压缩性高低、强度大小，尤其是均匀性、是否存在局部软硬异常的情况、地下水的埋深与水质及土的性质是否产生液化等条件进行全面和深入的研究，才能做好设计，防止地基事故的发生，确保工程质量，这是必须做到的基本要求。

知识拓展

在学习本书之前，宜先学习建筑材料、房屋建筑学、工程力学、结构力学等选修课程。混凝土结构及砌体结构、建筑施工则属于相配合的课程，同时学习效果更好。

思考题

1. 简述土与土力学的概念。
2. 简述本书的特点、学习方法和要求。

第二章　土的物理性质与工程分类

第一节　土的生成与特性

一、土的生成

1. 风化作用

在自然界，土的形成过程是十分复杂的，地壳表层的岩石在阳光、大气、水和生物等因素影响下发生风化作用，使岩石崩解、破碎，经流水、风、冰川等外力搬运作用，在各种自然环境下沉积，形成土体，因此通常说土是岩石风化的产物。

风化作用主要包括物理风化、化学风化和生物风化，它们同时存在且相互影响。

(1) 物理风化。物理风化是指温度变化、水的冻胀、波浪冲击、地震等引起的物理力使岩体崩解、碎裂的过程，这种作用使岩体逐渐变成细小的颗粒。

(2) 化学风化。化学风化是指岩体(或岩块、岩屑)与空气、水和各种水溶液相互作用的过程。这种作用不仅使岩石颗粒变细，更重要的是使岩石的矿物成分发生变化，形成大量细微颗粒(黏粒)和可溶盐类。

(3) 生物风化。由动物、植物和人类活动对岩体的破坏称为生物风化。例如，长在岩石缝隙中的树因树根伸展而使岩石缝隙扩展开裂，人们开采矿山、石材，修铁路，打隧道，劈山修公路等活动形成的土，其矿物成分没有变化。

2. 土的主要成因类型及特征

在自然界，岩石和土在其存在、搬运和沉积的各个过程中都在不断地进行风化，由于形成条件、搬运方式和沉积环境不同，因此自然界的土也就有不同的成因类型，可分为陆相沉积和海相沉积两类。

(1) 陆相沉积。

陆相沉积即陆地环境下的沉积，是指出露陆上的岩石风化物经重力、水、风、冰川等作用而形成的沉积土。

① 残积土。岩石经风化作用后残留在原地的碎屑堆积物称为残积土，如图 2-1(a) 所示。残积土层中土的颗粒粗细不匀，厚度不均，作为地基时承载力较高，但要特别注意其不均匀沉降。

② 坡积土。高处的风化物经雨水、雪水或本身的重力等作用搬运后，沉积在较平缓的山坡上的堆积物称为坡积土，如图 2-1(b) 所示。它一般分布在坡腰上或坡脚下，由上而下具有一定的分选性和局部层理性，土质不均匀，还常易发生沿基岩倾斜面的滑动。尤其是新近堆积的坡积土土质疏松、软弱性较高，对这些不良地质条件，在工程建设中要引起重视。

③ 洪积土。在山区或高地由暂时性的山洪急流把大量的残积土及坡积土剥蚀后搬运到山谷的出口处或山麓平原上而形成的堆积物称为洪积土，如图 2-1(c) 所示。洪水常引起山体崩塌、滑坡、塌方，大量的土体和岩块被洪水带走，这是洪水的地质作用，也是人们常遇到的地质灾害之一。

④ 冲积土。由河流流水作用将两岸岩石及其上部覆盖的土体剥蚀后，搬运、沉积在河流坡降平缓地带而形成的堆积物称为冲积土，如图 2-1(d) 所示。冲积土具有明显的层理构造。

⑤ 湖泊沉积土。由湖浪作用而在湖中沉积的堆积土称为湖泊沉积土，如图 2-1(e) 所示，可分为湖边、湖心沉积土。这类土常伴有生物化学作用所形成的有机物，成为具有特殊性质的淤泥或淤泥质土。

此外，还有冰积土和风积土，它们分别是在冰川地质作用和风的地质作用下形成并沉积下来的。

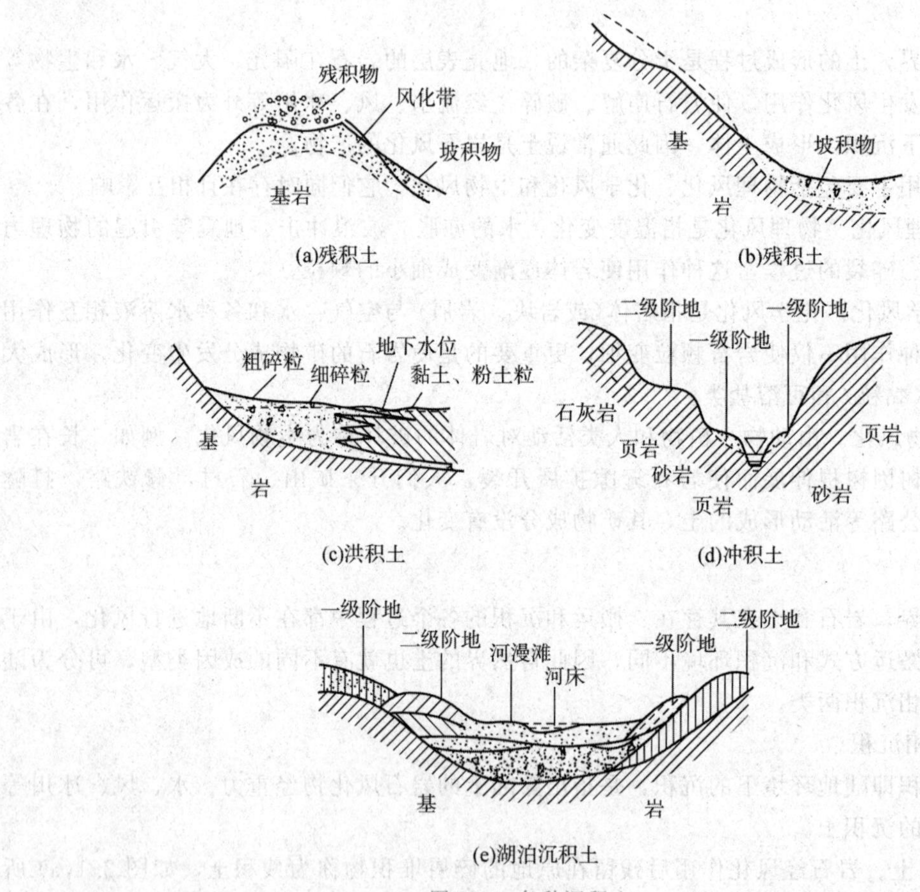

图 2-1　各种沉积土

(2) 海相沉积。

由河水带入海洋的物质和海岸风化后的物质及化学、生物物质在搬运过程中随着水流流速逐渐降低在海洋各分区(海滨、浅海、陆坡、深海地区) 中沉积下来的堆积物称为海洋沉积土。

知识拓展

土是岩石在风化作用下形成的大小悬殊的颗粒经过不同的搬运方式在各种自然环境中生成的沉积物。在漫长的地质年代中，各种内力和外力地质作用形成了许多类型的土。岩石经历风化、剥蚀、搬运、沉积生成土，而土经历压缩固结、胶结硬化也可再生成岩石(沉积岩)。

二、土的一般特性

(1) 散体性。颗粒之间无黏结或弱黏结，存在大量孔隙，可以透水、透气。

(2) 多相性。土往往是由固体颗粒、水和气体组成的三相体系，三相之间质和量的变化直接影响它的工程性质。

(3) 成层性。土粒在沉积过程中，不同阶段沉积物成分、颗粒大小及颜色等不同，而使竖向呈现成层的特征。

(4) 变异性。土是在自然界漫长的地质历史时期演化形成的多矿物组合体，性质复杂、不均匀、有随机性且随时间和环境的变化而变化。

第二节　土的三相组成及三相比例指标

一、土的三相组成

土的三相组成是指土由固体颗粒、水和气体三部分组成。土中的固体颗粒构成土的骨架，骨架之间存在大量孔隙，孔隙中填充着液态水和空气。土中孔隙全部被水充满时称为饱和土；孔隙全部被气体充满时称为干土；土中孔隙同时有水和气体存在时称为非饱和土。土体三个组成部分本身的性质及它们之间的比例关系和相互作用决定土的物理力学性质。

1. 土的固体颗粒

土的固体颗粒(土颗粒或土粒)即土的固相，是土的主要组成部分。土颗粒的大小、形状、矿物成分及颗粒级配对土的物理力学性质有明显的影响。

(1) 土粒的矿物成分。

土粒的矿物成分取决于母岩的矿物成分及风化作用，可分为原生矿物和次生矿物。

原生矿物由岩石经过物理风化后形成，其矿物成分与母岩相同，常见的有石英、长石和云母等。一般较粗颗粒的砾石、砂等都是由原生矿物组成的。

次生矿物是岩石经化学风化后形成的新的矿物，如黏土矿物的高岭石、伊利石、蒙脱石，其成分与母岩不相同。次生矿物性质较不稳定，具有较强的亲水性，遇水易膨胀。

(2) 土粒粒组。

土粒的大小称为粒度。土颗粒的形状、大小各异，但都可以将土颗粒的体积化作一个当量的小球体，据此可算得当量小球体的直径，称为当量直径，简称粒径。随着土粒由粗变细，土可由无黏性变为有黏性，透水性也随之减小。当土粒的粒径在一定范围内变化时，这些土粒的性质接近。因此，工程上将不同的土粒按其粒径范围划分成若干粒组，其分界尺寸称为界限粒径。《建筑地基基础设计规范》(GB 50007—2002) 和《公路桥涵地基与

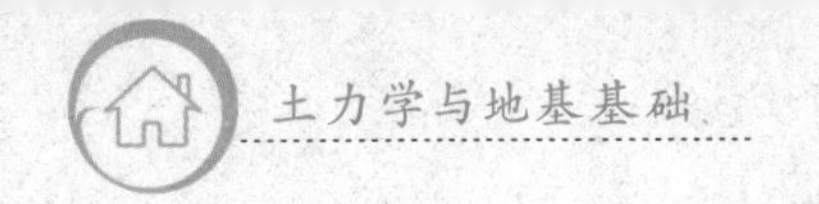

基础设计规范》(JTG D63—2007) 对土粒粒组的划分见表 2-1。

表 2-1　土粒粒组的划分

粒组统称	粒组名称		粒径范围 /mm
巨粒组	漂石或块石颗粒		＞200
	卵石或碎石颗粒		200～20
粗粒组	圆砾或角砾颗粒	粗	20～10
		中	10～5
		细	5～2
	砂粒	粗	2～0.5
		中	0.5～0.25
		细	0.25～0.1
		极细	0.1～0.075
细粒组	粉粒	粗	0.075～0.01
		细	0.01～0.005
	黏粒		≤0.005

(3) 土的颗粒级配。

工程上，常以土中各粒组的相对含量(各粒组占土粒总质量的百分数) 表示土中颗粒大小的组成情况，即颗粒级配。颗粒级配可通过土的颗粒分析试验测定，其结果在半对数纸上绘出，颗粒级配曲线如图 2-2 所示。根据曲线的陡缓可进行粗略分析：若曲线平缓，则表示粒径相差悬殊，土粒不均匀，即级配良好(图 2-2 中 a 线)；反之，曲线很陡，表示粒径均匀，级配不好(图 2-2 中 b 线)。

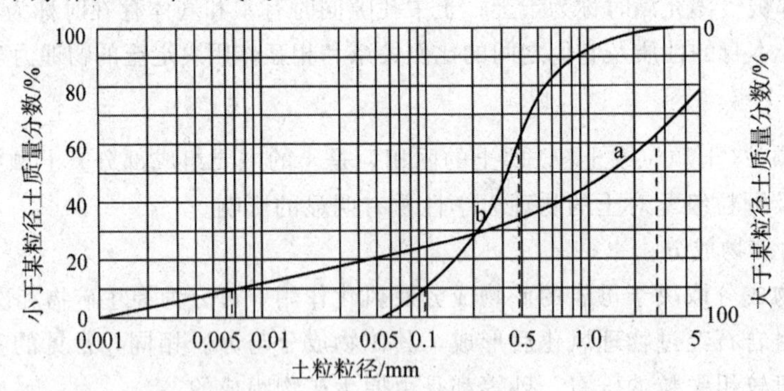

图 2-2　颗粒级配曲线

在工程计算中常以不均匀系数 C_u 作为定量分析，表示颗粒的不均匀程度，即

$$C_u=\frac{d_{60}}{d_{10}} \tag{2-1}$$

式中　d_{60}—— 小于某粒径土的质量占土总质量 60% 时的粒径，该粒径称为限定粒径；

d_{10}—— 小于某粒径土的质量占土总质量 10% 时的粒径，该粒径称为有效粒径。

颗粒级配曲线越陡，不均匀系数 C_u 越小，表示土粒越均匀。工程上把 $C_u<5$ 的土称为均匀的，级配不好；$C_u>10$ 的土视为不均匀的，级配良好，作为填方或垫层材料时易

获得较好的压实效果。

实际上，用一个指标 C_u 确定土的级配情况有时是不够的，要同时考虑级配曲线的整体形状。因此，需参考曲率系数 C_c 值，即

$$C_c=\frac{d_{30}^2}{d_{10}d_{60}} \tag{2-2}$$

式中　d_{30}——小于某粒径土的质量占土总质量 30% 时的粒径。

一般认为，砾类土和砂类土同时满足 $C_u=5\sim10$ 且 $C_c=1\sim3$ 两个条件时，则定名为良好级配砾或良好级配砂，否则级配不好。

2. 土中水

土中水即土的液相，其含量及性质明显地影响土的性质(尤其是黏性土)。土中水除一部分以结晶水的形式紧紧吸附于固体颗粒的晶格内部外，还存在结合水和自由水两大类。

(1) 结合水。

结合水是指土粒表面由电分子引力吸附着的土中水。研究表明，细小土粒与周围介质相互作用使其表面带负电荷，围绕土粒形成电场。在土粒电场范围内的水分子及水溶液中的阳离子(如 Na^+、Ca^{2+} 等)一起被吸附在土粒周围。水分子是极性分子，受电场作用而定向排列，且越靠近土粒表面吸附越牢固，随着距离的增大，吸附力减弱，活动性增大。结合水可分为强结合水和弱结合水，其示意图如图 2-3 所示。

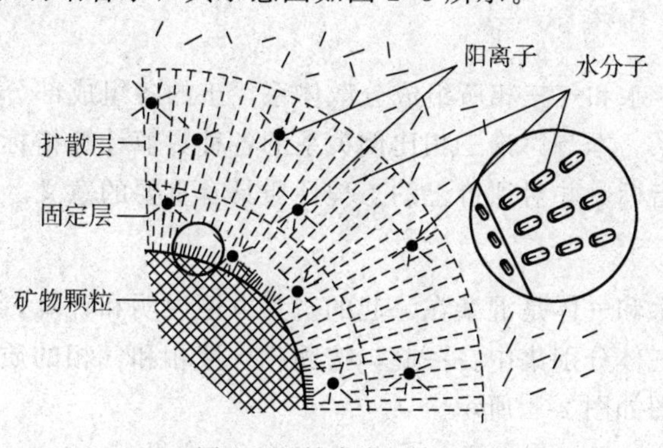

图 2-3　结合水示意图

① 强结合水。强结合水又称吸着水，指紧靠 d 颗粒表面处于固定层中的结合水，所受电场的作用力很大，几乎完全固定排列，丧失液体的特性而接近于固体。强结合水冰点远低于 0 ℃，最低为 −78 ℃；密度为 1.2 ~ 2.4 g/cm³，比自由水密度大。强结合水没有传递静水压力和溶解盐类的能力，温度达 105 ℃ 以上时才能蒸发。

② 弱结合水。弱结合水又称薄膜水，存在于扩散层中，是位于强结合水外围的一层水膜，其厚度(为 5 ~ 10 μm) 比强结合水大，受到电分子引力小，呈黏滞体状态。它仍不能传递静水压力，不能自由流动，但能从厚的水膜向薄的水膜处转移，直至平衡为止。由于弱结合水的存在，因此黏性土具有可塑性。

知识拓展

随着与土粒表面距离的增大，吸附力逐渐减小，弱结合水逐渐过渡为自由水。

(2) 自由水。

在土粒电场影响范围以外的水称为自由水。它的性质与普通水无异，能传递静水压力和溶解盐类，温度 0 ℃ 时结冰。自由水按其移动时作用力的不同，可分为毛细水和重力水。

① 毛细水。毛细水是土孔隙中受到表面张力作用而存在的自由水，存在于地下水位以上的土层中。一般情况下，砂土、粉土和黏性土中毛细水含量较大。毛细水上升到地面会引起沼泽化、盐渍化，而且还会使地基土润湿，降低强度，增大变形量。在寒冷地区还会加剧土的冻胀作用。

② 重力水。重力水是在土的孔隙中受重力作用而自由流动的水，一般存在于地下水位以下的土层中。在地下水位以下的土受到重力水的浮力作用，而使土中应力状态发生变化。因此，在基坑的施工中应注意重力水产生的影响。

3. 土中气体

土中气体即土的气相，存在于土孔隙中未被水占据的部分，可分为与大气连通的气体和与大气不连通的封闭气泡两种。与大气连通的气体，其含量决定于孔隙的体积和孔隙被水填充的程度，它对土的性质影响不大；与大气不连通的封闭气泡，它不易逸出，增大了土的弹性和压缩性，同时降低了土的透水性。在泥和泥炭土中，由于微生物的活动和分解作用，土中产生一些可燃气体，如硫化氢、甲烷等，因此土层不易在自重作用下压密而形成高压缩性的软土层。

二、土的三相比例指标

土是由固体颗粒、水和气三相所组成分散体系，土的各组成部分的质量和体积之间的关系称为三相比例关系。本节讨论三相比例关系的各种数值计算指标。它们是定量描述土的物理性能的最基本指标，并对评价土的工程性质具有重要的意义。

1. 土的三相简图

土的固体颗粒、水和气体是混杂在一起的。为方便说明和计算，将三相体系中分散交错的固体颗粒、水和气体分别集中在一起，按固相、液相和气相的质量和体积表示在土的三相图中，土的三相图如图 2-4 所示。

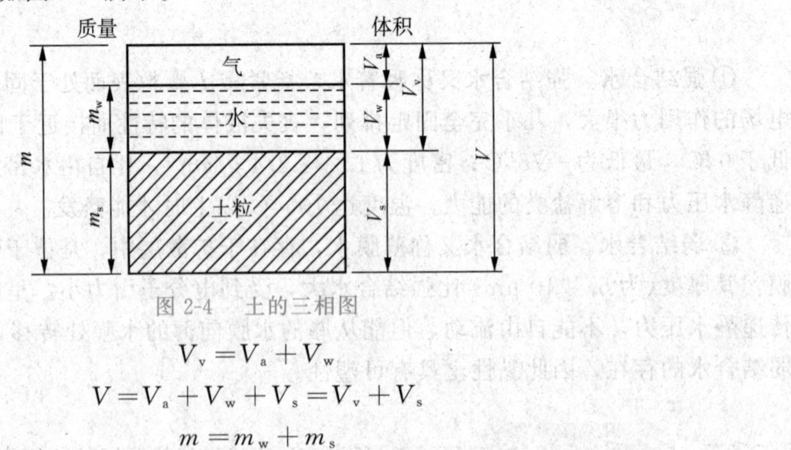

图 2-4　土的三相图

$$V_v = V_a + V_w$$

$$V = V_a + V_w + V_s = V_v + V_s$$

$$m = m_w + m_s$$

式中　V—— 土的总体积；

V_a—— 土中气体所占的体积；

V_w—— 土中水所占的体积；

V_v—— 土的孔隙体积；

V_s—— 土中固体颗粒所占的体积；

m—— 土的总质量；

m_w—— 土中水的质量；

m_s—— 土中固体颗粒的质量。

2. 指标的定义

(1) 基本指标。

土的物理性质指标中有三个基本指标可直接通过土工试验测定，又称直接测定指标。

① 土的密度 ρ。

土在天然状态下单位体积的质量称为土的密度，即

$$\rho = \frac{m}{V} \tag{2-3}$$

土的密度可用环刀法测定。天然状态下土的密度变化范围较大，其参考值为：一般黏性土 $\rho = 1.8 \sim 2.0\ \mathrm{g/cm^3}$；砂土 $\rho = 1.6 \sim 2.0\ \mathrm{g/cm^3}$。

工程中常用重度 γ 来表示单位体积土的重力，它与土的密度之间的关系为

$$\gamma = \rho g \tag{2-4}$$

式中　g—— 重力加速度，约等于 $9.807\ \mathrm{m/s^2}$，工程中一般取 $g = 10\ \mathrm{m/s^2}$。

天然重度的变化范围较大，与土的矿物成分、孔隙的大小、含水的多少等有关。一般 $\gamma = 16 \sim 20\ \mathrm{kN/m^3}$。通常比较密实的土重度较大。

② 土的含水率 w。

土中水的质量与土颗粒质量之比的百分率称为土的含水率，即

$$w = \frac{m_w}{m_s} \times 100\% \tag{2-5}$$

土的含水率通常用烘干法测定，也可近似采用酒精燃烧法、红外线法、铁锅炒干法等快速测定。

知识拓展

土的含水率是标志土的湿度的一个重要指标。天然土层的含水率变化范围较大，与土的类别、天然的埋藏条件、水的补给环境等有关，一般在10%～60%。同一类土，含水率越大，则抗剪强度越低；反之，则抗剪强度越高。

③ 土粒相对密度(土粒比重)d_s。

土粒的质量与同体积水在4 ℃时质量的比值称为土粒的相对密度，即

$$d_s = \frac{m_s}{V_s \rho_w} = \frac{\rho_s}{\rho_w} \tag{2-6}$$

式中　ρ_s—— 土粒的密度，即单位体积土粒的质量；

ρ_w——4 ℃时纯蒸馏水的密度，一般取 $\rho_w = 1.0\ \mathrm{g/cm^3}$。

因为$\rho_w = 1.0\ \mathrm{g/cm^3}$，故实用上，土粒相对密度在数值上即等于土粒的密度，但是相对密度是无量纲数。

土粒相对密度常用相对密度瓶法测定。由于天然土体是由不同的矿物颗粒组成的，而这些矿物的相对密度各不相同，因此试验测定的是试验土样所含的土粒的平均相对密度。

土粒相对密度的变化范围不大，细粒土(黏性土)一般为2.70～2.75，砂土一般为

2.65左右。土中有机质含量增加时，土粒相对密度减小。

(2) 反映土的孔隙特征、含水程度的指标。

① 土的孔隙比 e。

土的孔隙体积与土颗粒体积的比值称为孔隙比，即

$$e=\frac{V_v}{V_s} \tag{2-7}$$

孔隙比是评价土的密实程度的重要物理性质指标。一般地，$e<0.6$ 的土是密实的低压缩性土；$e>1.0$ 的土是疏松的高压缩性土。

② 土的孔隙率 n。

土的孔隙率是指土中孔隙体积与土总体积之比，即单位体积的土体中孔隙所占的体积，以百分数形式表示，即

$$n=\frac{V_v}{V}\times 100\% \tag{2-8}$$

孔隙率可用来表示同一种土的松、密程度，其值随土形成过程中所受的压力、粒径级配和颗粒排列的状况而变化。一般粗粒土的孔隙率小，细粒土的孔隙率大。例如，砂类土的孔隙率一般是28%～35%；黏性土的孔隙率有时可高达60%～70%。

③ 土的饱和度。

土中水的体积与孔隙体积的比值称为饱和度，以百分数形式表示，即

$$S_r=\frac{V_w}{V_v}\times 100\% \tag{2-9}$$

土的饱和度反映了土中孔隙被水充满的程度。如果 $S_r=100\%$，则表明土孔隙中充满水，土是完全饱和的；如果 $S_r=0\%$，则土是完全干燥的。通常可根据饱和度的大小将砂土划分为如下稍湿、很湿和饱和三种状态。

$$\begin{cases} S_r\leqslant 50\%, & \text{稍湿} \\ 50\%<S_r\leqslant 80\%, & \text{很湿} \\ S_r>80\%, & \text{饱和} \end{cases}$$

(3) 反映土单位体积质量(或重力)的指标。

除土的天然密度 ρ 外，工程计算上还常用干密度、饱和密度和有效密度。

① 土的干密度 ρ_d。

土单位体积中固体颗粒部分的质量称为土的干密度 ρ_d，即

$$\rho_d=\frac{m_s}{V} \tag{2-10}$$

土的干密度一般为1.3～1.8 g/cm^3。工程上常用土的干密度来评价土的密实程度，以控制填土、公路路基和坝基的施工质量。

② 土的饱和密度 ρ_{sat}。

土中孔隙完全被水充满时，土单位体积的质量称为土的饱和密度 ρ_{sat}，即

$$\rho_{sat}=\frac{m_s+V_v\rho_w}{V} \tag{2-11}$$

式中　ρ_w—— 水的密度，近似取 $\rho_w=1.0$ g/cm^3。

③ 土的有效密度 ρ'。

在地下水位以下，土粒受到水的浮力作用。单位体积土粒的质量扣除同体积水的质量

后，即单位体积中土粒的有效质量，称为土的有效密度 ρ'，即

$$\rho' = \frac{m_s - V_s\rho_w}{V} \tag{2-12}$$

除上述几种密度外，工程上还常用干重度γ_d、饱和重度γ_{sat}和有效重度 γ' 表示相应含水状态下单位体积土的重力，其数值等于上述相应的密度乘以重力加速度 g，即 $\gamma_d = \rho_d g$，$\gamma_{sat} = \rho_{sat} g$，$\gamma' = \rho' g$，各重度指标的单位为千牛每立方米(kN/m³)。

3. 指标的换算

反映三相比例关系的指标中，只要通过试验直接测定土的密度 ρ、含水率 w 和相对密度 d_s，便可利用三相图推算出其他各个指标。

图 2-5 所示为常用土的三相比例指标换算图。设土粒体积 $V_s = 1$，则根据孔隙比定义得

$$V_v = V_s e = e$$
$$V = 1 + e$$

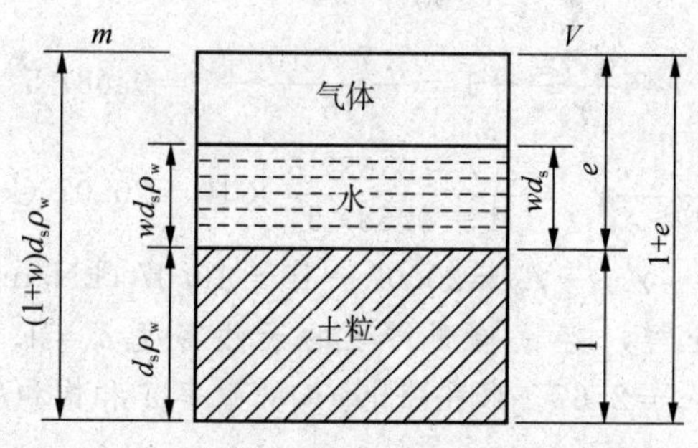

图 2-5　常用土的三相物理指标换算图

根据相对密度定义得

$$m_x = d_s\rho_w V_s = d_s\rho_w$$

根据含水率定义得

$$m_w = w m_s = w d_s \rho_w$$
$$m = m_s + m_w = d_s\rho_w(1+\omega)$$

根据体积和质量关系得

$$V_w = \frac{m_w}{\rho_w} = w d_s$$

根据图 2-5，可由指标的定义得到

$$\rho = \frac{m}{V} = \frac{d_s(1+\omega)}{1+e}\rho_w$$

$$\rho_d = \frac{m_s}{V} = \frac{d_s\rho_w}{1+e} = \frac{\rho}{1+w}$$

$$\rho_{sat} = \frac{m_s + V_v\rho_w}{V} = \frac{(d_s+e)\rho_w}{1+e}$$

$$\rho' = \frac{m_s - V_s\rho_w}{V}\rho_{sat} - \rho_w$$

$$e = \frac{d_s\rho_w}{\rho_d} - 1 = \frac{d_s(1+w)\rho_w}{\rho} - 1$$

$$n = \frac{V_v}{V} = \frac{e}{1+e}$$

$$S_r=\frac{V_w}{V_v}=\frac{wd_s}{e}$$

在以上计算中，以$V_s=1$作为计算的出发点，其实以土的总体积$V=1$作为计算的出发点或以其他量为1都可以得出相同的结果。因为事实上，上述各个物理指标都是三相间量的相互比例关系，不是量的绝对值，所以在换算时，可以根据具体情况决定采用某种方法。

【例 2-1】某土样经试验测得体积为 100 cm³，湿土质量为 185 g，烘干后干土质量为 160 g，若土粒相对密度$d_s=2.7$，试求土样的含水率w、干重度γ_d、孔隙比e、饱和重度γ_{sat}、有效重度γ'。

解： 计算结果为

$$w=\frac{m_w}{m_s}\times 100\%=\frac{185-160}{160}\times 100\%=15.625\%$$

$$\gamma_d=\frac{m_s}{V}g=\frac{160}{100}\times 10=16.0\ (\mathrm{kN/m^3})$$

$$e=\frac{d_s\gamma_w}{\gamma_d}-1=\frac{2.7\times 10}{16}-1=0.6875$$

$$\gamma_{sat}=\frac{d_s+e}{1+e}\gamma_w=\frac{2.7+0.6875}{1+0.6875}\times 10=20.07\ (\mathrm{kN/m^3})$$

$$\gamma'=\gamma_{sat}-\gamma_w=20.07-10=10.07\ (\mathrm{kN/m^3})$$

【例 2-2】某一原状土样，经试验测得土的天然密度$\rho=1.67\ \mathrm{g/cm^3}$，含水率$w=12.9\%$，土粒相对密度$d_s=2.67$。求孔隙比$e$、孔隙率$n$和饱和度$S_r$。

解： 计算结果为

$$e=\frac{d_s(1+w)\rho_w}{\rho}-1=\frac{2.67\times(1+0.129)}{1.67}-1=0.805$$

$$n=\frac{e}{1+e}=\frac{0.805}{1+0.805}=44.6\%$$

$$S_r=\frac{wd_s}{e}=\frac{0.129\times 2.67}{0.805}=43\%$$

【例 2-3】某完全饱和黏性土的含水率为$w=40\%$，土粒相对密度$d_s=2.7$，试按定义求土的孔隙比e和干密度ρ_d。

解： 设土粒体积$V_s=1.0\ \mathrm{cm^3}$，则由图 2-5 三相比例指标换算图可得以下公式。

土粒的质量为

$$m_s=d_s\rho_w=2.7\ \mathrm{g}$$

水的质量为

$$m_w=wm_s=0.4\times 2.7=1.08\ (\mathrm{g})$$

孔隙的体积为

$$V_v=V_w=\frac{m_w}{\rho_w}=1.08\ \mathrm{cm^3}$$

所以有

$$e=\frac{V_v}{V_s}=\frac{1.08}{1.0}=1.08$$

$$\rho_d=\frac{m_s}{V}=\frac{2.7}{1+1.09}=1.29\ (\mathrm{g/cm^3})$$

第三节　土的物理状态指标

所谓土的物理状态指标，对于无黏性土是指土的密实度，对于黏性土则是指反映其物理特性的指标。

一、无黏性土的密实度

无黏性土一般是指碎石(类)土和砂(类)土。它们最主要的物理状态指标是密实度，无黏性土的密实度与其工程性质有密切关系。根据土颗粒含量的多少，天然状态下的砂、碎石等处于从紧密到松散的不同物理状态。

知识拓展

若土颗粒排列紧密，其结构就稳定，压缩变形小，强度大，是良好的天然地基；反之，密实度小，呈疏松状态时，如饱和的粉细砂，其结构常处于不稳定状态，对工程不利。因此，在工程中对于无黏性土要求达到一定的密实度。

描述砂土密实状态的指标可采用下述几种。

1. 孔隙比 e

孔隙比 e 可以用来表示砂土的密实度，是判断无黏性土密实度最简便的方法。对于同一种土，当孔隙比小于某一限度时，处于密实状态。孔隙比越大，则土越松散。砂土的这种持性是由它所具有的单粒结构决定的。这种用孔隙含量表示密实度的方法虽然简便，却有其明显的缺陷，即没有考虑到颗粒级配这一重要因素对砂土密实状态的影响。同时，由于取原状砂样和测定孔隙比存在实际困难，因此在实用上也存在问题。

2. 相对密实度 D_r

将砂土处于最松散状态的孔隙比称为最大孔隙比 e_{max}，砂土处于最紧密状态时的孔隙比称为最小孔隙比 e_{min}。而当土粒粒径较均匀时，其 $e_{max}-e_{min}$ 差值较小；当土粒粒径不均匀时，其差值较大。因此，利用砂土的最大、最小孔隙比与所处状态的天然孔隙比 e 进行比较，能综合地反映土粒级配、土粒形状和结构等因素。该指标称为相对密实度 D_r，即

$$D_r=\frac{e_{max}-e}{e_{max}-e_{min}} \tag{2-13}$$

式中　e —— 砂土在天然状态下或某种控制状态下的孔隙比；

e_{max} —— 砂土在最疏松状态下的孔隙比，即最大孔隙比；

e_{min} —— 砂土在最密实状态下的孔隙比，即最小孔隙比。

显然，当 $D_r=0$，即 $e=e_{max}$ 时，表示砂土处于最疏松状态；当 $D_r=1$，即 $e=e_{min}$ 时，表示砂土处于最紧密状态。因此，根据 D_r 的值可把砂土的密实度状态分为下列三种：

$$\begin{cases} 0.67<D_r<1, & \text{密实的} \\ 0.33<D_r\leqslant 0.67, & \text{中密的} \\ 0<D_r\leqslant 0.33, & \text{松散的} \end{cases}$$

相对密实度试验适用于透水性良好的无黏性土，如纯砂、纯砾等。试验时，一般可采用松散器法测定最大孔隙比 e_{max}，采用振击法测定最小孔隙比 e_{min}。相对密实度对于土作

为土工构筑物和地基的稳定性，特别是在抗震稳定性方面具有重要的意义。但由于天然状态砂土的孔隙比 e 值难以测定，尤其是位于地表下一定深度的砂层测定更为困难，按规程方法室内测定 e_{max} 和 e_{min} 时人为误差也较大，因此相对密度这一指标在理论上虽然能够更合理地确定土的密实状态，但由于以上原因，因此通常多用于填方工程的质量控制中，对于天然土尚难以应用。

【例 2-4】某砂土试样，通过试验测定土粒相对密度 $d_s=2.7$，含水量 $w=9.43\%$，天然密度 $\rho=1.66\ g/cm^3$。已知砂样处于最密实状态时称得 1 000 cm^3 的干砂质量 $m_{s1}=1.62\ kg$，处于最疏松状态时称得 1 000 cm^3 干砂质量 $m_{s2}=1.45\ kg$。试求此砂土的相对密实度 D_r，并判断砂土所处的密实状态。

解：　砂土在天然状态下的孔隙比为

$$e=\frac{d_s(1+w)\rho_w}{\rho}-1=\frac{2.7\times(1+0.094\ 3)\times 1}{1.66}-1=0.78$$

砂土最大干密度为

$$\rho_{dmax}=\frac{m_{s1}}{V}=\frac{1\ 620}{1\ 000}=1.62\ (g/cm^3)$$

砂土最小孔隙比为

$$e_{min}=\frac{d_s\rho_w}{\rho_{dmax}}-1=\frac{2.7\times 1}{1.62}-1=0.67$$

砂土最小干密度为

$$\rho_{dmin}=\frac{m_{s2}}{V}=\frac{1\ 450}{1\ 000}=1.45\ (g/cm^3)$$

砂土最大孔隙比为

$$e_{max}=\frac{d_s\rho_w}{\rho_{dmin}}-1=\frac{2.7\times 1}{1.45}-1=0.86$$

相对密实度为

$$D_r=\frac{e_{max}-e}{e_{max}-e_{min}}=\frac{0.86-0.78}{0.86-0.67}=0.42$$

因为 $0.33<D_r<0.67$，所以该砂处于中密状态。

3. 动力触探指标

天然碎石土的密实度可按原位重型圆锥动力触探的锤击数 $N_{63.5}$ 进行评定。重型圆锥动力触探是利用一定的落锤能量，将一定尺寸、一定形状的圆锥探头打入土中，根据打入的难易程度来评价土的物理力学性质的一种原位测试方法。试验中，一般以打入土中一定距离(贯入度)所需落锤次数(锤击数) 来表示探头在土中贯入的难易程度。同样贯入度条件下，锤击数越多，表明土层阻力越大，土越密实；反之，锤击数越少，表明土层阻力越小，土越松散。

天然砂土的密实度可按原位标准贯入试验的锤击数 N 进行评定。标准贯入试验是采用标准贯入器打入土中一定距离(30 cm)，需落锤次数 N (标贯击数) 来表示土的阻力大小。《建筑地基基础设计规范》(GB 50007—2002) 给出的砂土和碎石土密实度的划分见表 2-2。

表 2-2　砂土和碎石土密实度的划分

密实度	松散	稍密	中密	密实
按 N 评定砂土的密实度	$N \leqslant 10$	$10 < N \leqslant 15$	$15 < N \leqslant 30$	$N > 30$
按 $N_{63.5}$ 评定碎石土的密实度	$N_{63.5} \leqslant 5$	$5 < N_{63.5} \leqslant 10$	$10 < N_{63.5} \leqslant 20$	$N_{63.5} > 20$

注：①N 值为未经过杆长修正的数值；

② $N_{63.5}$ 为经综合修正后的平均值，适用于平均粒径小于或等于 50 mm 且最大粒径不超过 100 mm 的卵石、碎石、圆砾、角砾。

二、黏性土的物理特性指标

黏性土是指具有可塑状态性质的土，它们在外力的作用下可塑成任何形状而不开裂，当外力去掉后仍可保持原形状不变，土的这种性质称为可塑性。含水率对黏性土的工程性质有着极大的影响。当含水率大到一定值时，土变成泥浆，呈黏滞流动的液体；当施加外力时，泥浆将连续地变形，土的抗剪强度近乎为零；当含水率逐渐降低到某一值，土会显示出一定的抗剪强度，并具有可塑性，它表现为塑性体的特征；当含水率继续降低时，土能承受较大的外力作用，不再具有塑性体特征，而呈现具有脆性的固体特征。

1. 黏性土的界限含水率

(1) 界限含水率。

黏性土因其含水率的不同而分别处于固态、半固态、可塑状态和流动状态。黏性土从一种状态转变为另一种状态的分界含水率称为界限含水率。黏性土的界限含水率如图 2-6 所示。土由可塑状态变化到流动状态的界限含水率称为液限(或流限)，用 w_L 表示；土由半固态变化到可塑状态的界限含水率称为塑限，用 w_P 表示；土由半固态不断蒸发水分，体积逐渐缩小，直到体积不再缩小时土的界限含水率称为缩限，用 w_S 表示。界限含水率首先于 1911 年由瑞典科学家阿特堡(Atterberg) 提出，故这些界限含水率又称阿特堡界限。

(2) 液限与塑限的测定。

我国目前采用锥式液限仪(图 2-7) 来测定黏性土的液限。它是将调成浓糊状的试样装满盛土杯，刮平杯口面，使 76 g 重圆锥体(含有平衡球，锥角 30°) 在自重作用下徐徐沉入试样，若经过 15 s 圆锥沉入深度恰好为 10 mm，则该试样的含水率为液限 w_L 值。

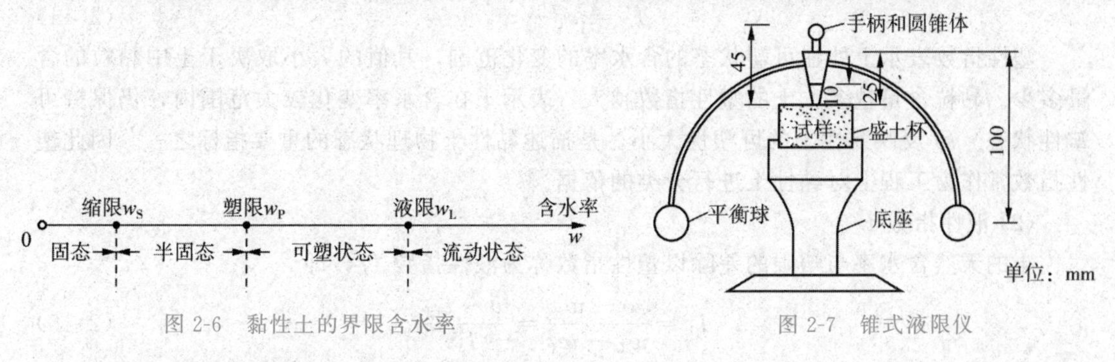

图 2-6　黏性土的界限含水率

图 2-7　锥式液限仪

欧美等国家和地区大都采用碟式液限仪(图 2-8) 测定液限。它是将浓糊状试样装入碟内，刮平表面，用切槽器在土中划一条槽，槽底宽 2 mm，通过摇柄和凸轮将碟子抬高 10 mm 后下落撞击在硬橡皮垫板上。连续下落 25 次后，若土槽合拢长度刚好为 13 mm，则该试样的含水率就是液限。

塑限多采用“搓条法”测定。把塑性状态的土重塑均匀后，用手掌在毛玻璃板上把土团搓成小土条，搓滚过程中，水分渐渐蒸发，若土条刚好搓至直径为 3 mm 时产生裂缝并开始断裂，此时土条的含水率即塑限 w_P 值。

由于上述方法采用人工操作，人为因素影响较大，测试成果不稳定，因此国标规定采用液、塑限联合测定法。

联合测定法是采用锥式液限仪以电磁放锥，利用光电方式测读锥入土中深度。试验时一般对三个不同含水率的试样进行测试，在双对数坐标纸上作出各次锥入土深度及相应含水率的关系曲线(大量试验表明其接近于一直线，如图 2-9 所示)，则对应于圆锥体入土深度为 10 mm 及 2 mm 时，土样的含水率就分别为该土的液限和塑限。

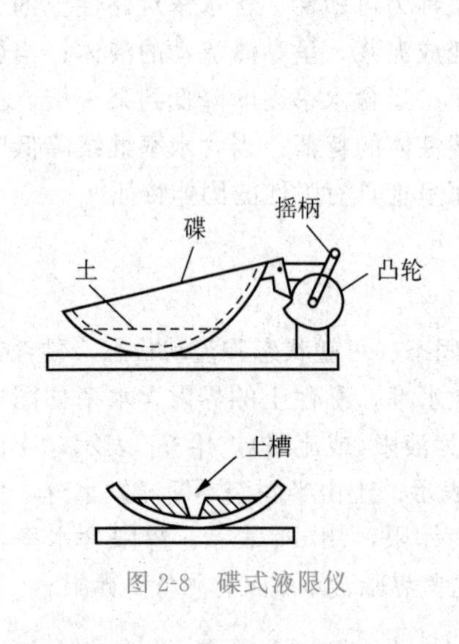

图 2-8　碟式液限仪

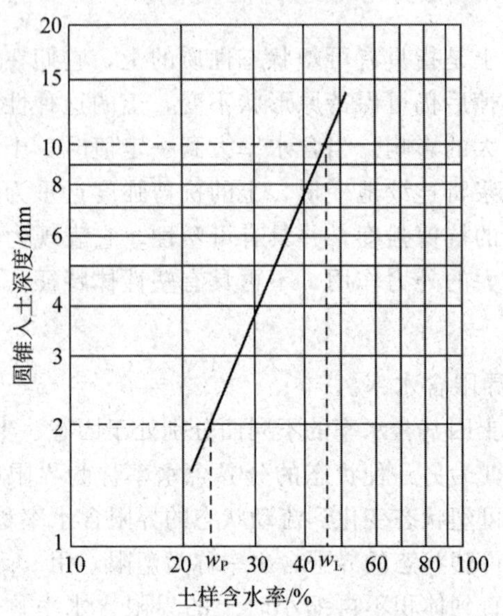

图 2-9　圆锥入土深度与含水率的关系

2. 黏性土的塑性指数与液性指数

(1) 塑性指数 I_P。

液限与塑限之差称为塑性指数 I_P，习惯上略去百分号，即

$$I_P = w_L - w_P \tag{2-14}$$

塑性指数表示土处在可塑状态的含水率的变化范围，其值的大小取决于土中黏粒的含量多少。黏粒含量越多，土的塑性指数越大，表示土在含水率变化较大范围内，仍保持可塑性状态。I_P 反映黏性土的可塑性大小，是描述黏性土物理状态的重要指标之一，因此塑性指数常作为工程上对黏性土进行分类的依据。

(2) 液性指数 I_L。

土的天然含水率与塑限的差除以塑性指数称为液性指数 I_L，即

$$I_L = \frac{w - w_P}{w_L - w_P} = \frac{w - w_P}{I_P} \tag{2-15}$$

液性指数表征了土的天然含水率与分界含水率之间的相对关系，是黏性土软硬程度的物理性能指标。液性指数 I_L 越大，土质越软；反之，土质越硬。《建筑地基基础设计规范》(GB 50007—2002) 和《公路桥涵地基与基础设计规范》(JTG D63—2007) 按液性指数大小将黏性土划分为五种软硬状态，见表 2-3。

表 2-3　黏性土的软硬状态

状态	坚硬	硬塑	可塑	软塑	流塑
液性指数	$I_L \leqslant 0$	$0 < I_L \leqslant 0.25$	$0.25 < I_L \leqslant 0.75$	$0.75 < I_L \leqslant 1.0$	$I_L > 1.0$

3. 黏性土的灵敏度和触变性

天然状态下的黏性土因地质历史作用而常具有一定的结构性。当土体受到外力扰动作用，其结构遭受破坏时，土的强度降低，压缩性增高。工程上常用灵敏度 S_t 来衡量黏性土结构性对强度的影响，即

$$S_t = \frac{q_u}{q'_u} \tag{2-16}$$

式中　q_u、q'_u——原状土和重塑土试样的无侧限抗压强度(kPa)。

根据灵敏度，可将饱和黏性土分为低灵敏($1.0 < S_t \leqslant 2.0$)、中等灵敏($2.0 < S_t \leqslant 4.0$)和高灵敏($S_t > 4.0$)三类。土的灵敏度越高，其结构性越强，受扰动后土的强度降低就越明显。因此，在基础工程施工中必须注意保护基槽，尽量减少对土结构的扰动。

与结构性相关的是土的触变性。饱和黏性土受到扰动后，结构产生破坏，土的强度降低。但当扰动停止后，土的强度随时间又会逐渐增长，这是土体中土颗粒、离子和水分子体系随时间而逐渐趋于新的平衡状态的缘故。也可以说土的结构逐步恢复而导致强度的恢复。黏性土结构遭到破坏，强度降低，但随时间发展，土体强度恢复的胶体化学性质称为土的触变性。

知识拓展

例如，打桩时会使周围土体的结构扰动，使黏性土的强度降低，而打桩停止后，土的强度会部分恢复，所以打桩时要“一气呵成”，才能进展顺利，提高工效，这就是受土的触变性影响的结果。

4. 土的最优含水率

(1) 定义。

修建道路，有一半以上的路段为填方路段，人工填土作为路基必须处理，一般采用压路机碾压法。对于建筑工程，当人工填土作为建筑物地基时，也必须处理，一般利用人工夯实的方法进行分层夯实，以提高填土的强度，增加密实度和降低透水性，降低压缩性。

对于过干的土进行夯打时，由于土中水主要是强结合水，因此土粒周围的水膜很薄，颗粒间具有很大的分子吸引力，阻止颗粒间的移动，击实比较困难。当含水率继续增加时，土中含强结合水及弱结合水，水膜变厚，土粒间联结力减弱而使土粒便于移动，击实效果较好；当水含量继续增大时，土中出现了自由水，击实时，孔隙中过多的水分不易立即排出，势必阻止土粒间的靠拢，产生软弹现象(俗称橡皮土)，击实效果反而下降。因此，要使土的击实效果最好，含水量必定有一个最佳值，即最优含水率。最优含水率是指在一定夯击或压实能量下，填土达到最大干密度时相应的含水率。

(2) 最优含水率 ω_{op} 的测定。

用击实仪测定，如图 2-10 所示。图中击锤质量 2.5 kg，锤底直径 5.0 cm，落高

30 cm；击实筒直径 100.0 mm，筒高 127.3 mm，体积 1 000.0 cm^3；单位体积击实功607.5 kJ/m^3。

图 2-10 击实仪

试验分轻型击实和重型击实。轻型击实适用于土粒直径不大于 20 mm 的土样，重型击实适用于土粒直径不大于 40 mm 的土样。

取制备好的土样 600 ～ 800 g(其量应使击实后试样略高于筒的 1/3) 倒入筒内，整平其表面，然后按 27 击(轻型击实) 或 98 击(重型击实) 进行击实。当按规定击数击完第一层后，把土面抛毛，进行第二层及第三层击实，也就是分三层击实。

达到规定击数后，测定土样的含水率和干密度。含水率一般用烘干法测定，而土样的干密度可按下式计算，即

$$\rho_d = \frac{\rho}{1+w} = \frac{m}{A_0 h(1+w)} \tag{2-17}$$

式中 m—— 击实筒的土样质量(g)；

A_0—— 击实筒内面积(cm^2)；

h—— 击实后试样高度(cm)；

w—— 含水率，用烘干法测定。

根据对不同含水率试样进行试验的结果，绘制击实曲线，即含水率与干密度关系的曲线，如图 2-11 所示，曲线处于峰值的含水率就是最优含水率 w_{op}，相应的干密度为 ρ_{dmax}。

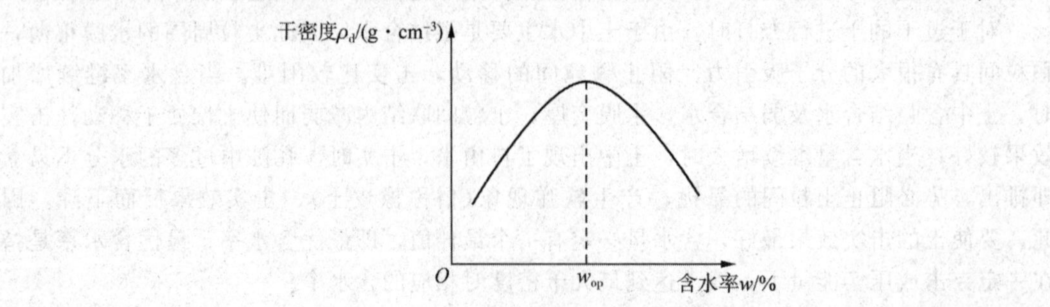

图 2-11 击实曲线

从击实曲线可以看出，当填土中的含水率低于最优含水率时，随着含水率的增加，干密度也加大，表明击实效果逐步提高；当含水率高于最优含水率后，随着含水率的增加，击实效果反而下降。因此，用人工填土作为地基时，首先应调整其含水率为最优含水率，然后夯实或碾压，才能获得最高的密实度。

(3) 最优含水率经验值。

$$w_{op}=w_P+2$$

有时，在缺少击实仪条件下，可根据测得的塑限估计最优含水率。

【例 2-5】已知某土样的天然含水率 $w=40.3\%$，塑限 $w_P=25.2\%$，液限 $w_L=47.7\%$，试判断它所处的状态。

解：　该土的塑性指数为

$$I_P=w_L-w_P=47.7-25.2=22.5$$

土样的液性指数为

$$I_L=\frac{w-w_P}{I_P}=\frac{40.3-25.2}{22.5}=0.67$$

因为 $0.25<I_L<0.75$，所以该土样处于可塑性状态。

第四节　土的结构与构造

一、土的结构

土的结构是指组成土的颗粒大小、形状、表面特征、土粒间的联结关系和土粒的排列情况。土的结构是土的基本地质特征之一，也是决定土的工程性质变化趋势的内在依据。土的结构是在成土过程中逐渐形成的，不同类型的土，其结构是不同的，工程性质也各异。土的结构与土的颗粒大小、矿物成分、颗粒形状及沉积条件有关。

1. 土粒间的联结关系

土中颗粒与颗粒之间的连结主要有以下几种类型。

(1) 接触连接。

接触连接是指颗粒之间的直接接触，接触点上的连接强度主要来源于外加压力所带来的有效接触压力。这种连接方式在碎石土、砂土、粉土中或近代沉积土中普遍存在。

(2) 胶结连接。

胶结连接是指颗粒之间存在着许多胶结物质，将颗粒胶结连接在一起，一般其连接较为牢固。胶结物质一般有黏土质、可溶盐，以及无定形铁、铝、硅质等。可溶盐胶结的强度是暂时的，被水溶解后，连接将大大减弱，土的强度也随之降低；无定形物胶结的强度比较稳定。

(3) 结合水连接。

结合水连接是指通过结合水膜而将相邻土粒连接起来的连接形式，又称水胶连接。当相邻两土粒靠得很近时，各自的水化膜部分重叠，形成公共水化膜。这种连接的强度取决于吸附结合水膜厚度的变化。土越干燥，则结合水膜越薄，强度越高；水量增加，结合水膜增厚，粒间距离增大，则强度就降低。这种连接对处于坚硬和硬塑状态的黏性土是普遍存在的。

(4) 冰连接。

冰连接是指含冰土的暂时性连接，融化后即失去这种连接。

2. 土的结构类型

土一般分为单粒结构、蜂窝结构和絮状结构三种形式。

(1) 单粒结构。

较粗矿物颗粒在水和空气中在自重作用下沉积而形成单粒结构，如图 2-12 所示。单粒结构为砂土和碎石土的主要结构形式，其特点是土粒间存在点与点的接触。根据形成条件不同，可分为疏松状态的单粒结构和密实状态的单粒结构。疏松状态的单粒结构骨架不稳定，易变形，当受到振动或其他外力作用时，土粒易发生移动，土中孔隙减少，引起土的较大变形，未经处理不宜做地基；密实状态的单粒结构土粒排列紧密，结构稳定，强度较大，压缩性较小，是良好的天然地基。

(a)疏松状态

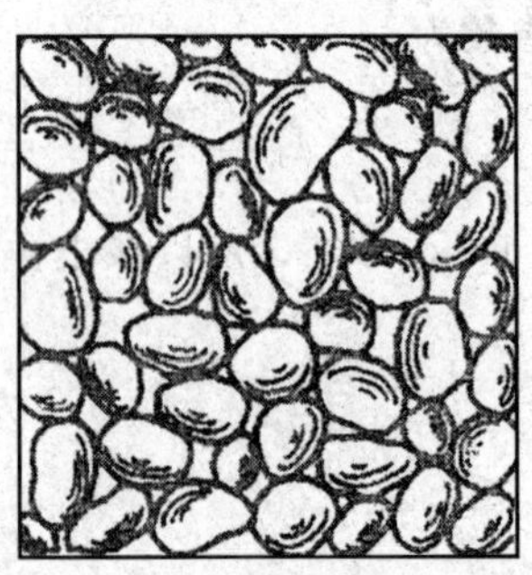
(b)密实状态

图 2-12　单粒结构

(2) 蜂窝结构。

蜂窝结构主要是由粉粒(粒径为 0.005 ～ 0.075 mm) 组成的结构形式，在水中因自重作用而下沉，碰到别的正在下沉或已沉积的土粒，由于土粒间的分子引力大于下沉土粒的重力，因此下沉土粒被吸引，不再下沉，逐渐形成链环状单元。很多这样的链环连接起来，便形成较大孔隙的蜂窝结构，如图 2-13 所示。

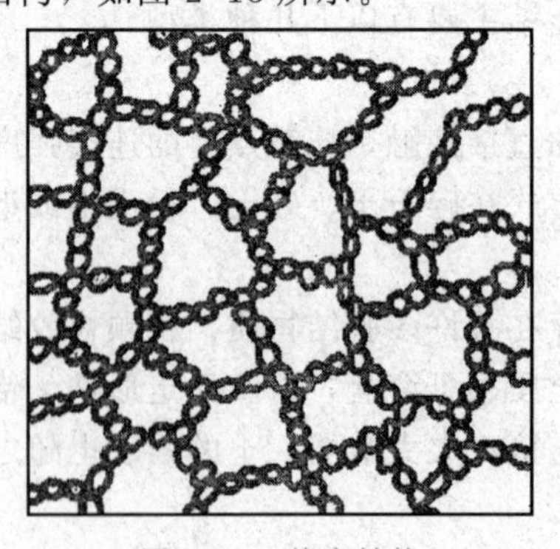

图 2-13　蜂窝结构

(3) 絮状结构。

絮状结构又称絮凝结构，细微的黏粒(粒径小于 0.005 mm) 大都呈针状或片状，质量极轻，在水中处于悬浮状态。当悬液介质发生变化时，土粒表面的弱结合水厚度减薄，黏粒互相接近，形成小链环状的土集粒而下沉，这种小链环碰到另一个链环而被吸引，便形成大链环的絮状结构，如图 2-14 所示。

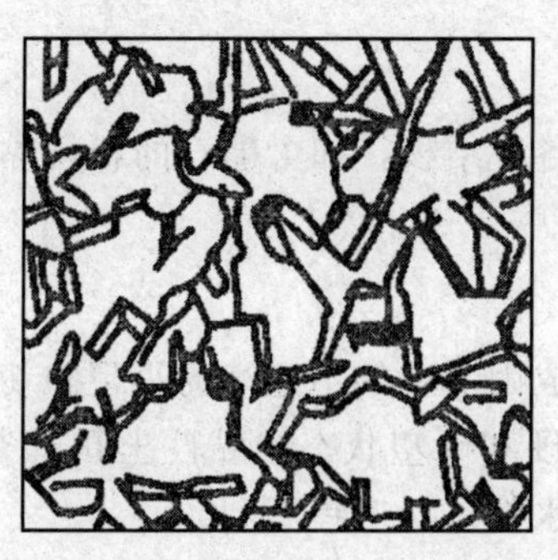

图 2-14　絮状结构

蜂窝结构和絮状结构的土中存在大量的孔隙，压缩性高，抗剪强度低。但土粒间的联结强度会因压密和胶结作用而逐渐得到加强，这种强度称为结构强度。

天然条件下，有时土的结构不是单一的，往往呈现以某种结构为主，混杂各种结构的复合形式。当土的结构受到破坏或扰动时，在改变了土粒的排列情况的同时，也不同程度地破坏了土粒间的联结，从而影响土的工程性质。对于蜂窝结构和絮状结构的土，往往会大大降低其结构强度。

知识拓展

土的结构强度可用灵敏度来衡量。灵敏度是指天然结构破坏前后的抗压强度比值。灵敏度越大，说明土体受扰动后的强度损失越大。

二、土的构造

土的构造是指土体中各结构单元之间的关系，有层状构造、分散构造、结核状构造和裂隙构造。

1. 层状构造

土层由不同的颜色或不同的粒径的土组成层理，一层层互相平行，反映不同年代、不同搬运条件形成的土层。层状构造如图 2-15 所示。

2. 分散构造

分散构造是指颗粒在其搬运和沉积过程中，经过分选的卵石、砾石、砂等因沉积厚度较大而不显层理的一种构造，如图 2-16 所示。分散构造的土接近理想的各向同性体，土层中各部分的土粒无明显差别，分布均匀，各部分性质比较接近。

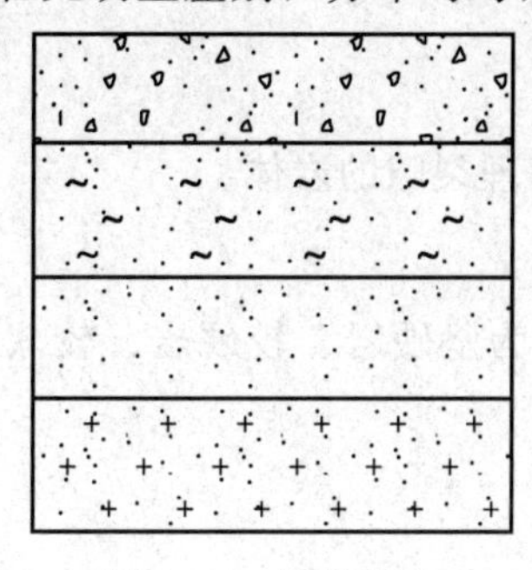

图 2-15　层状构造

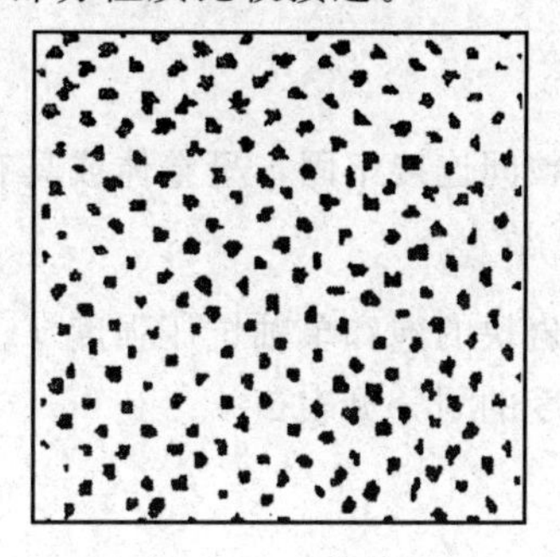

图 2-16　分散构造

3. 结核状构造

在细粒土中混有粗颗粒或各种结核，如含礓石的粉质黏土、含砾石的黏土等，均属结核状构造，如图 2-17 所示。

4. 裂隙构造

裂隙构造是因土体被各种成因形成的不连续的小裂隙切割而形成的。在裂隙中常充填有各种盐类的沉淀物。不少坚硬和硬塑状态的黏性土具有裂隙构造，如图 2-18 所示。裂隙将破坏土的整体性，增大透水性，对工程不利。

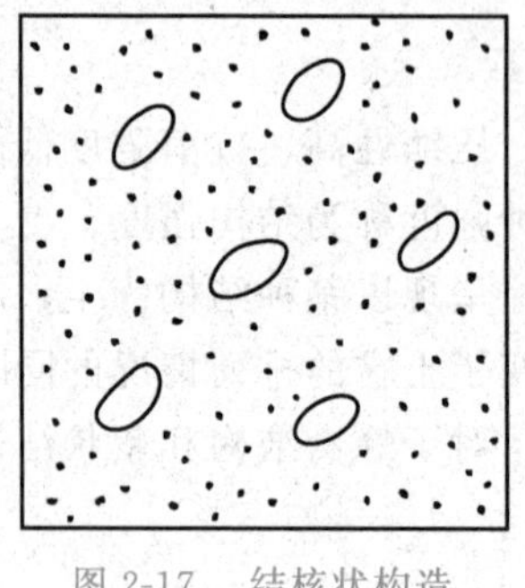

图 2-17 结核状构造

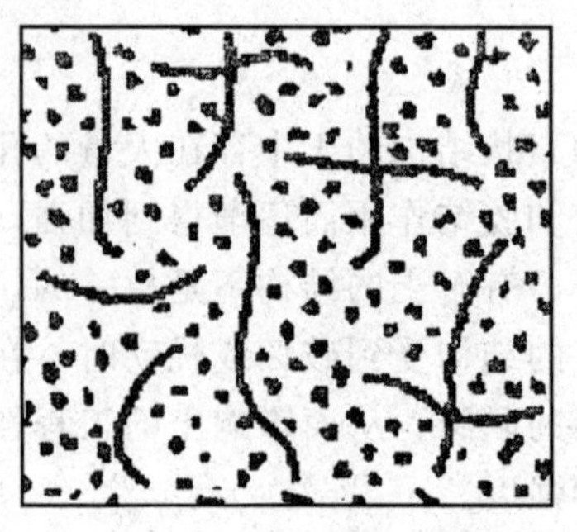

图 2-18 裂隙构造

第五节 土的工程分类

岩土的工程分类就是根据工程实践经验和岩土的主要特征，把工程性质相近的岩土划分为一类，这样既便于正确选择对岩土的研究方法，又可根据分类名称大致判断岩土的工程特性，评价岩土作为建筑材料或地基的适宜性。

目前，世界各国对岩土的分类有所不同。我国由于各部门对岩土的工程性质的着眼点不完全相同，因此各部门对岩土的工程分类也有所不同，尚无全国统一的工程分类法。土木工程专业主要涉及《建筑地基基础设计规范》(GBJ 50007—2002) 和《公路桥涵地基与基础设计规范》(JTG D63—2007) 的分类法，但两种新规范间的差别已经非常小，下面主要介绍《公路桥涵地基与基础设计规范》(JTG 63—2007) 中的地基岩土分类法。

知识拓展

岩土作为各种地基，可分为岩石、碎石土、砂土、粉土、黏性土和特殊性土。

一、岩石

岩石是指颗粒间连接牢固，呈整体或具有节理裂隙的岩体。

1. 岩石的坚硬程度

岩石可根据岩块的饱和单轴抗压强度 f_{rk} 分为坚硬岩、较硬岩、较软岩、软岩和极软岩，岩石坚硬程度的划分见表 2-4。

表 2-4　岩石坚硬程度的划分

坚硬程度类别	坚硬岩	较硬岩	较软岩	软岩	极软岩
饱和单轴抗压强度标准值 f_{rk}/MPa	$f_{rk}>60$	$30<f_{rk}\leqslant 60$	$15<f_{rk}\leqslant 30$	$5<f_{rk}\leqslant 15$	$f_{rk}\leqslant 5$

2. 岩石的风化程度

岩石根据风化程度可分为未风化、微风化、中风化、强风化和全风化五个等级，岩石风化程度的划分见表 2-5。

表 2-5　岩石风化程度的划分

风化程度	野外特征	风化程度系数指标	
		波速比 k_v	风化系数 k_f
未风化	岩质新鲜，偶见风化痕迹	0.9～1.0	0.9～1.0
微风化	结构基本未变，仅节理面有渲染或略有变色，有少量风化裂隙	0.8～0.9	0.8～0.9
中风化	结构部分破坏，沿节理面有次生矿物，风化裂隙发育，岩体被切割成岩块，用镐难挖，岩芯钻方可钻进	0.6～0.8	0.4～0.8
强风化	结构大部分破坏，矿物成分显著变化，风化裂痕发达，岩体破碎，用镐可挖，干钻不易钻进	0.4～0.6	＜0.4
全风化	结构基本破坏，但尚可辨认，有残余结构强度，可用镐挖，干钻可钻进	0.2～0.4	—

注：① 波速比 k_v 为风化岩石与新鲜岩石压缩波速度之比；

② 风化系数 k_f 为风化岩石与新鲜岩石单轴抗压强度之比。

3. 岩石的完整程度

岩石可根据完整性指数划分为完整、较完整、较破碎、破碎和极破碎五个等级，岩石完整程度的划分见表 2-6。

表 2-6　岩石完整程度的划分

完整程度等级	完整	较完整	较破碎	破碎	极破碎
完整性指数	＞0.75	0.75～0.55	0.55～0.35	0.35～0.15	＜0.15

注：完整性指数为岩体压缩波速与岩块压缩波速之比的平方。

4. 岩体节理发育程度

根据节理间距可将岩体节理发育程度分为节理不发育、节理发育、节理很发育三类，岩体节理发育程度的分类见表 2-7。

表 2-7　岩体节理发育程度的分类

程度	节理不发育	节理发育	节理很发育
节理间距 /mm	＞400	200～400	20～200

5. 岩石的软化程度

岩石浸水后强度降低的性能称为岩石的软化性。岩石的软化程度常用软化系数来衡量，即岩样饱水状态的抗压强度与自然风干状态抗压强度的比值，用η_c来表示。当$\eta_c \leqslant 0.75$时，为软化岩石；当$\eta_c > 0.75$时，为不软化岩石。

6. 特殊性岩石

当岩石具有特殊成分、特殊结构或特殊性质时，应定为特殊性岩石，如易溶性岩石、膨胀性岩石、崩解性岩石、盐渍化岩石等。

二、碎石土

碎石土是指粒径大于 2 mm 的颗粒含量超过总质量 50％ 的土，根据粒组含量及颗粒形状可分为漂石或块石、卵石或碎石、圆砾或角砾，碎石土的分类见表 2-8。

表 2-8　碎石土的分类

土的名称	颗粒形状	粒组含量
漂石	圆形及亚圆形为主	粒径大于 200 mm 的颗粒含量超过总质量的 50％
块石	棱角形为主	
卵石	圆形及亚圆形为主	粒径大于 20 mm 的颗粒含量超过总质量的 50％
碎石	棱角形为主	
圆砾	圆形及亚圆形为主	粒径大于 2 mm 的颗粒含量超过总质量的 50％
角砾	棱角形为主	

注：分类时应根据粒组含量由大到小以最先符合者确定。

三、砂土

砂土是指粒径大于 2 mm 的颗粒含量不超过总质量的 50％，而粒径大于 0.075 mm 的颗粒含量超过总质量 50％ 的土，根据粒组含量可分为砾砂、粗砂、中砂、细砂和粉砂，砂土的分类见表 2-9。

表 2-9　砂土的分类

土的名称	粒组含量
砾砂	粒径大于 2 mm 的颗粒占总质量的 25％～50％
粗砂	粒径大于 0.5 mm 的颗粒超过总质量的 50％
中砂	粒径大于 0.25 mm 的颗粒超过总质量的 50％
细砂	粒径大于 0.075 mm 的颗粒超过总质量的 85％
粉砂	粒径大于 0.075 mm 的颗粒超过总质量的 50％

注：分类时应根据粒组含量由大到小以最先符合者确定。

四、粉土

粉土是指粒径大于 0.075 mm 的颗粒含量不超过总质量的 50%，且塑性指数 $I_P \leqslant 10$ 的土。

现有资料分析表明，粉土的密实度与天然孔隙比 e 有关。一般 $e > 0.9$ 时为稍密，强度较低，属软弱地基；$0.75 \leqslant e \leqslant 0.9$ 时为中密；$e < 0.75$ 时为密实，其强度高，属良好的天然地基。粉土的湿度状态可按天然含水率 w 划分，当 $w < 20\%$ 时为稍湿；当 $20\% \leqslant w \leqslant 30\%$ 时为湿；当 $w > 30\%$ 时为很湿。粉土在饱水状态下易于散化与结构软化，以致强度降低，压缩性增大。

五、黏性土

黏性土是指塑性指数 $I_P > 10$ 的土，根据塑性指数可分为粉质黏土（$10 < I_P \leqslant 17$）和黏土（$I_P > 17$）。

工程实践表明，土的沉积年代对土的工程性质影响很大，不同沉积年代的黏性土，尽管其物理性质指标可能很接近，但其工程性质可能相差很悬殊。因此，《公路桥涵地基与基础设计规范》(JTG D63—2007) 中按黏性土的沉积年代又分为老黏性土、一般黏性土和新近沉积的黏性土。

(1) 老黏性土。老黏性土是指第四纪晚更新世（Q_3）及其以前沉积的黏性土，广泛分布于长江中下游、湖南、内蒙古等地。其沉积年代久，工程性能好，通常在物理性质指标相近的条件下，比一般黏性土强度高而压缩性低。

(2) 一般黏性土。一般黏性土是指第四纪全新世（Q_4）沉积的黏性土，在工程上最常遇到，透水性较小，其力学性质在各类土中属于中等。

(3) 新近沉积的黏性土。新近沉积的黏性土是指第四纪全新世（Q_4）以后新近沉积的黏性土。其沉积年代较短，结构性差，一般压缩尚未稳定，而且强度很低，主要分布于山前洪积扇的表层及掩埋的湖、塘、沟、谷和河水泛滥区。

六、特殊性土

特殊性土是指具有一些特殊成分、结构和性质的区域性土，包括软土、膨胀土、湿陷性土、红黏土与次生红黏土、冻土、盐渍土和填土等。

1. 软土

软土为滨海、湖沼、谷地、海滩等处天然含水率高、天然孔隙比大、抗剪强度低的细粒土，包括淤泥、淤泥质土、泥炭、泥炭质土等。

知识拓展

淤泥和淤泥质土是工程建设中经常遇到的典型软土，在静水或缓慢的流水环境中沉积，并经生物化学作用形成。天然含水率 $w > w_L$，天然孔隙比 $e \geqslant 1.5$ 的黏性土称为淤泥；而 $w > w_L$，$1.0 \leqslant e < 1.5$ 的黏性土或粉土称为淤泥质土。

2. 膨胀土

膨胀土是指土中黏粒成分主要由亲水性矿物（如蒙脱石、伊利石等）组成，同时具有显著的吸水膨胀和失水收缩特性，其自由膨胀率大于或等于 40% 的黏性土。由于膨胀土通常强度较高，压缩性较低，因此易被误认为是良好的地基。但遇水后就呈现出较大的吸水膨胀和失水收缩的能力，往往导致建筑物和地坪开裂、变形而破坏。

3. 湿陷性土

湿陷性土是一种浸水后产生附加沉降，其湿陷系数大于或等于 0.015 的土。所谓湿陷系数，是指土样在一定压力下的湿陷量与其原始高度的百分比。例如，西部地区常见的黄土是一种含大量碳酸盐类，且常能以肉眼观察到大孔隙的黄色粉状土。

知识拓展

天然黄土在未受水浸湿时，一般强度较高，压缩性较低。但当其受水浸湿后，因黄土自身大孔隙结构的特征，压缩性剧增使结构受到破坏，土层突然显著下沉，同时强度也随之迅速下降，这类黄土统称为湿陷性黄土。

4. 红黏土与次生红黏土

红黏土是指碳酸盐系的岩石经红土化作用形成的，其液限 $w_L > 50\%$ 的高塑性黏土。红黏土经再搬运后仍保留其基本特征，且其液限 $w_L > 45\%$ 的土为次生红黏土。红黏土和次生红黏土的裂隙发育孔隙比一般大于 1，具有明显的收缩性，但压缩性低。

5. 冻土

在寒冷季节因大气负温影响，土中水冻结成冰，此时的土称为冻土。季节冻土占我国领土面积 50% 以上，其冻结深度在黑龙江省南部、内蒙古自治区东北部、吉林省西北部可超过3 m，往南随纬度降低而减少。多年冻土分布在东北大、小兴安岭，西部阿尔泰山、天山、祁连山及青藏高原等地，总面积为全国领土面积的 21.5%。当自然条件改变时，它将产生冻胀、融陷、热融滑塌等特殊不良地质现象，并发生物理力学性质的改变。

6. 盐渍土

盐渍土是指土中易溶盐含量大于 0.3%，并具有溶陷、盐胀、腐蚀等工程特性的土。盐渍土在我国的分布十分广泛，主要分布在新疆、青海、甘肃、宁夏、内蒙古等省和自治区及我国沿海地区。

7. 填土

人工填土是指由于人类活动而形成的堆积物，其物质成分杂乱，均匀性较差，根据其物质组成和成因可分为素填土、压实填土、杂填土和冲填土四类。

(1) 素填土。由碎石土、砂土、粉土、黏性土等组成的填土，不含杂质或含杂质很少。

(2) 压实填土。经过压实或夯实的素填土。

(3) 杂填土。含有大量建筑垃圾、工业废料或生活垃圾等杂物的填土。

(4) 冲填土。由水力冲填泥沙形成的填土。

【例 2-6】某土样颗粒分析试验结果见表 2-10，试确定该土样的名称。

表 2-10　某土样颗粒分析试验结果

筛孔直径 /mm	20	10	2	0.5	0.25	0.075	＜0.075	总计
留筛土质量 /g	10	1	5	39	27	11	7	100
占全部土质量的百分比 /%	10	1	5	39	27	11	7	100
小于某筛孔的土质量的百分比 /%	90	89	84	45	18	7	—	—

注：取风干试样 100 g 进行试验。

解：　按表 2-10 颗粒分析资料，先判别是碎石土还是砂土。由于大于 2 mm 粒径的土粒占总质量(10＋1＋5)%＝16%，小于 50%，因此该土样属砂土。然后以砂土分类表(表 2-9)而从大到小粒组进行鉴别。由于大于 2 mm 的颗粒只占总质量的 16%，小于 25%，因此该土样不是砾砂。而大于 0.5 mm 的颗粒占总质量(10＋1＋5＋39)%＝55%，此值超过 50%，因此应定名为粗砂。

思　考　题

1. 土由哪几部分组成？土中水分为哪几类，其特征如何？

2. 土的不均匀系数 C_u 及曲率系数 C_c 的定义是什么？如何从土的颗粒级配曲线形态上和 C_u 及 C_c 数值上大致评价土的工程性质？

3. 土的三相比例指标有哪些？其中哪些为基本指标？

4. 简述土的天然重度、饱和重度、有效重度和干重度之间的关系，并比较其数值的大小。

5. 土的结构通常分为哪几种？它与成因条件有何关系？

第三章　地基应力分析

第一节　概　述

一、地基中的应力

土体在自身重力、建筑物荷载、交通荷载或其他因素(如地下水渗流、地震等)的作用下均可产生土中应力。土中应力将引起土体或地基的变形，使土工建筑物(如路堤、土坝等)或建筑物(如房屋、桥梁、涵洞等)发生沉降、倾斜及水平位移。当土体或地基的变形过大时，会影响路堤、房屋和桥梁等的正常使用。当土中应力过大时，又会导致土体的强度破坏，使土工建筑物发生土坡失稳或使建筑物因地基的承载力不足而发生失稳。因此，在研究土的变形、强度及稳定性问题时，必须掌握土中原有的应力状态及其变化。土中应力的分布规律和计算方法是土力学的基本内容之一。

地基中的应力按其起因可分为自重应力和附加应力。土中某点的自重应力与附加应力之和为土体受外荷载作用后的总和应力。土的自重应力是指土体受到自身重力作用而在地基内所产生的应力，可分为两种情况：一种是成土年代长久，土体在自重作用下已经完成压缩变形，这种自重应力不再产生土体或地基的变形；另一种是成土年代不久，如新近沉积土和新填土，土体在自重作用下尚未完成压缩变形，因此仍将产生土体或地基的压缩变形。此外，地下水的升降会引起土中自重应力大小的变化，土体会出现压缩、膨胀或湿陷等变形。土中附加应力是指土体受外荷载(包括建筑物荷载、交通荷载、堤坝荷载等)及地下水渗流、地震等作用下附加产生的应力增量，它是产生地基变形的主要原因，也是导致地基土体强度破坏和失稳的重要原因。

知识拓展

土中自重应力和附加应力的产生原因不同，因此二者计算方法不同，分布规律及对工程的影响也不同。土中竖向自重应力和竖向附加应力又称土中自重压力和附加压力。在计算由建筑物产生的地基土中附加应力时，基底压力的大小与分布是不可缺少的条件。

土中应力按其作用原理或传递方式可分为有效应力和孔隙应力两种。土中有效应力是指土骨架所传递的粒间应力，它是控制土的体积(或变形)和强度二者变化的土中应力。土中孔隙应力是指土中水和土中气所传递的应力，土中水传递的孔隙水应力即孔隙水压力，土中气传递的孔隙气应力即孔隙气压力。研究土体或地基变形及土的抗剪强度问题时，在理论计算地基沉降(地基表面或基础底面的竖向变形)和承载力时都必须掌握反映土中应力传递方式的有效应力原理。

土是由三相所组成的非连续介质，受力后土粒在其接触点处出现应力集中现象，即在研究土体内部微观受力时，必须了解土粒之间的接触应力和土粒的相对位移。但在研究宏观的土体受力时(如地基沉降和承载力问题)，土体的尺寸远大于土粒的尺寸，就可以把土粒和土中孔隙合在一起考虑二者的平均支承应力。现将土体简化成连续体，在应用连续体力学(如弹性力学)来研究土中应力的分布时，都只考虑土中某点单位面积上的平均支承应力。

研究土体或地基的应力和变形，必须从土的应力与应变的基本关系出发。根据土样的单轴压缩试验资料，当应力很小时，土的应力 — 应变关系曲线就不是线性变化的(图 3-1)，即土的变形具有明显的非线性特征。然而，考虑到一般建筑物荷载作用下地基中应力的变化范围(应力增量 $\Delta\sigma$)还不太大，可以用一条割线来近似地代替相应的曲线段，就可以把土看成一个线性变形体，从而简化计算。

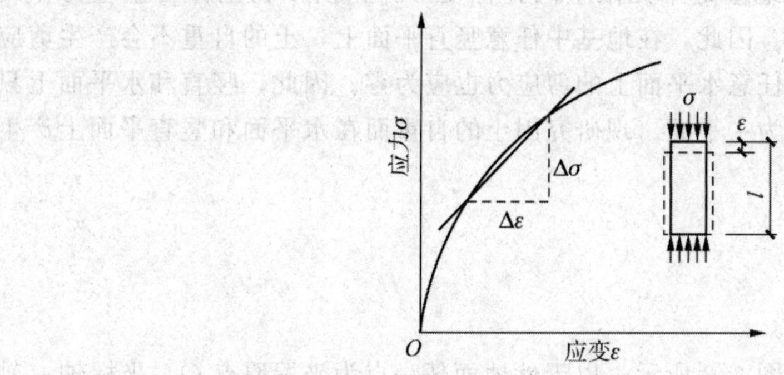

图 3-1　土的应力 — 应变关系

天然地基往往是由成层土组成的非均质土或各向异性土，但当土层性质变化不大时，视土体为均质各向同性的假设对土中竖向应力分布引起的误差通常也在允许范围之内。

知识拓展

求解土中应力的方法有很多，本章只介绍目前生产实践中使用最多的古典弹性力学方法。

二、土力学中应力符号的规定

由于土是散粒体，一般不能承受拉应力作用，在土中出现拉应力的情况很少，因此在土力学中对土中应力的正负符号常做如下规定。

在应用弹性理论进行土中应力计算时，应力符号的规定法则与弹性力学相同，但正负与弹性力学相反，即当某一个截面上的外法线方向是沿着坐标轴的正方向时，这个截面就称为正面，正面上的应力分量以沿坐标轴正方向为负，沿坐标轴的负方向为正。在用摩尔圆进行土中应力状态分析时，法向应力仍以压力方向为正，剪应力方向的符号规定则与材料力学相反。土力学中规定剪应力以逆时针方向为正，与材料力学中规定的剪应力方向正好相反。关于应力符号的规定如图 3-2 所示。

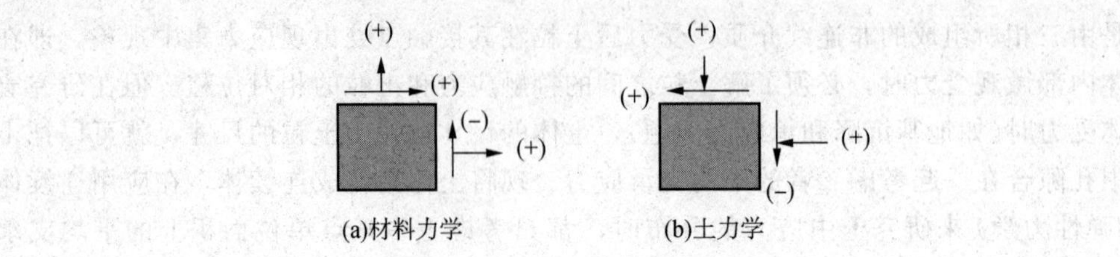

图 3-2　关于应力符号的规定

第二节　自 重 应 力

在计算地基中的应力时，一般假定地基为均质的线性变形半无限空间，应用弹性力学公式来求解其中的应力。因为地基是半无限空间弹性变形体，所以在土体自重应力作用下，任一竖直平面均为对称面。因此，在地基中任意竖直平面上，土的自重不会产生剪应力。根据剪应力互等定理，在任意水平面上的剪应力也应为零。因此，竖直和水平面上只有主应力存在，竖直和水平面为主平面。现研究因土的自重而在水平面和竖直平面上产生的法向应力的计算。

一、均匀地基情况

1. 竖直向自重应力

均质土中竖向自重应力如图 3-3 所示，以天然地面任一点为坐标原点 O，坐标轴 z 轴竖直向下为正。设均质土体的天然重度为 γ，故地基中任意深度 z 处 a—a 水平面上的竖直向自重应力 σ_{cz} 就等于单位面积上的土柱重力。若 z 深度内土的天然重度不发生变化，那么该处土的自重应力为

$$\sigma_{cz}=\frac{G}{A}=\frac{\gamma Az}{A}=\gamma z \tag{3-1}$$

式中　σ_{cz}——天然地面以下 z 深度处土的自重应力(kPa)；

G——面积 A 上高为 z 的土柱重力(kN)；

A——土柱底面积(m^2)。

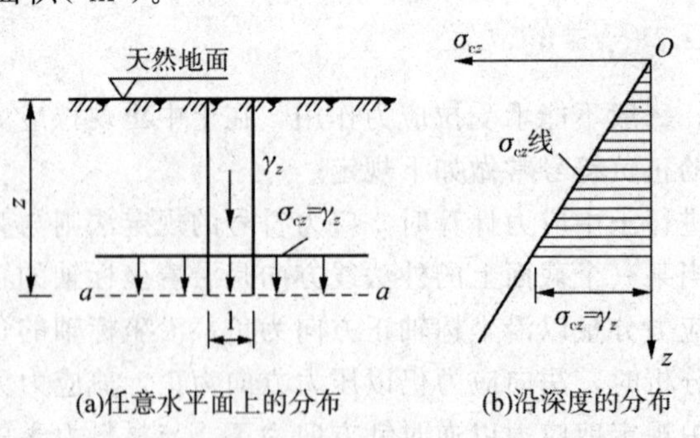

图 3-3　均质土中竖向自重应力

由式(3-1)可知，均质土的自重应力与深度 z 成正比，即 σ_{cz} 随深度按直线分布(图 3-3(b))，而沿水平面上则成均匀分布。

2. 水平向自重应力

由于σ_{cz}沿任一水平面上均匀地无限分布，因此地基土在自重应力作用下只能产生竖向变形，而不能有侧向变形和剪切变形，地基处于一种侧向应变为零的应力状态。故有$\varepsilon_x=\varepsilon_y=0$，且$\sigma_{cx}=\sigma_{cy}$。有

$$\varepsilon_x=\frac{\sigma_x}{E}-\frac{u}{E}(\sigma_y+\sigma_z) \tag{3-2}$$

将侧限条件代入式(3-2)得

$$\varepsilon_x=\frac{\sigma_{cx}}{E}-\frac{u}{E}(\sigma_{cy}+\sigma_{cz})=0$$

可得

$$\sigma_{cx}=\sigma_{cy}=\frac{u}{1-u}\sigma_{cz}$$

令

$$K_0=\frac{\mu}{1-\mu} \tag{3-3}$$

则有

$$\sigma_{cx}=\sigma_{cy}=K_0\cdot\sigma_{cz} \tag{3-4}$$

式中　σ_{cx}、σ_{cy}——沿x轴和y轴方向的水平自重应力(kPa)；

K_0——土的静止土压力系数，是侧限条件下土中水平向有效应力与竖直向有效应力之比，故侧限状态又称K_0状态；

μ——土的泊松比。

K_0和μ依据土的种类、密度不同而异，可由试验确定或查相应表格。

在上述公式中，竖向自重应力σ_{cz}和水平向自重应力σ_{cx}、σ_{cy}一般均指有效自重应力。因此，对处于地下水位以下的土层，一般以有效重度γ'代替天然重度γ。简便起见，把常用的竖向自重应力σ_{cz}简称为自重应力。

二、成层地基情况

地基土往往是成层的，因此各层土具有不同的重度。若地下水位位于同一土层中，则计算自重应力时，地下水位面也应作为分层的界面。成层地基土中自重应力如图 3-4 所示，天然地面下深度z范围内各层土的厚度自上而下分别为h_1、h_2、…、h_i、…、h_n，计算出高度为z的土柱体中各层土重的总和后，可得到成层土自重应力的计算公式为

$$\sigma_{cz}=\gamma_1h_1+\gamma_2h_2+\cdots+\gamma_nh_n=\sum_{i=1}^{n}\gamma_ih_i \tag{3-5}$$

式中　σ_{cz}——天然地面下任意深度处的竖向有效自重应力(kPa)；

n——深度z范围内的土层总数；

h_i——第i层土的厚度(m)；

γ_i——第i层土的天然重度，对地下水位以下的土层一般取浮重度(kN/m³)。

图 3-4 是按照式(3-5)的计算结果绘出的成层地基土自重应力分布图，该图又称土的自重应力分布曲线。

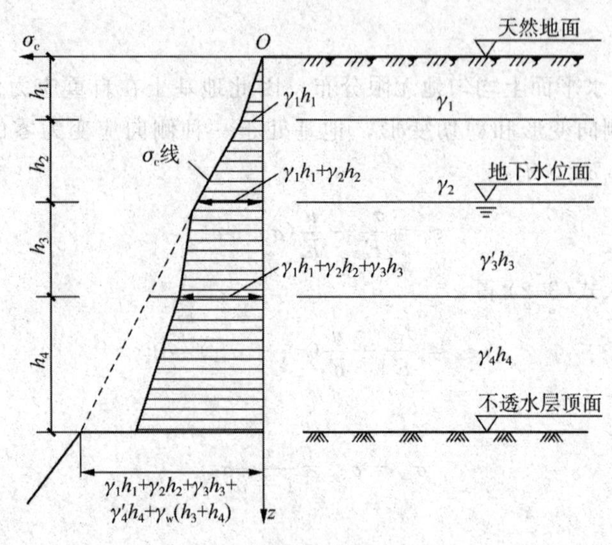

图 3-4 成层地基土中自重应力

三、地下水对土中自重应力的影响

当计算地下水位以下土的自重应力时，应根据土的性质确定是否需要考虑水的浮力作用。通常认为水下的砂性土是应该考虑浮力作用的。黏性土则视其物理状态而定，一般认为若水下的黏性土液性指数 $I_L>1$，则土处于流动状态，土颗粒之间存在着大量自由水，可认为土体受到水浮力作用；若 $I_L\leqslant 0$，则土处于固体状态，土中自由水受到土颗粒间结合水膜的阻碍不能传递静水压力，可认为土体不受水的浮力作用；若 $0<I_L<1$，则土处于塑性状态，土颗粒是否受到水的浮力作用就较难肯定(可按最不利原则确定)，在工程实践中一般均按土体受到水浮力作用来考虑。若地下水位以下的土受到水的浮力作用，则水下部分土的重度按有效重度 γ' 计算，其计算方法与成层土体情况相同。

此外，地下水位的升降也会引起土中自重应力的变化。例如，在软土地区，常因大量抽取地下水而导致地下水位长期大幅度下降，使地基中原水位以下土的自重应力增加(图 3-5(a))，造成地表大面积下沉的严重后果。地下水位的长期上升(图 3-5(b))常发生在人工抬高蓄水水位地区(如筑坝蓄水)或工业用水大量渗入地下的地区，如果该地区土质具有遇水后发生湿陷或膨胀的性质，则必须引起足够的注意。

知识拓展

自重应力增量在水位变化部分呈三角形分布，在新水位以下呈矩形分布(为一常量)。

四、不透水层对自重应力的影响

在地下水位以下，若埋藏有不透水层(如岩层或只含结合水的坚硬黏土层)，由于不透水层中不存在水的浮力，因此不透水层顶面的自重应力值及其以下深度的自重应力值应按上覆土层的水土总重计算，如图 3-4 中虚线下端所示。

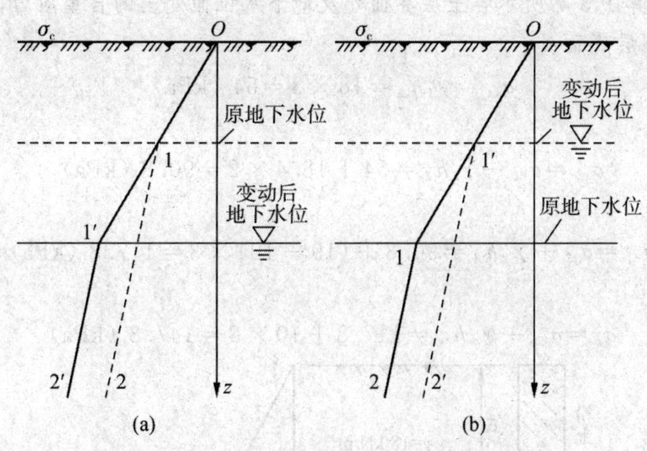

图 3-5 地下水位升降对土中自重应力的影响

五、有大面积填土时的自重应力计算

设大面积填土的厚度为 h，重度为 γ，则填土在原地面下产生的应力增量为 γh。应力增量在填土厚度内呈三角形分布，在原地面下呈矩形分布。填土产生的自重应力增量属于附加应力，只有在沉降稳定后才全部转化为有效自重应力。

六、自重应力的分布规律

分析成层土的自重应力分布曲线的变化规律，可以得到以下四点结论。

(1) 土的自重应力分布曲线是一条折线，拐点在土层交界处(当上下两个土层重度不同时) 和地下水位处。

(2) 同一层土的自重应力按直线变化。

(3) 自重应力随深度的增加而增大。

(4) 在不透水层处自重应力出现了突变。

七、土坝的自重应力

土坝、土堤是具有斜坡的土体，它是一种比较特殊的情况。为计算土坝坝身和坝基的沉降，必须知道坝身中和坝底面上的应力分布。由于此时土坝土体的自重应力已不是唯一问题，因此严格求解较困难。对于简单的中小型土坝、土堤，工程中常近似用上述自重应力计算公式，即假设坝体中任何一点因自重所引起的竖向应力均等于该点上面土柱的重力，故任意水平面上自重应力的分布形状与坝断面形状相似，土坝中的竖直自重应力分布如图 3-6 所示。对较重要的高土石坝，近年来多采用有限元法计算其自重应力，可参考相关文献。

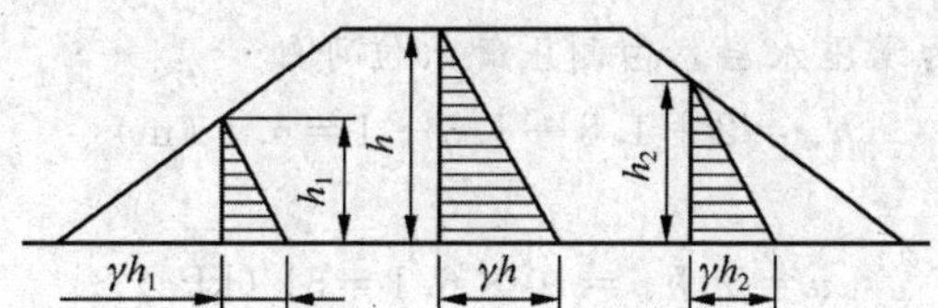

图 3-6 土坝中的竖直自重应力分布

【例 3-1】试计算图 3-7 所示各土层界面处及地下水位面处土的自重应力，并绘出分布图。

解：　在粉土层底面处：

$$\sigma_{c1}=\gamma_1 h_1=18\times 3=54\ (\text{kPa})$$

地下水位面处：

$$\sigma_{c2}=\sigma_{c1}+\gamma_2 h_2=54+18.4\times 2=90.8\ (\text{kPa})$$

黏土层底处：

$$\sigma_{c3}=\sigma_{c2}+\gamma'_2 h_3=90.8+(19-10)\times 3=117.8\ (\text{kPa})$$

基岩层面处：

$$\sigma_c=\sigma_{c3}+\gamma_w h_w=117.8+10\times 3=147.8\ (\text{kPa})$$

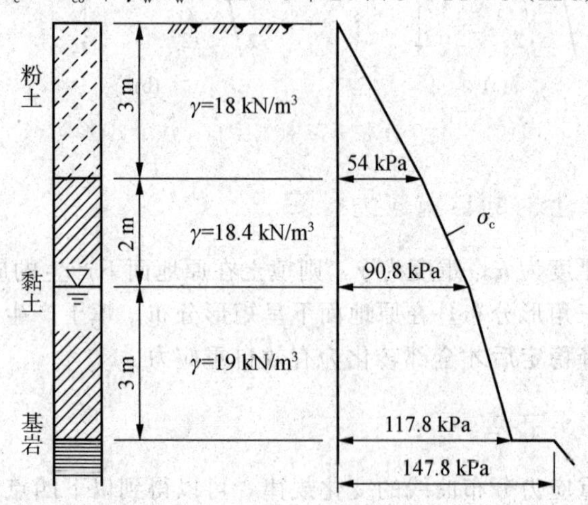

图 3-7　例 3-1 图

绘图 3-7 所示自重应力分布图。

【例 3-2】某建筑场地的地质柱状图和土的有关指标如图 3-8 所示，试计算并绘出总应力 σ、孔隙水压力 u 及自重应力 σ_c 沿深度的分布图。

解：　细砂层底处：

$$u=0,\ \sigma=\sigma_c=18\times 1.3=23.4\ (\text{kPa})$$

粉质黏土层底处，该层为潜水层，故

$$u=\gamma_w h_w=10\times 1.8=18\ (\text{kPa})$$

$$\sigma=23.4+19\times 1.8=57.6\ (\text{kPa})$$

$$\sigma_c=23.4+(19-10)\times 1.8=39.6\ (\text{kPa})$$

黏土层面处，该处为隔水层，故

$$u=0,\ \sigma_c=\sigma=57.6\ \text{kPa}$$

黏土层底处：

$$u=0,\ \sigma_c=\sigma=57.6+19.5\times 2=96.6\ (\text{kPa})$$

粗砂层面处，该层为承压水层，由测压管水位可知

$$h_w=2+1.8+1.3+1=6.1\ (\text{m})$$

故

$$u=\gamma_w h_w=10\times 6.1=61\ (\text{kPa})$$

$$\sigma=96.6\ \text{kPa}$$

$$\sigma_c=\sigma-u=96.6-61=35.6\ (\text{kPa})$$

粗砂层底处：

$$u = 10 \times (6.1 + 1.7) = 78 \text{ (kPa)}$$

$$\sigma = 96.6 + 20 \times 1.7 = 130.6 \text{ (kPa)}$$

$$\sigma_c = \sigma - u = 130.6 - 78 = 52.6 \text{ (kPa)}$$

基岩面处：

$$u = 0,\ \sigma_c = \sigma = 130.6 \text{ kPa}$$

绘总应力 σ、孔隙水压力 u 及自重应力 σ_c 沿深度的分布，如图 3-8 所示。

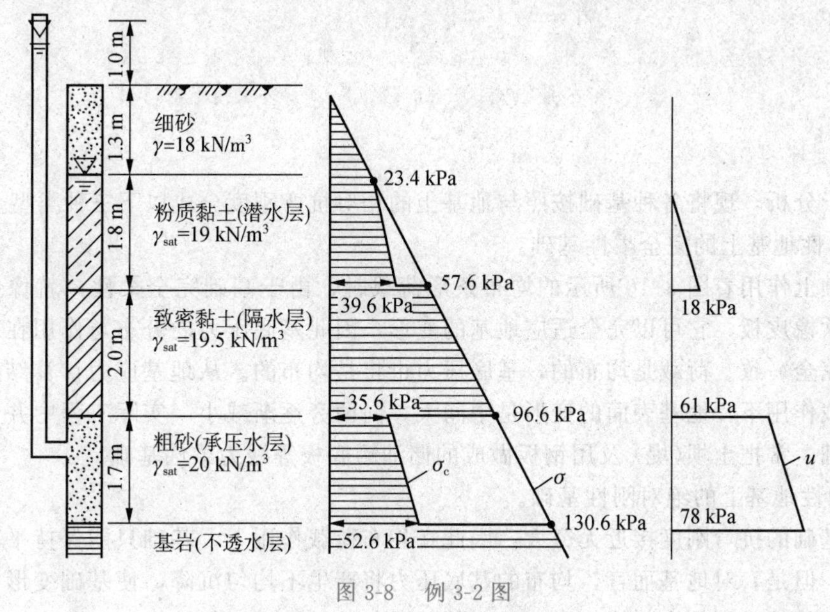

图 3-8　例 3-2 图

第三节　基底压力

一、基础底面压力的分布规律

建筑物荷载通过基础传递给地基，在基础底面与地基之间便产生了接触应力。基础底面传递给地基表面的压力称为基底压力。由于基底压力作用于基础与地基的接触面上，因此又称基底接触压力。

为实测基底压力的分布规律，于基底不同部位处预埋土压力盒。压力盒一般有应变片式和钢弦式两类。图 3-9 所示为某钢弦式土压力盒示意图，金属薄膜内表面的两个支架张拉着一根钢弦，当薄膜承受压力而发生挠曲时，钢弦发生变形，而使其自振频率相应变化。根据预先标定的钢弦频率与薄膜盒面所受压力之间的关系，便可求得压力值。

基底压力的分布规律可由弹性力学获得理论解，也可由试验获得。基底压力的分布与基础的大小和刚度、作用于基础上的荷载大小和分布、地基土的力学性质、地基的均匀程度及基础的埋置深度等许多因素有关。精确地确定基底压力的数值与分布形式是很复杂的问题，它涉及上部结构、基础、地基三者间的共同作用问题，与三者的变形特性(如建筑物和基础的刚度、土层的压缩性等)有关，这个问题还处于研究之中。本书仅对其分布规律及主要影响因素做简单的定性讨论与分析，并不考虑上部结构的影响。

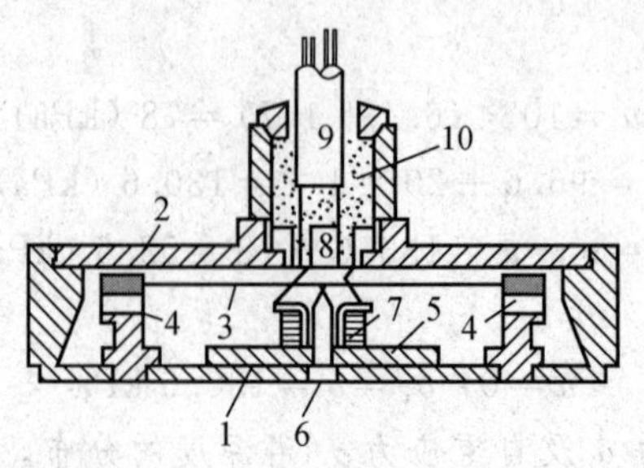

图 3-9　某钢弦式土压力盒示意图

1— 金属薄膜；2— 外壳；3— 钢弦；4— 支架；5— 底座；6— 铁芯；
7— 线圈；8— 接线栓；9— 屏蔽线；10— 环氧树脂封口

1. 基础刚度的影响

为便于分析，现将各种基础按照与地基土的相对抗弯刚度分成以下三种类型。

(1) 弹性地基上的完全柔性基础。

当基础上作用着图 3-10 所示的均布条形荷载时，由于基础完全柔性，就像一个放在地上的柔软橡皮板，它可以完全适应地基的变形，因此基底压力的分布与作用在基础上的荷载分布完全一致。荷载是均布的，基底压力也将是均布的。从地基应力计算结果可知，在均布荷载作用下，地基表面的变形是中间大，向两旁逐渐减小。实际工程中并没有完全柔性的基础，常把土坝(堤) 及用钢板做成的储油罐底板等视为柔性基础。

(2) 弹性地基上的绝对刚性基础。

由于基础的抗弯刚度接近无穷大，因此在均布荷载作用下，基础只能保持平面下沉而不能弯曲。但是，对地基而言，均布的基底压力将产生不均匀沉降，使基础变形与地基变形不相适应，基础中部会与地面脱开。为使基础与地基的变形保持协调，基底压力的分布要重新调整，使两端压力加大，中间应力减小，从而使地面均匀沉降，以适应绝对刚性基础的变形。若地基是完全弹性的，则弹性理论解的基底压力分布如图 3-11 中实线所示，基础边缘处的压力将为无穷大。实际上，该值不可能超过地基土的极限强度。实际工程中的重力坝、混凝土挡土墙、大块墩柱等均可视为刚性基础。

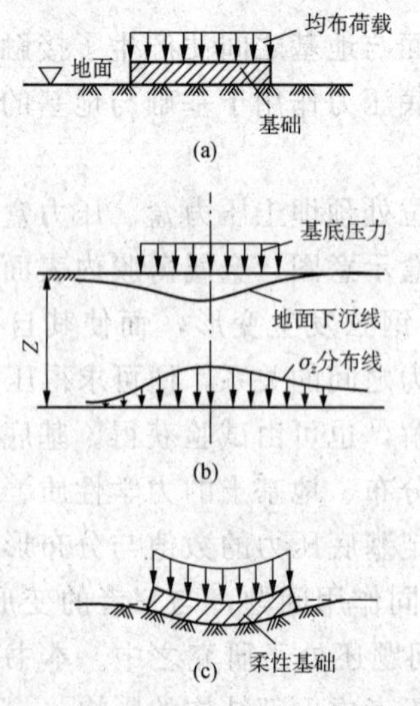

图 3-10　柔性基础基底压力分布

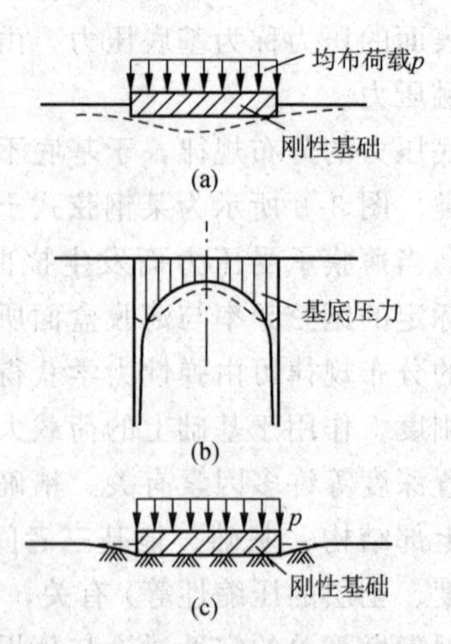

图 3-11　刚性基础的基底压力分布

(3) 弹塑性地基上有限刚性的基础。

这是工程中最常见的基础。由于绝对刚性基础并不存在，地基也不是完全弹性体，因此不可能出现上述弹性理论解的基底压力分布图形。当基底两端压力足够大，超过土的极限强度后，土体会形成塑性区，基底两端处地基土承受的压力不再增大，多余应力向中间转移，且基础不是绝对刚性的，可以稍为弯曲，因此应力重分布的结果可以成为各种更加复杂的形式。具体的压力分布形式与地基、基础的材料特性，以及基础尺寸、荷载形状、大小等因素有关。

2. 荷载和土性质的影响

上部荷载越大，基础边缘处的基底压力就越大。实测资料表明，刚性基础底面上的压力分布形状大致有图 3-12 所示的几种情况。当上部荷载较小时，基底压力分布形状如图 3-12 (a) 所示，接近于弹性理论解；当上部荷载增大后，基底压力呈马鞍形，如图 3-12(b) 所示；上部荷载再增大时，边缘塑性破坏区逐渐扩大，所增加的上部荷载必须依靠基底中部基底反力的增大来平衡，基底压力图形可变为抛物线形，如图 3-12(c) 所示，甚至呈倒钟形分布，如图 3-12(d) 所示。

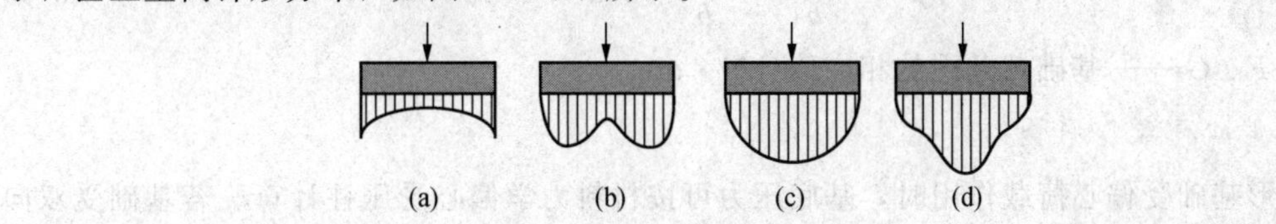

图 3-12　实测刚性基础底面上的压应力分布

根据实测资料可知，当刚性基础置于砂土地基表面时，四周无超载，其基底压力分布更易呈抛物线形；而将刚性基础置于黏性土地基表面上时，其基底压力分布易呈马鞍形。

由以上分析可知，基底压力的大小和分布与地基土的种类、外部荷载、基础刚度、底面形状、基础埋深等许多因素有关，其分布形式十分复杂。但由于基底压力都是作用在地表面附近的，根据弹性理论中的圣维南原理可知，其具体分布形式对地基中应力计算的影响将随深度的增加而减少，到达一定深度后，地基中应力分布几乎与基底压力的分布形状无关，而只决定于荷载合力的大小和位置，因此目前在地基计算中常采用简化方法，即假定基底压力按直线分布的材料力学方法。但简化方法用于计算基础内力会引起较大的误差，必须引起注意。

二、基底压力的简化计算

1. 竖直中心荷载作用下的情况

当竖直荷载作用于基础中轴线时，基底压力呈均匀分布，其值按下式计算。

对于矩形基础，有

$$p=\frac{F+G}{A} \tag{3-6}$$

式中　p—— 基底压力(kPa)；

F—— 上部结构荷载设计值(kN)；

G—— 基础自重设计值和基础台阶上回填土重力之和(kN)，有

$$G=\gamma_G Ad$$

式中　γ_G—— 基础材料和回填土平均重度，一般取 $\gamma_G=20\ \text{kN/m}^3$；

A—— 基底面积(m^2)，$A=bl$，b 和 l 分别为矩形基础的宽度和长度(m)；

d—— 基础的内外平均埋置深度(m)。

对于条形基础，在长度方向上取 1 m 计算，故有

$$p=\frac{F+G}{b} \tag{3-7}$$

式中 p—— 沿基础长度方向的荷载值(kPa)。

当基础埋深范围内有地下水时，$G=\gamma_G Ad-\gamma_w Ah_w=20Ad-10Ah_w$，代入式(3-7)得

$$p=\frac{F}{A}+20d-10h_w \tag{3-8}$$

式中 h_w—— 基础底面至地下水位面的距离(m)，若地下水位在基底以下，则取 $h_w=0$。

在具体计算时，采用式(3-8)会比式(3-7)更简单。

对于荷载沿长度方向均匀分布的条形基础，可沿长度方向截取一单位长度(取 $l=1$ m)的截条进行计算，此时式(3-8)成为

$$p=\frac{F+G}{b}=\frac{F}{b}+20d-10h_w \tag{3-9}$$

式中 F、G—— 基础截条内的相应值(kN·m)。

2. 偏心荷载作用下的情况

矩形基础受偏心荷载作用时，基底压力可按材料力学偏心受压柱计算。若基础受双向偏心荷载作用，则基底任意点的基底压力为

$$p(x,y)=\frac{F+G}{A}\pm\frac{M_x I_x}{y}\pm\frac{M_y I_y}{x} \tag{3-10}$$

式中 $p(x,y)$—— 基础底面任意点(x,y)的基底压力(kPa)；

M_x、M_y—— 竖直偏心荷载 $F+G$ 对基础底面 x 轴和 y 轴的力矩(kN·m)，$M_x=(F+G)e_y$，$M_y=(F+G)e_x$，e_x、e_y 分别为竖直荷载对 y 轴和 x 轴的偏心距的(m)；

I_x、I_y—— 基础底面对 x 轴和 y 轴的抵抗矩(m^3)。

如果矩形基础只受单向偏心荷载作用，如作用于 x 主轴上(图 3-13)，则 $M_x=0$，$e_x=e$。这时，基底两端的压力为

$$\left.\begin{matrix}p_{max}\\p_{min}\end{matrix}\right\}=\frac{F+G}{lb}\pm\frac{6M}{bl^2}=p\pm\frac{6M}{bl^2}=p\left(1\pm\frac{6e}{l}\right) \tag{3-11}$$

按式(3-11)计算，基底压力分布有下列三种情况。

(1) 当 $e<l/6$ 时，p_{min} 为正值，基底压力为梯形分布，如图 3-13(c) 所示。

(2) 当 $e=l/6$ 时，$p_{min}=0$，基底压力按三角形分布，如图 3-13(d) 所示。

(3) 当 $e>l/6$ 时，p_{min} 为负值，表示基础底面与地基之间一部分出现拉应力。但实际上，在地基土与基础之间不可能存在拉力，因此基础底面下的压力将重新分布，如图 3-13(e) 所示。因此，根据偏心荷载应与基底反力相平衡的条件，荷载合力 $F+G$ 应通过三角形反力分布图的形心(图 3-13(e)，由此可得基底边缘的最大压力为

$$p_{max}=\frac{2(F+G)}{3kb} \tag{3-12}$$

式中

$$k=\frac{l}{2}-e$$

符号意义同前。

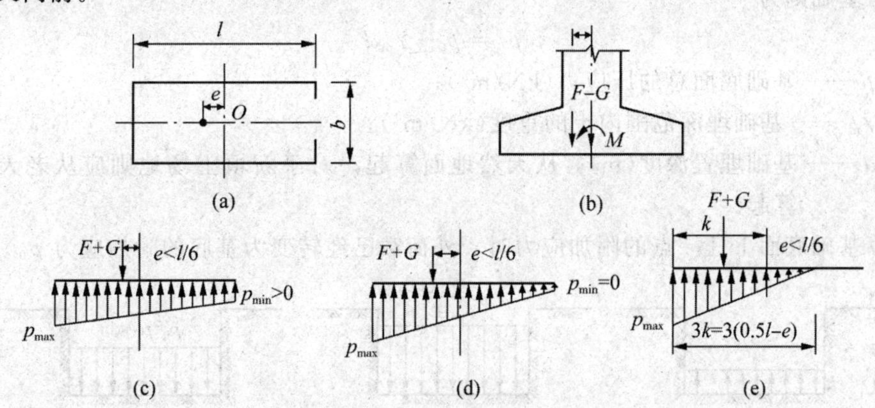

图 3-13　单向偏心荷载下的基底压力

中心受压基础的底面应力呈均匀分布，如果地基土层沿水平方向分布比较均匀，则基础将产生均匀沉降。而偏心受压基础底面的应力分布，则随偏心距而变化，偏心距越大，基底应力分布越不均匀。基础在偏心荷载作用下将发生倾斜，当倾斜过大时，就会影响上部结构的正常使用。因此，在设计偏心受压基础时，应当注意选择合理的基础底面尺寸，尽量减小偏心距，以保证建筑物的荷载比较均匀地传递给地基，以免基础过分倾斜。

3. 水平荷载作用下的情况

承受土压力或水压力的建(构)筑物，其基础常受到倾斜荷载作用，倾斜荷载要引起竖直向基底压力 p_v 和水平向应力 p_h。计算时，可将倾斜荷载分解为竖直向荷载 P_v 和水平向荷载 P_h。由 P_h 引起的基底水平应力 p_h 一般假定为均匀分布于整个基础底面，则对于矩形基础：

$$p_h=\frac{P_h}{A} \tag{3-13}$$

对于条形基础：

$$p_h=\frac{P_h}{b} \tag{3-14}$$

式中的符号意义同前。

三、基础底面附加应力

前面叙述的地基内附加应力的计算方法均为荷载作用在地表面时的情形。实际上，在工程设计计算中所遇到的荷载多由建筑物基础传给地基，也就是说大多数荷载都是作用在地面下某一深度处的，这个深度就是基础埋置深度。

在建筑物建造以前，基础底面标高处就已经受到地基土的自重应力作用。设基础埋置深度为 d，在其范围内土的重度为 γ，则基底处土的自重应力 $\sigma_c=\gamma_m d$。当开挖到基础埋置深度，即挖好基槽后，就相当于在基槽底面卸除荷载 $\gamma_m d$。如果地基土是理想的弹性体，则卸荷后槽底必定会产生向上的回弹变形。事实上，地基土不是理想的弹性体，卸除荷载后，基槽底面不会立刻产生回弹变形，而是逐渐回弹的。回弹变形的大小、速度与土的性质、基槽深度和宽度，以及开挖基槽后至砌筑基础前所经历的时间等因素有关。一般情况下，为简化计算，常假设基槽开挖后槽底不产生回弹变形(浅基槽)。因此，建筑物荷载在基础底面所引起的附加应力，即引起地基变形的应力(新增加的应力)(图 3-14) 对于中心受压基础则为

$$p_0 = p - \gamma_m d \tag{3-15}$$

式中 p—— 基础底面总的压应力(kN/m²)；

γ_m—— 基础埋深范围内土的重度(kN/m³)；

d—— 基础埋置深度(m)，从天然地面算起，对于新填土场地则应从老天然地面算起。

计算基础底面下任一点的附加应力时，外荷载已经转变为基底的附加应力 p_0。

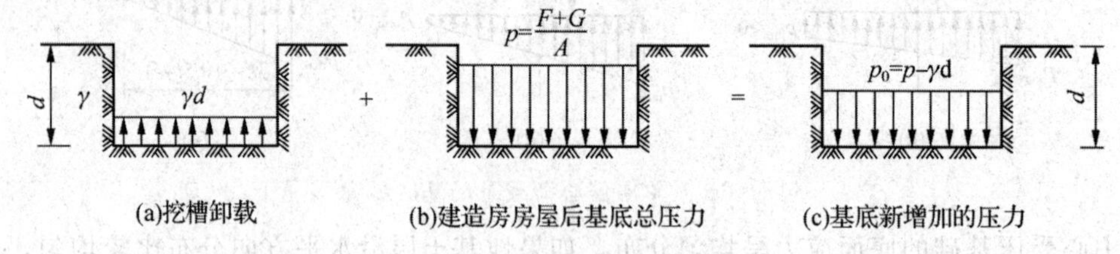

图 3-14 基底附加应力的计算

按式(3-15) 计算基底附加压力时，并未考虑坑底土体的回弹变形。实际上，当基坑的平面尺寸、深度较大且土又较软时，坑底回弹是不可忽略的。因此，在计算地基变形时，为适当考虑这种坑底回弹和再压缩而增加的沉降，通常做法是对基底附加压力进行调整，即取 $p_0 = p - \alpha\sigma_{cd}$，$\alpha$ 为 0 ～ 1 的系数。

【例 3-3】图 3-15 所示柱下单独基础底面尺寸为 3 m×2 m，柱传给基础的竖向力 F = 1 000 kN，基底面弯矩 M=180 kN·m(已考虑基础室内外埋深差别影响)，试按图中所给的资料计算 p、p_{max}、p_{min}、p_0，并画出基底压力的分布图。

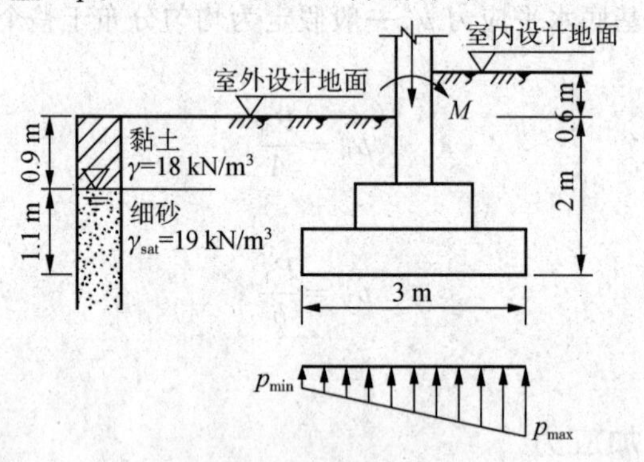

图 3-15 例 3-3 图

解：
$$d = \frac{1}{2} \times (2 + 2.6) = 2.3\ (\text{m})$$

$$p = \frac{F}{A} + 20d - 10h_w = \frac{1\ 000}{2 \times 3} + 20 \times 2.3 - 10 \times 1.1$$

$$= 201.7\ (\text{kPa})$$

$$p_{max} = p + \frac{6M}{lb^2} = 201.7 + \frac{6 \times 180}{2 \times 3^2} = 261.7\ (\text{kPa})$$

$$p_{min} = p - \frac{6M}{lb^2} = 201.7 - \frac{6 \times 180}{2 \times 3^2} = 141.7\ (\text{kPa})$$

$$p_0 = p - \sigma_{cd} = 201.7 - [18 \times 0.9 + (19\text{-}10) \times 1.1] = 175.6\ (\text{kPa})$$

基底压力分布绘于图 3-15 中。

第四节　地基附加应力

计算地基中的附加应力时，一般假定地基土是各向同性的、均质的线性变形体，而且在深度和水平方向上都是无限延伸的，即把地基看成均质的线性变形半空间(半无限体)，这样就可以直接采用弹性力学中关于弹性半空间的理论解答。当弹性半空间表面作用一个竖向集中力时，地基中任意点处所引起的应力和位移可用布辛内斯克(J. Boussinesq，1885) 公式求解；当弹性半空间表面作用一个水平集中力时，地基中任意点处所引起的应力和位移可用西罗提(V. Cerutti，1882) 公式求解；在弹性半空间内某一深度处作用一个竖向集中力时，地基中任意点处所引起的应力和位移可用明德林(R. Mindlin，1936) 公式求解。

地基中的附加应力主要由建筑物基础(或堤坝) 底面的附加应力来计算。此外，考虑相邻基础影响及成土年代不久土体的自重应力，在地基变形计算中，应归入地基附加应力范畴。计算地基附加应力时，通常将基底压力看成柔性荷载，而不考虑基础刚度的影响。按照弹性力学，地基附加应力计算分为空间问题和平面问题两类。本节先介绍属于空间问题的集中力、矩形荷载和圆形荷载作用下的解答，然后介绍属于平面问题的线荷载和条形荷载作用下的解答，最后概要介绍一些非均质地基附加应力的弹性力学解答。

一、竖向集中荷载作用下地基中的附加应力

1. 布辛内斯克解答

在地基表面作用有竖向集中荷载 P 时，在地基内任意一点 $M(\gamma,\theta,z)$ 的应力分量及位移分量由法国布辛内斯克在 1885 年用弹性理论求解得出(图 3-16)。其中，应力分量为

$$\sigma_x = \frac{3P}{2\pi}\left[\frac{x^2 z}{R^5} + \frac{1-2\mu}{3}\left(\frac{R^2 - Rz - z^2}{R^3(R+z)} - \frac{x^2(R+z)}{R^3(R+z)^2}\right)\right] \tag{3-16a}$$

$$\sigma_y = \frac{3P}{2\pi}\left[\frac{y^2 z}{R^5} + \frac{1-2\mu}{3}\left(\frac{R^2 - Rz - z^2}{R^3(R+z)} - \frac{y^2(2R+z)}{R^3(R+z)^2}\right)\right] \tag{3-16b}$$

$$\sigma_z = \frac{3P}{2\pi}\frac{z^3}{R^5} = \frac{3P}{2\pi R^5} = \frac{3P}{2\pi R^2}\cos^3\theta \tag{3-16c}$$

$$\tau_{xy} = \tau_{yx} = \frac{3P}{2\pi}\left[\frac{xyz}{R^5} - \frac{1-2\mu}{3}\frac{xy(2R+z)}{R^3(R+z)^2}\right] \tag{3-17a}$$

$$\tau_{yz} = \tau_{zy} = \frac{3P}{2\pi}\frac{yz^2}{R^5} = \frac{3Py}{2\pi R^3}\cos^2\theta \tag{3-17b}$$

$$\tau_{zx} = \tau_{xz} = \frac{3P}{2\pi}\frac{xz^2}{R^5} = \frac{3Px}{2\pi R^3} = \cos^2\theta \tag{3-17c}$$

$$u = \frac{P(1+\mu)}{2\pi E}\left[\frac{xz}{R^3} - (1-2\mu)\frac{x}{R(R+z)}\right] \tag{3-18a}$$

$$v = \frac{P(1+\mu)}{2\pi E}\left[\frac{yz}{R^3} - (1-2\mu)\frac{y}{R(R+z)}\right] \tag{3-18b}$$

$$w = \frac{P(1+\mu)}{2\pi E}\left[\frac{z^2}{R^3} + 2(1-\mu)\frac{1}{R}\right] \tag{3-18c}$$

式中　σ_x、σ_y、σ_z——平行于 x、y、z 坐标轴的正应力；

τ_{xy}、τ_{yz}、τ_{zx}——剪应力，其中前一个角标表示与它作用的微面的法线方向平行的坐标轴，后一个角标表示与它作用方向平行的坐标轴；

u、v、w——M 点分别沿坐标轴 x、y、z 方向的位移；

z——M 点的深度；

P——作用于坐标原点 O 的竖向集中力；

R——M 点至坐标原点 O 的距离，$R=\sqrt{x^2+y^2+z^2}=\sqrt{r^2+z^2}=z/\cos\theta$；

θ——R 线与 z 坐标轴的夹角；

γ——M 点与集中力作用点的水平距离，$r=\sqrt{x^2+y^2}$；

E——弹性模量(或土力学中专用的地基变形模量，以 E_0 代之)；

μ——泊松比。

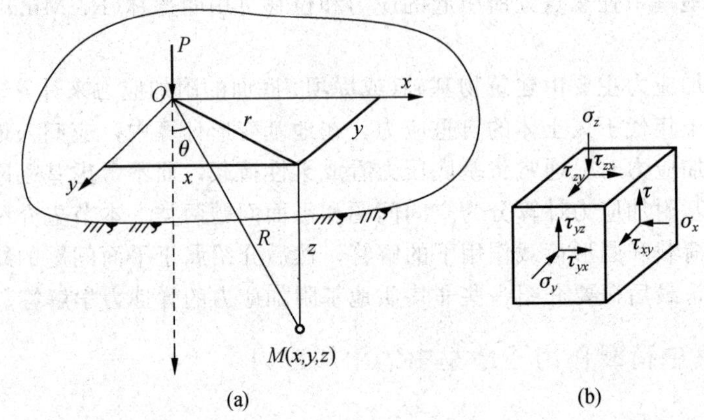

图 3-16　竖向集中荷载作用下的应力

在上述各式中，若 $R=0$，则各式所得结果均为无限大，因此所选择的计算点不应过于接近集中力的作用点。

知识拓展

以上这些计算应力和位移的公式中，竖向正应力 σ_z 和竖向位移 w 最为常用，以后有关地基附加应力的计算主要是针对 σ_z 而言的。

为计算方便，将 $R=\sqrt{r^2+z^2}$ 代入式(3-16c)，可得

$$\sigma_z=\frac{3P}{2\pi}\frac{z^3}{(r_2+y^2)^{5/2}}=\frac{3}{2\pi}\frac{1}{[(r/z)^2+1]^{5/2}}\frac{P}{z^2} \tag{3-19}$$

令 $K=\frac{3}{2\pi}\frac{1}{[(r/z)^2+1]^{5/2}}$，则上式改写为

$$\sigma_z=K\frac{P}{z^2} \tag{3-20}$$

式中　K——集中荷载作用下的地基竖向附加应力系数。

集中荷载下竖向附加应力系数 K 见表 3-1。

表 3-1　集中荷载下竖向附加应力系数 K

r/z	K	r/z	K	r/z	K	r/z	K	r/z	K
0	0.477 5	0.50	0.273 3	1.00	0.084 4	1.50	0.025 1	2.00	0.008 5
0.05	0.474 5	0.55	0.246 6	1.05	0.074 4	1.55	0.0224	2.20	0.005 8
0.10	0.465 7	0.60	0.221 4	1.10	0.065 8	1.60	0.020 0	2.40	0.004 0
0.15	0.451 6	0.65	0.197 8	1.15	0.058 1	1.65	0.017 9	2.60	0.002 9
0.20	0.432 9	0.70	0.176 2	1.20	0.051 3	1.70	0.016 0	2.80	0.002 1
0.25	0.410 3	0.75	0.156 5	1.25	0.045 4	1.75	0.014 4	3.00	0.001 5
0.30	0.384 9	0.80	0.138 6	1.30	0.040 2	1.80	0.012 9	3.50	0.000 7
0.35	0.357 7	0.85	0.122 6	1.35	0.035 7	1.85	0.011 6	4.00	0.000 4
0.40	0.329 4	0.90	0.108 3	1.40	0.031 7	1.90	0.010 5	4.50	0.000 2
0.45	0.301 1	0.95	0.095 6	1.45	0.028 2	1.95	0.009 5	5.00	0.000 1

当有若干个竖向荷载 $P_i(i=1, 2, \cdots, n)$ 作用在地基表面时，按叠加原理，地面下 z 深度处某点 M 的附加应力 σ_z 为

$$\sigma_z=\sum_{i=1}^{n}K_i\frac{P_i}{z^2}=\frac{1}{z^2}\sum_{i=1}^{n}K_iP_i \tag{3-21}$$

式中　K_i——第 i 个集中荷载下的竖向附加应力系数，按 r_i/z 由表 3-1 查得，其中 r_i 是第 i 个集中荷载作用点到 M 点的水平距离。

2. 等代荷载法

建筑物的荷载是通过基础作用于地基之上的，而基础总是具有一定的面积，因此理论上的集中荷载实际上是没有的。等代荷载法是将荷载面(或基础底面) 划分成若干个形状规则(如矩形) 的面积单元(A_i)，每个单元上的分布荷载(p_iA_i) 近似地以作用在该单元面积形心上的集中力($P_i = p_iA_i$) 来代替(图 3-17)，这样就可以利用式(3-20) 来计算地基中某一点 M 处的附加应力。由于集中力作用点附近的 σ_z 为无穷大，因此这种方法不适用于过于靠近荷载面的计算点，其计算精度的高低取决于单元面积的大小，单元划分越细，计算精度越高。

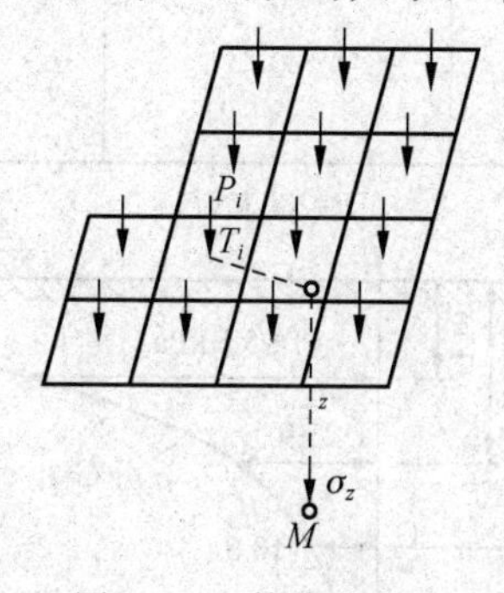

图 3-17　等代荷载法

【例 3-4】在地面作用一集中荷载 $P=200$ kN，试确定：

(1) 在地基中 $z=2$ m 的水平面上，水平距离 $r=1$ m、2 m、3 m 和 4 m 各点的竖向附加应力值，并绘出分布图；

(2) 在地基中 $r=0$ 的竖直线上距地面 $z=0$ m、1 m、2 m、3 m 和 4 m 处各点的 σ_z 值，并绘出分布图。

解：　(1) 在地基中 $z=2$ m 的水平面上指定点的附加应力 σ_z 的计算数据见表 3-2，σ_z

的分布图如图 3-18 所示。

表 3-2 例 3-4 表一

z/m	r/m	$\frac{r}{z}$	K(查表 3-1)	$\sigma_z = K\frac{P}{z^2}$/kPa
2	0	0	0.477 5	23.8
2	1	0.5	0.273 3	13.7
2	2	1.0	0.084 4	4.2
2	3	1.5	0.025 1	1.2
2	4	2.0	0.008 5	0.4

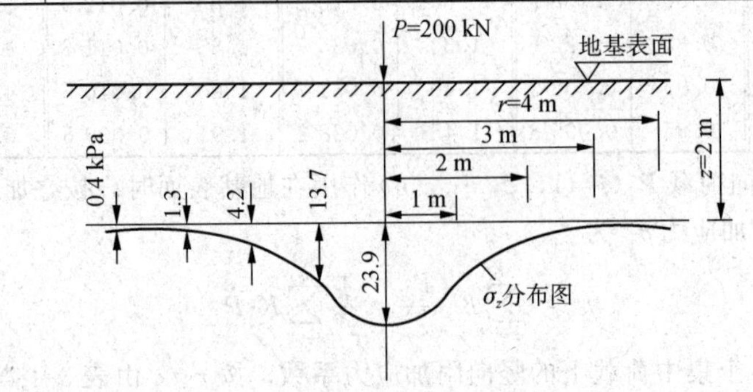

图 3-18 例 3-4 图一

(2) 在地基中 $r=0$ 的竖直线上，指定点的附加应力 σ_z 的计算数据见表 3-3，σ_z 的分布图如图 3-19 所示。

表 3-3 例 3-4 表二

z/m	r/m	$\frac{r}{z}$	K(查表 3-1)	$\sigma_z = K\frac{P}{z^2}$/kPa
0	0	0	0.477 5	∞
1	0	0	0.477 5	95.5
2	0	0	0.477 5	23.8
3	0	0	0.477 5	10.6
4	0	0	0.477 5	6.0

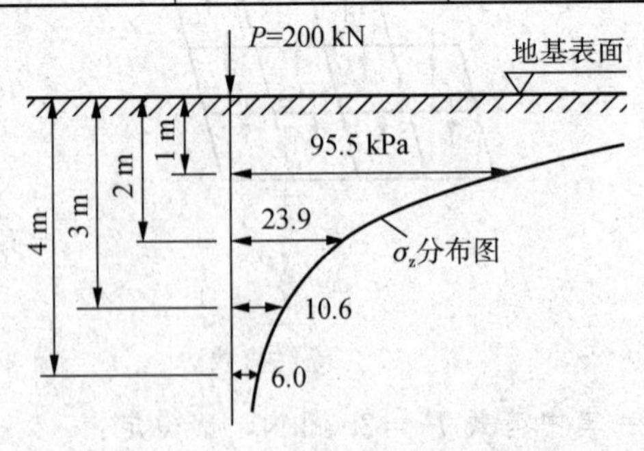

图 3-19 例 3-4 图二

当地基表面作用有几个集中力时，可以分别算出各集中力在地基中引起的附加应力，然后根据弹性体应力叠加原理求出地基的附加应力的总和。

在实际工程应用中，当基础底面形状不规则或荷载分布较复杂时，可将基底划分为若干个小面积，把小面积上的荷载当成集中力，然后利用上述公式计算附加应力。

二、矩形面积承受竖直均布荷载作用时的附加应力

地基表面有一矩形面积，宽度为 b，长度为 l，其上作用着竖直均布荷载，荷载强度为 p_0，求地基内各点的附加应力 σ_z。轴心受压柱基础的底面附加压力即属于均布的矩形荷载。这类问题的求解方法是：先求出矩形面积角点下的附加应力，再利用“角点法”求出任意点下的附加应力。

1. 角点下的附加应力

角点下的附加应力是指图 3-20 所示矩形面积均布荷载作用时角点下点的附加应力。只要深度 z 一样，则四个角点下的附加应力 σ_z 都相同。将坐标的原点取在角点 O 上，在荷载面积内任取微分面积 $dA=dx\,dy$，并将其上作用的荷载用集中力 dP 代替，则 $dP=p_0 dA=p_0 dx\,dy$。利用式(3-19) 即可求出该集中力在角点 O 以下深度 z 处 M 点所引起的竖直向附加应力 $d\sigma_z$ 为

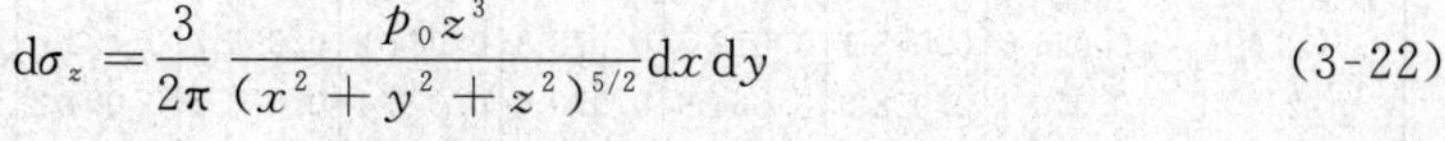

$$d\sigma_z=\frac{3}{2\pi}\frac{p_0 z^3}{(x^2+y^2+z^2)^{5/2}}dx\,dy \tag{3-22}$$

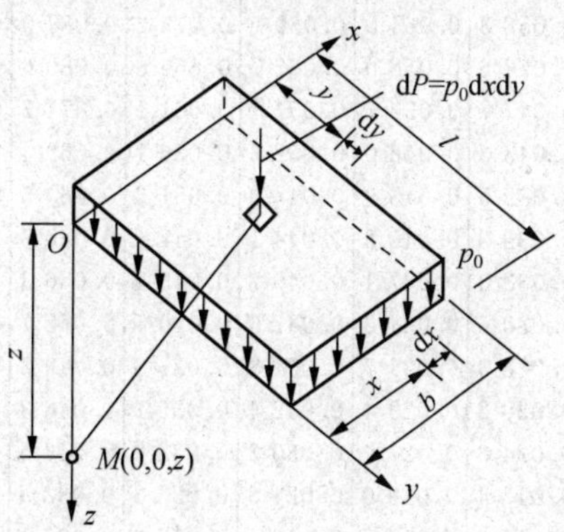

图 3-20　矩形面积均布荷载作用时角点下点的附加应力

将式(3-20) 沿整个矩形面积积分，即可得出矩形面积上均布荷载 p_0 在 M 点引起的附加应力 σ_z 为

$$\begin{aligned}\sigma_z&=\iint_A d\sigma_z=\frac{3p_0 z^3}{2\pi}\int_0^l\int_0^b\frac{1}{(x^2+y^2+z^2)^{5/2}}dx\,dy\\&=\frac{p_0}{2\pi}\left[\arctan\frac{m}{n\sqrt{1+m^2+n^2}}+\frac{m\cdot n}{\sqrt{1+m^2+n^2}}\left(\frac{1}{m^2+n^2}+\frac{1}{1+n^2}\right)\right]\end{aligned} \tag{3-23}$$

式中

$$m=\frac{l}{b},\ n=\frac{z}{b}$$

式中　l—— 为矩形的长边；

　　　b—— 矩形的短边。

为计算方便，可将式(3-23) 简写成

$$\sigma_z=\alpha_c p_0 \tag{3-24}$$

式中　α_c—— 矩形竖直向均布荷载角点下的应力分布系数，$\alpha_c=f(m,n)$。

矩形面积受竖直均布荷载作用时角点下的应力系数 α_c 见表 3-4。

表 3-4　矩形面积受竖直均布荷载作用时角点下的应力系数 α_c

$n=z/b$	$m=l/b$										
	1.0	1.2	1.4	1.6	1.8	2.0	3.0	4.0	5.0	6.0	10.0
0.0	0.250 0	0.250 0	0.250 0	0.250 0	0.250 0	0.250 0	0.250 0	0.250 0	0.250 0	0.250 0	0.250 0
0.2	0.248 6	0.248 9	0.249 0	0.249 1	0.249 1	0.249 1	0.249 2	0.249 2	0.249 2	0.249 2	0.249 2
0.4	0.240 1	0.242 0	0.242 9	0.243 4	0.243 7	0.243 9	0.244 2	0.244 3	0.244 3	0.244 3	0.244 3
0.6	0.222 9	0.227 5	0.230 0	0.235 1	0.232 4	0.232 9	0.233 9	0.234 1	0.234 2	0.234 2	0.234 2
0.8	0.199 9	0.207 5	0.212 0	0.214 7	0.216 5	0.217 6	0.219 6	0.220 0	0.220 2	0.220 2	0.220 2
1.0	0.175 2	0.185 1	0.191 1	0.195 5	0.198 1	0.199 9	0.203 4	0.204 2	0.204 4	0.204 5	0.204 6
1.2	0.151 6	0.162 6	0.170 5	0.175 8	0.179 3	0.181 8	0.187 0	0.188 2	0.188 5	0.188 7	0.188 8
1.4	0.130 8	0.142 3	0.150 8	0.156 9	0.161 3	0.164 4	0.171 2	0.173 0	0.173 5	0.173 8	0.174 0
1.6	0.112 3	0.124 1	0.132 9	0.143 6	0.144 5	0.148 2	0.156 7	0.159 0	0.159 8	0.160 1	0.160 4
1.8	0.096 9	0.108 3	0.117 2	0.124 1	0.129 4	0.133 4	0.143 4	0.146 3	0.147 4	0.147 8	0.148 2
2.0	0.084 0	0.094 7	0.103 4	0.110 3	0.115 8	0.120 2	0.131 4	0.135 0	0.136 3	0.136 8	0.137 4
2.2	0.073 2	0.083 2	0.091 7	0.098 4	0.103 9	0.108 4	0.120 5	0.124 8	0.126 4	0.127 1	0.127 7
2.4	0.064 2	0.073 4	0.081 2	0.087 9	0.093 4	0.097 9	0.110 8	0.115 6	0.117 5	0.118 4	0.119 2
2.6	0.056 6	0.065 1	0.072 5	0.078 8	0.084 2	0.088 7	0.102 0	0.107 3	0.109 5	0.110 6	0.111 6
2.8	0.050 2	0.058 0	0.064 9	0.070 9	0.076 1	0.080 5	0.094 2	0.099 9	0.102 4	0.103 6	0.104 8
3.0	0.044 7	0.051 9	0.058 3	0.064 0	0.069 0	0.073 2	0.087 0	0.093 1	0.095 9	0.097 3	0.098 7
3.2	0.040 1	0.046 7	0.052 6	0.058 0	0.062 7	0.066 8	0.080 6	0.087 0	0.090 0	0.091 6	0.093 3
3.4	0.036 1	0.042 1	0.047 7	0.052 7	0.057 1	0.061 1	0.074 7	0.081 4	0.084 7	0.086 4	0.088 2
3.6	0.032 6	0.038 2	0.043 3	0.048 0	0.052 3	0.056 1	0.069 4	0.076 3	0.079 9	0.081 6	0.083 7
3.8	0.029 6	0.034 8	0.039 5	0.043 9	0.047 9	0.051 6	0.064 5	0.071 7	0.075 3	0.077 3	0.079 6
4.0	0.027 0	0.031 8	0.036 2	0.040 3	0.044 1	0.047 4	0.060 3	0.067 4	0.071 2	0.073 3	0.075 8
4.2	0.024 7	0.029 1	0.033 3	0.037 1	0.040 7	0.043 9	0.056 3	0.063 4	0.067 4	0.069 6	0.072 4
4.4	0.022 7	0.026 8	0.030 6	0.034 3	0.037 6	0.040 7	0.052 7	0.059 7	0.063 9	0.066 2	0.069 6
4.6	0.020 9	0.024 7	0.028 3	0.031 7	0.034 8	0.037 8	0.049 3	0.056 4	0.060 6	0.063 0	0.066 3
4.8	0.019 3	0.022 9	0.026 2	0.029 4	0.032 4	0.035 2	0.046 3	0.053 3	0.057 6	0.060 1	0.063 5
5.0	0.017 9	0.021 2	0.024 3	0.027 4	0.030 2	0.032 8	0.043 5	0.050 4	0.054 7	0.057 3	0.061 0
6.0	0.012 7	0.015 1	0.017 4	0.019 6	0.021 8	0.023 3	0.032 5	0.038 8	0.043 1	0.046 0	0.050 6
7.0	0.009 4	0.011 2	0.013 0	0.014 7	0.016 4	0.018 0	0.025 1	0.030 6	0.034 6	0.037 6	0.042 8
8.0	0.007 3	0.008 7	0.010 1	0.011 4	0.012 7	0.014 0	0.019 8	0.024 6	0.028 3	0.031 1	0.036 7
9.0	0.005 8	0.006 9	0.008 0	0.009 1	0.010 2	0.011 2	0.016 1	0.020 2	0.023 5	0.026 2	0.031 9
10.0	0.004 7	0.005 6	0.006 5	0.007 4	0.008 3	0.009 2	0.013 2	0.016 7	0.019 8	0.022 2	0.028 0

2. 任意点的附加应力——角点法

实际计算中，常会遇到计算点不位于矩形荷载面角点下的情况。这时可以通过作辅助线把荷载面分成若干个矩形面积，而计算点正好位于这些矩形面积的角点下，这样就可以应用式(3-23)及力的叠加原理来求解。这种方法称为角点法。下面分四种情况(图 3-21，计算点在图中 O 点以下任意深度处)说明角点法的具体应用。

$$\sigma_z=(\alpha_{c1}-\alpha_{c2}-\alpha_{c3}+\alpha_{c4})p_0$$

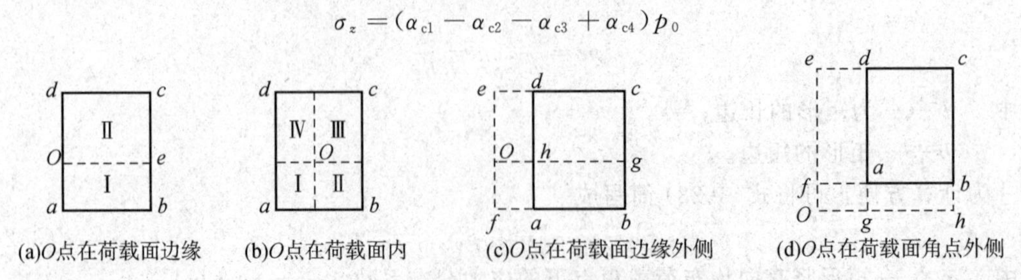

图 3-21　以角点法计算均布矩形荷载面 O 点下的地基附加应力

(1)O点在荷载面边缘。

过O点作辅助线Oe，将荷载面分成Ⅰ、Ⅱ两块，由叠加原理，有

$$\sigma_z = (\alpha_{c1} + \alpha_{c2}) p_0$$

式中　α_{c1}、α_{c2}——分别按两块小矩形面积Ⅰ和Ⅱ查得的角点附加应力系数。

(2)O在荷载面内。

作两条辅助线，将荷载面分成Ⅰ、Ⅱ、Ⅲ和Ⅳ共四块面积，于是有

$$\sigma_z = (\alpha_{c1} + \alpha_{c2} + \alpha_{c3} + \alpha_{c4}) p_0$$

如果O点位于荷载面中心，则$\alpha_{c1} = \alpha_{c2} = \alpha_{c3} = \alpha_{c4}$，可得$\sigma_z = 4\alpha_{c1} p_0$，此为利用角点法求基底中心点下$\sigma_z$的解，亦可直接查中点附加应力系数(略)。

(3)O在荷载面边缘外侧。

将荷载面$abcd$看成Ⅰ$(ofbg)$－Ⅱ$(ofah)$＋Ⅲ$(oecg)$－Ⅳ$(oedh)$，则有

$$\sigma_z = (\alpha_{c1} - \alpha_{c2} + \alpha_{c3} - \alpha_{c4}) p_0$$

(4)O在荷载面角点外侧

将荷载面看成Ⅰ$(ohce)$－Ⅱ$(ohbf)$－Ⅲ$(ogde)$＋Ⅳ$(ogaf)$，则有

$$\sigma_z = (\alpha_{c1} - \alpha_{c2} - \alpha_{c3} + \alpha_{c4}) p_0$$

三、矩形面积承受水平均布荷载作用时的附加应力

如果地基表面作用有水平的集中力p_h时，求解地基中任意点$M(x, y, z)$所产生的附加应力可由弹性理论的西罗提公式求得，则其与沉降计算关系最大的垂直压应力的表达式为

$$\sigma_z = \frac{3 p_h x z^3}{2\pi R^5} \tag{3-25}$$

当矩形面积上作用有水平均布荷载p_h(图3-22)时，即可由式(3-25)对矩形面积积分，从而求出矩形面积角点下任意深度z处的附加应力σ_z，简化后表示为

$$\sigma_z = \pm \alpha_h p_h \tag{3-26}$$

式中　α_h——矩形面积承受水平均布荷载作用时角点下的附加应力分布系数，可查表3-5求得，$\alpha_h = \frac{1}{2\pi}\left[\frac{m}{\sqrt{m^2+n^2}} - \frac{mn^2}{(1+n^2)\sqrt{1+m^2+n^2}}\right]$，$m = \frac{l}{b}$，$n = \frac{z}{b}$；

b、l——平行于、垂直于水平荷载的矩形面积边长。

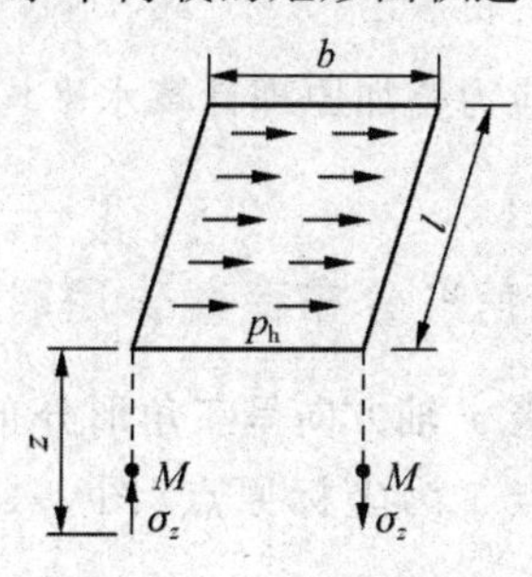

图3-22　矩形面积作用水平均布荷载时角点下的附加应力

表 3-5　矩形面积受水平均布荷载作用时角点下的附加应力系数 α_h 值

$n=z/b$	$m=l/b$										
	1.0	1.2	1.4	1.6	1.8	2.0	3.0	4.0	6.0	8.0	10.0
0.0	0.159 2	0.159 2	0.159 2	0.159 2	0.159 2	0.159 2	0.159 2	0.159 2	0.159 2	0.159 2	0.159 2
0.2	0.151 8	0.152 3	0.152 6	0.152 8	0.152 9	0.152 9	0.153 0	0.153 0	0.153 0	0.153 0	0.153 0
0.4	0.132 8	0.134 7	0.135 6	0.136 2	0.136 5	0.136 7	0.137 1	0.137 2	0.137 2	0.137 2	0.137 2
0.6	0.109 1	0.112 1	0.113 9	0.115 0	0.115 6	0.116 0	0.116 8	0.116 9	0.117 0	0.117 0	0.117 0
0.8	0.086 1	0.090 0	0.092 4	0.093 9	0.094 8	0.095 5	0.096 7	0.096 9	0.097 0	0.097 0	0.097 0
1.0	0.066 6	0.070 8	0.073 5	0.075 3	0.076 6	0.077 4	0.079 0	0.079 4	0.079 5	0.079 6	0.079 6
1.2	0.051 2	0.055 3	0.058 2	0.060 1	0.061 5	0.062 4	0.064 5	0.065 0	0.065 2	0.065 2	0.065 2
1.4	0.039 5	0.043 3	0.046 0	0.048 0	0.049 4	0.050 5	0.052 8	0.053 4	0.053 7	0.053 7	0.053 8
1.6	0.030 8	0.034 1	0.036 6	0.038 5	0.040 0	0.041 0	0.043 6	0.044 3	0.044 6	0.044 7	0.044 7
1.8	0.024 2	0.027 0	0.029 3	0.031 1	0.032 5	0.033 6	0.036 2	0.037 0	0.037 4	0.037 5	0.037 5
2.0	0.019 2	0.021 7	0.023 7	0.025 3	0.026 6	0.027 7	0.030 3	0.031 2	0.031 7	0.031 8	0.031 8
2.5	0.011 3	0.013 0	0.014 5	0.015 7	0.016 7	0.017 6	0.020 2	0.021 1	0.021 7	0.021 9	0.021 9
3.0	0.007 0	0.008 3	0.009 3	0.010 2	0.011 0	0.011 7	0.014 0	0.015 0	0.015 6	0.015 8	0.015 9
5.0	0.001 8	0.002 1	0.002 4	0.002 7	0.003 0	0.003 2	0.004 3	0.005 0	0.005 7	0.005 9	0.006 0
7.0	0.000 7	0.000 8	0.000 9	0.001 0	0.001 2	0.001 3	0.001 8	0.002 2	0.002 7	0.002 9	0.003 0
10.0	0.000 2	0.000 3	0.000 3	0.000 4	0.000 4	0.000 5	0.000 7	0.000 8	0.001 1	0.001 3	0.001 4

经过计算可知，在地面下同一深度处，四个角点下的附加应力的绝对值相同，但应力符号不同，图 3-22 中左侧角点下的 σ_z 取负值，右侧角点下的 σ_z 取正值。

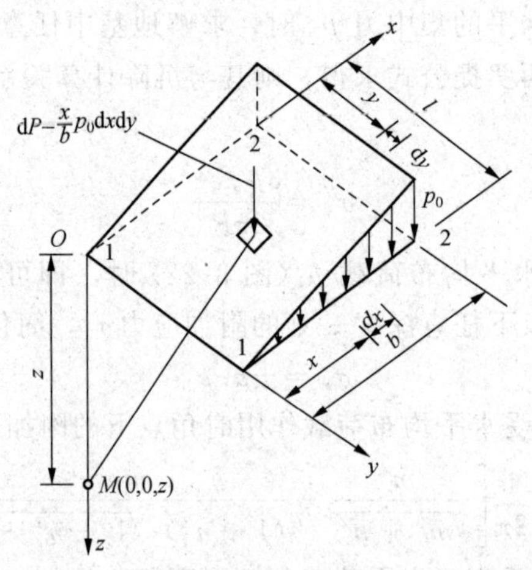

图 3-23　矩形面积三角形分布荷载下地基中附加应力计算

同样，也可以利用角点法和应力叠加原理计算水平均布荷载下矩形面积内外任意点的附加应力 σ_z。

四、矩形面积承受竖直三角形分布荷载作用时的附加应力

设竖向荷载在矩形面积上沿着 x 轴方向呈三角形分布，而沿 y 轴均匀分布，荷载的最大值为 p_0，取荷载零值边的角点 1 为坐标原点(图 3-23)。与均布荷载相同，以 $dP=\frac{x}{b}p_0\mathrm{d}x\mathrm{d}y$ 代替微元面积 $dA=\mathrm{d}x\mathrm{d}y$ 上的分布荷载，则可按下式求得角点 1 下 M_1 点由该矩形面积竖直三角形分布荷载引起的附加应力 σ_z 为

$$\sigma_z=\frac{3}{2\pi}\int_0^b\int_0^l\frac{xp_0z^3}{b(x^2+y^2+z^2)^{5/2}}\mathrm{d}x\mathrm{d}y \tag{3-27}$$

由此可得受荷面积角点 1 下深度 z 处的附加应力 σ_z 为

$$\sigma_z = \alpha_{c1} p_0 \tag{3-28}$$

式中

$$\alpha_{c1} = \frac{nm}{2\pi}\left[\frac{1}{\sqrt{n^2+m^2}} - \frac{n^2}{(1+n^2)\sqrt{1+n^2+m^2}}\right] \tag{3-29}$$

同理可得受荷面积角点 2 下深度 z 处 M_2 点的附加应力 σ_z 为

$$\sigma_z = \alpha_{c2} p_0 = (\alpha_c - \alpha_{c1}) p_0 \tag{3-30}$$

式中　α_{c1}、α_{c2} —— 三角形荷载附加应力系数，α_{c1} 为三角形荷载零角点下的附加应力系数，α_{c2} 为三角形荷载最大值角点下的附加应力系数。

根据 $m=\dfrac{l}{b}$ 和 $n=\dfrac{z}{b}$，由表 3-6 查得 α_{c1}、α_{c2}。其中，b 为承载面积沿荷载呈三角形分布方向的边长。

表 3-6　矩形面积上竖直三角形分布荷载作用下的附加压力系数 α_{c1}、α_{c2}

$n=\frac{z}{b}$	$m=\frac{l}{b}$									
	0.2		0.4		0.6		0.8		1.0	
	1 点	2 点	1 点	2 点	1 点	2 点	1 点	2 点	1 点	2 点
0.0	0.000 0	0.250 0	0.000 0	0.250 0	0.000 0	0.250 0	0.000 0	0.250 0	0.000 0	0.250 0
0.2	0.022 3	0.182 1	0.028 0	0.211 5	0.029 6	0.216 5	0.030 1	0.217 8	0.030 4	0.218 2
0.4	0.026 9	0.109 4	0.042 0	0.160 4	0.048 7	0.178 1	0.051 7	0.184 4	0.053 1	0.187 0
0.6	0.025 9	0.070 0	0.044 8	0.116 5	0.056 0	0.140 5	0.062 1	0.152 0	0.065 4	0.157 5
0.8	0.023 2	0.048 0	0.042 1	0.085 3	0.055 3	0.109 3	0.063 7	0.123 2	0.068 8	0.131 1
1.0	0.020 1	0.034 6	0.037 5	0.063 8	0.050 8	0.080 5	0.060 2	0.099 6	0.066 6	0.108 6
1.2	0.017 1	0.026 0	0.032 4	0.049 1	0.045 0	0.067 3	0.054 6	0.080 7	0.061 5	0.090 1
1.4	0.014 5	0.020 2	0.027 8	0.038 6	0.039 2	0.054 0	0.048 3	0.066 1	0.055 4	0.075 1
1.6	0.012 3	0.016 0	0.023 8	0.031 0	0.033 9	0.044 0	0.042 4	0.054 7	0.049 2	0.062 8
1.8	0.010 5	0.013 0	0.020 4	0.025 4	0.029 4	0.036 3	0.037 1	0.045 7	0.043 5	0.053 4
2.0	0.009 0	0.010 8	0.017 6	0.021 1	0.025 5	0.030 4	0.032 4	0.038 7	0.038 4	0.045 6
2.5	0.006 3	0.007 2	0.012 5	0.014 0	0.018 3	0.020 5	0.023 6	0.026 5	0.028 4	0.031 8
3.0	0.004 6	0.005 1	0.009 2	0.010 0	0.013 5	0.014 8	0.017 6	0.019 2	0.021 4	0.023 3
5.0	0.001 8	0.001 9	0.003 6	0.003 8	0.005 4	0.005 6	0.007 1	0.007 4	0.008 8	0.009 1
7.0	0.000 9	0.001 0	0.001 9	0.001 9	0.002 8	0.002 9	0.003 8	0.003 8	0.004 7	0.004 7
10.0	0.000 5	0.000 4	0.000 9	0.001 0	0.001 4	0.001 4	0.001 9	0.001 9	0.002 3	0.002 4

$n=\frac{z}{b}$	$m=\frac{l}{b}$									
	1.2		1.4		1.6		1.8		2.0	
	1 点	2 点	1 点	2 点	1 点	2 点	1 点	2 点	1 点	2 点
0.0	0.000 0	0.250 0	0.000 0	0.250 0	0.000 0	0.250 0	0.000 0	0.250 0	0.000 0	0.250 0
0.2	0.030 5	0.218 4	0.030 5	0.218 5	0.030 6	0.218 5	0.030 6	0.218 5	0.030 6	0.218 5
0.4	0.053 9	0.188 1	0.054 3	0.188 6	0.054 5	0.188 9	0.054 6	0.189 1	0.054 7	0.189 2
0.6	0.067 3	0.160 2	0.068 4	0.161 6	0.069 0	0.162 5	0.069 4	0.163 0	0.069 6	0.163 3
0.8	0.072 0	0.135 5	0.073 9	0.138 1	0.075 1	0.139 6	0.075 9	0.140 5	0.076 4	0.141 2
1.0	0.070 8	0.114 3	0.073 5	0.117 6	0.075 3	0.120 2	0.076 6	0.121 5	0.0774	0.122 5
1.2	0.066 4	0.096 2	0.069 8	0.100 7	0.072 1	0.103 7	0.073 8	0.105 5	0.074 9	0.106 9
1.4	0.060 6	0.081 7	0.064 4	0.086 4	0.067 2	0.089 7	0.069 2	0.092 1	0.070 7	0.093 7
1.6	0.054 5	0.069 6	0.058 6	0.074 3	0.061 6	0.078 0	0.063 9	0.080 6	0.065 6	0.082 6
1.8	0.048 7	0.059 6	0.052 8	0.064 4	0.056 0	0.068 1	0.058 5	0.070 9	0.060 4	0.073 0
2.0	0.043 4	0.051 3	0.047 4	0.056 0	0.050 7	0.059 6	0.053 3	0.062 5	0.055 3	0.064 9
2.5	0.032 6	0.036 5	0.036 2	0.040 5	0.039 3	0.044 0	0.041 9	0.046 9	0.044 0	0.049 1
3.0	0.024 9	0.027 0	0.028 0	0.030 3	0.030 7	0.033 3	0.033 1	0.035 9	0.035 2	0.038 0
5.0	0.010 4	0.010 8	0.012 0	0.012 3	0.013 5	0.013 9	0.014 8	0.015 4	0.016 1	0.016 7
7.0	0.005 6	0.005 6	0.006 4	0.006 6	0.007 3	0.007 4	0.008 1	0.008 3	0.008 9	0.009 1
10.0	0.002 8	0.002 8	0.003 3	0.003 2	0.003 7	0.003 7	0.004 1	0.004 2	0.004 6	0.004 6

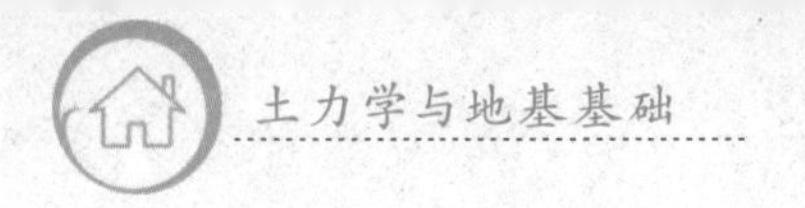

续表

$n=\frac{z}{b}$	$m=\frac{l}{b}$									
	3.0		4.0		6.0		8.0		10.0	
	1点	2点	1点	2点	1点	2点	1点	2点	1点	2点
0.0	0.000 0	0.250 0	0.000 0	0.250 0	0.000 0	0.250 0	0.000 0	0.250 0	0.000 0	0.250 0
0.2	0.030 6	0.218 6	0.030 6	0.218 6	0.030 6	0.218 6	0.030 6	0.218 6	0.030 6	0.218 6
0.4	0.054 8	0.189 4	0.054 9	0.189 4	0.054 9	0.189 4	0.054 9	0.189 4	0.054 9	0.189 4
0.6	0.070 1	0.163 8	0.070 2	0.163 9	0.070 2	0.164 0	0.070 2	0.164 0	0.070 2	0.164 0
0.8	0.077 3	0.142 3	0.077 6	0.142 4	0.077 6	0.142 6	0.077 6	0.142 6	0.077 6	0.142 6
1.0	0.079 0	0.124 4	0.079 4	0.124 8	0.079 5	0.125 0	0.079 6	0.125 0	0.079 6	0.125 0
1.2	0.077 4	0.109 6	0.077 9	0.110 3	0.078 2	0.110 5	0.078 3	0.110 5	0.078 3	0.110 5
1.4	0.073 9	0.097 3	0.074 8	0.098 6	0.075 2	0.098 6	0.075 2	0.098 7	0.075 3	0.098 7
1.6	0.069 7	0.087 0	0.070 8	0.088 2	0.071 4	0.088 7	0.071 5	0.088 8	0.071 5	0.088 9
1.8	0.065 2	0.078 2	0.066 6	0.079 7	0.067 3	0.080 5	0.067 5	0.080 6	0.067 5	0.080 8
2.0	0.060 7	0.070 7	0.062 4	0.072 6	0.063 4	0.073 4	0.063 6	0.073 6	0.063 6	0.073 8
2.5	0.050 4	0.055 9	0.052 9	0.058 5	0.054 3	0.060 1	0.054 7	0.060 4	0.054 8	0.060 5
3.0	0.041 9	0.045 1	0.044 9	0.048 2	0.046 9	0.050 4	0.047 4	0.050 9	0.047 6	0.051 1
5.0	0.021 4	0.022 1	0.024 8	0.025 6	0.025 3	0.029 0	0.029 6	0.030 3	0.030 1	0.030 9
7.0	0.012 4	0.012 6	0.015 2	0.015 4	0.018 6	0.019 0	0.020 4	0.020 7	0.021 2	0.021 6
10.0	0.006 6	0.006 6	0.008 4	0.008 3	0.011 1	0.011 1	0.012 3	0.013 0	0.013 9	0.0141

五、大画积均布荷载下土中附加应力计算

在实际工程中经常会遇到大面积均布荷载的情况，这种荷载条件明显与前述的矩形或条形面积均布荷载等局部面积上的均布荷载所产生的附加应力是不同的。基底下相同深度处的附加应力随着基础宽度增大而增大，基础宽度越大，附加应力沿深度衰减越慢。当均布条形荷载宽度 b 无穷大时，有 $z/b\rightarrow 0$，故附加应力系数恒等于1，任意深度的附加应力均等于荷载强度 p_0。此时，地基中的附加应力分布与深度无关，上下附加应力相等，呈矩形分布。

六、影响土中应力分布的因素

上面介绍的地基中附加应力的计算都是按弹性理论把地基土视为均质、等向的线弹性体，而实际遇到的地基均在不同程度上与上述情况有所不同。因此，理论计算得出的附加应力与实际土中的附加应力相比都有一定的误差。

知识拓展

一些学者的试验研究及量测结果认为，当土质较均匀、土颗粒较细且压力不很大时，用上述方法计算出的竖直向附加应力 σ_z 与实测值相比，误差不是很大；当不满足这些条件时，将会有较大误差。下面简要讨论实际土体的非线性、非均质和各向异性对土中应力分布的影响。

1. 材料非线性的影响

事实上，土体是非线性材料，许多学者的研究表明，非线性对于土体的竖直附加应力 σ_z 计算值有一定的影响，最大误差可达到 25% ～ 30%，对水平附加应力也有显著的影响。

2. 成层地基的影响

以上介绍的地基附加应力计算都是把地基土看成均质的、各向同性的线性变形体，而实际情况往往并非如此，如有的地基土是由不同压缩性土层组成的成层地基，有的地基同一土层中土的变形模量随深度增加而增大。由于地基的非均质性或各向异性，因此地基中的竖向附加应力 σ_z 的分布会产生应力集中现象或应力扩散现象(图 3-24，虚线表示均质地基中水平面上的附加应力分布)。

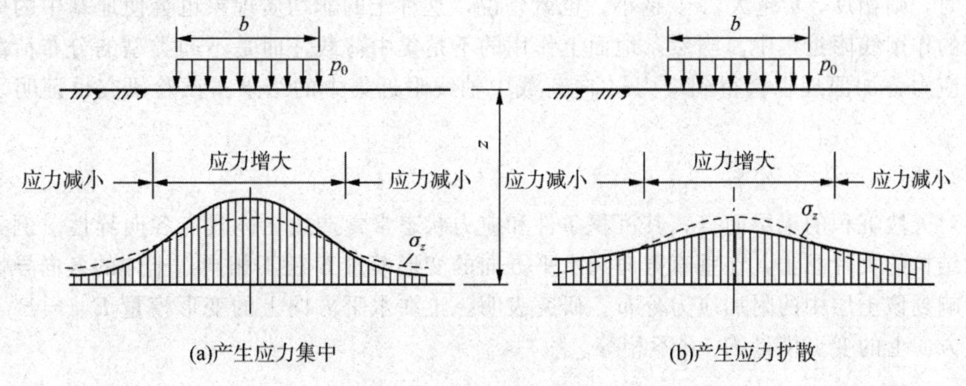

图 3-24　非均质和各向异性对地基附加应力的影响

双层地基是工程中常见的一种情况。双层地基指的是在附加应力 σ_z 影响深度($\sigma_z = 0.1p_0$)范围内地基由二层变形显著不同的土层组成的。若上层软弱，下层坚硬，则产生应力集中现象；反之，若上硬下软，则产生应力扩散现象。

图 3-25 所示为三种地基条件下均布荷载中心线下附加应力 σ_z 的分布图。图中曲线 1 为均质地基中的 σ_z 分布图，曲线 2 为岩层上可压缩土层中的 σ_z 分布图，而曲线 3 则表示上层坚硬下层软弱的双层地基中的 σ_z 分布图。

因岩层的存在而在可压缩土层中引起的应力集中程度与岩层的埋藏深度有关，岩层埋深越浅，应力集中越显著。当可压缩土层的厚度小于或等于荷载面积宽度的一半时，荷载面积下的 σ_z 几乎不扩散，此时可认为荷载面中心点下的 σ_z 不随深度变化(图 3-26)。

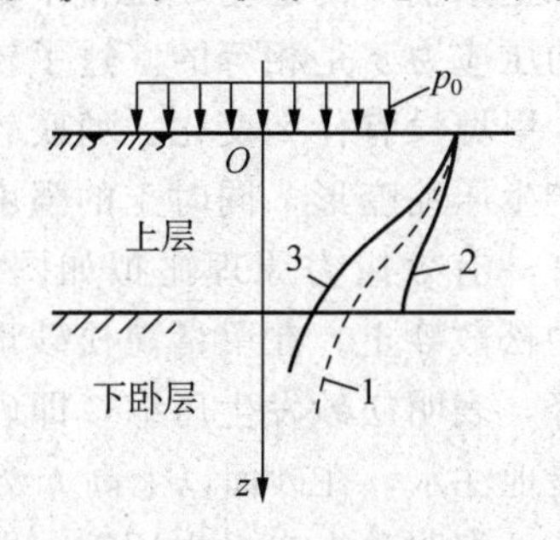

图 3-25　三种地基条件下均布荷载中心线下附加应力 σ_z 的分布图

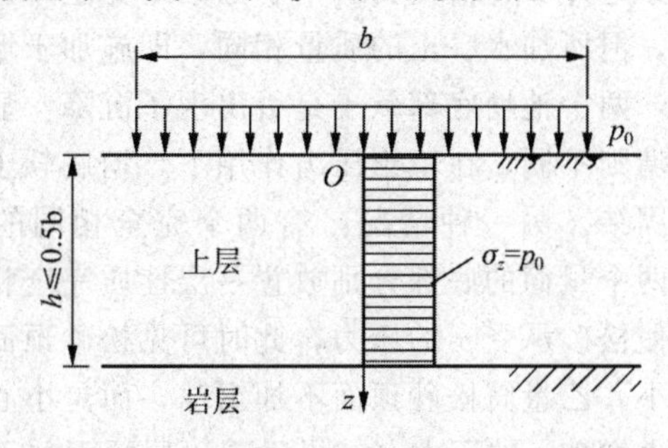

图 3-26　可压缩土层厚度 $h \leq 0.5b$ 时的 σ_z 分布

3. 变形模量随深度增大的影响

地基土的另一种非均质性表现为变形模量 E 随深度而逐渐增大，在砂土地基中尤为常见。这是一种连续的非均质现象，是由土体在沉积过程中的受力条件决定的。弗罗里奇(O. K. Frohlich)研究了这种情况，对于集中力作用下地基中附加应力 σ_z 的计算，提出半经验公式：

$$\sigma_z = \frac{np}{2\pi R^2}\cos^n\beta \tag{3-31}$$

式中　n—— 大于3的应力集中系数。

对于E为常数的均质弹性体，如均匀的黏土，$n=3$，其结果即布氏解；对于砂土，连续非均质现象最显著，取$n=6$；对于介于黏土与砂土之间的土，取$n=3\sim6$。对于其他符号意义与前述相同。分析式(3-31)，当β相同且$\beta=0$或很小时，n越大，σ_z越大；而当β很大时，则相反，n越大，σ_z越小。也就是说，这种土的非均质现象也会使地基中的应力向力的作用线附近集中。当然，地面上作用的不是集中荷载，而是不同类型的分布荷载，根据应力叠加原理也会得到应力σ_z向荷载中轴线附近集中的结果。试验研究也证明了这一点。

4. 各向异性的影响

对天然沉积的土层而言，其沉积条件和应力状态常常造成土体具有各向异性。例如，层状结构的页片黏土，在垂直方向和水平方向的变形模量E就不相同。土体的各向异性也会影响到该土层中的附加应力分布。研究表明，土在水平方向上的变形模量$E_x(=E_y)$与竖直方向上的变形模量E_z并不相等。

知识拓展

但当土的泊松比μ相同时，若$E_x>E_z$，则在各向异性地基中将出现应力扩散现象；若$E_x<E_z$，地基中将出现应力集中现象。

第五节　有效应力原理

一、有效应力原理

先想象这样一种情况：有甲、乙两个完全一样的刚把水抽干的池塘，现将甲塘充水、乙塘填土，但所加水、土的质量相同，即施加于塘底的压应力σ是相等的。过了较长的一段时间后，两个池塘底部软土是否出现了沉降？显然，甲塘没有什么变化，塘底软土依然软。但乙塘则不同，在填土压力作用下，塘底软土将产生压缩变形，同时土的强度提高，即产生了固结。另一种情况：有两个完全相同的量筒，有效应力原理比拟如图3-27所示，在这两个量筒的底部分别放置一层性质完全相同的松散砂土。在甲量筒松砂顶面加若干钢球，使松砂承受σ的压力，此时可见松砂顶面下降，表明松砂发生压缩，即砂土的孔隙比e减小。乙量筒松砂顶面不加钢球，而是小心缓慢地注水，在砂面以上高h处正好使砂层表面也增加σ的压力，结果发现砂层顶面并不下降，表明砂土未发生压缩，即砂土的孔隙比e不变。这种情况类似于在量筒内放一块饱水的棉花，无论向量筒内倒多少水都不能使棉花发生压缩。为什么在同样压力作用下，加水的就没有沉降呢？这就要从有效应力原理中寻找答案。

土体是由固体土颗粒和孔隙水及土中气体组成的三相集合体，由颗粒间接触点传递的应力会使土的颗粒产生位移，从而引起土体的变形和强度的变化，这种对土体变形和强度有效的粒间应力称有效应力，用σ'表示。

对饱和土体，饱和土体垂直方向所受的总应力σ为有效应力及孔隙水压力之和，即

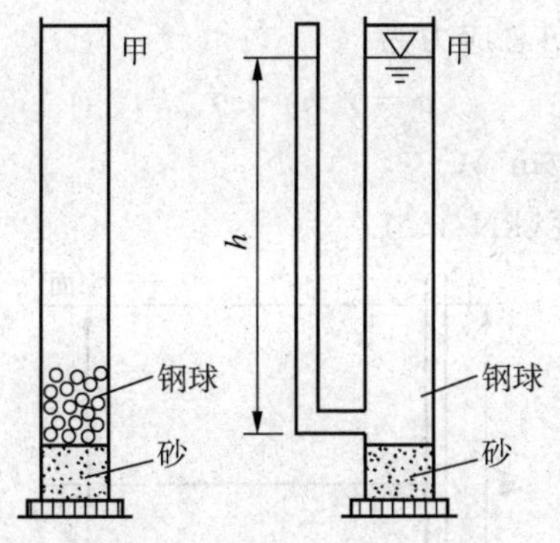

图 3-27　有效应力原理比拟

$$\sigma=\sigma'+u \tag{3-32}$$

上式说明，饱和土的总应力 σ 等于有效应力 σ' 与孔隙水压力 u 之和。孔隙水压力对各个方向的作用是相等的，它只能使土颗粒本身产生压缩(压缩量很小，可以忽略不计)，不能使土颗粒产生移动，因此不会使土体产生体积变形。孔隙水压力虽然承担了一部分正应力，但承担不了剪应力。只有通过土粒接触点传递的粒间应力，才能同时承担正应力和剪应力，并使土粒重新排列，从而引起土体产生体积变化。粒间应力又是影响土体强度的一个重要因素，因此粒间应力又称有效应力。这一原理是由太沙基(K. Terzaghi，1925)首先提出的，并经后来的试验证实。这是土力学有别于其他力学的重要原理之一。

有效应力原理的要点如下。

(1) 饱和土体内任一平面上受到的总应力可分为有效应力和孔隙水压力两部分，有效应力与总应力及孔隙水压力的关系总是满足式(3-32)。

(2) 土的变形与强度的变化都仅取决于有效应力的变化。

至此，就可以回答刚才提出的问题了。在甲塘中，由于充的是水，压力为 σ，相应的塘底土中孔隙水压力也增加了 σ，而有效应力没有增加，因此软土不产生新的变形，强度也没有变化。在乙塘中，填土的压力 σ 由有效应力 σ' 和孔隙水压力 u 共同承担，且随着时间的推移，有效应力所占的比重越来越大，在新增加的有效应力作用下，塘底软土产生了压缩变形，强度也随之提高。

在饱和土中，无论是土的自重应力还是土的附加应力，均满足式(3-32)的要求。对自重应力而言，σ 为水与土颗粒的总自重应力，u 为静水压力，σ' 为土的有效自重应力；对附加应力而言，σ 为附加应力，u 为超静孔隙水压力，σ' 为有效应力增量。

式(3-32)表面上看起来很简单，但它的内涵十分重要。以下凡涉及体积变形或强度变化的应力均是有效应力 σ'，而不是总应力 σ。这个概念对含有气体的非饱和土同样也适用。但在非饱和土的情况下，粒间应力、孔隙水压力、孔隙气压力的关系较为复杂，本书不再阐述。

二、几个相关问题

有效应力公式的形式很简单，却具有重要的工程应用价值。当已知土体中某一点所受的总应力 σ，并测得该点的孔隙水压力 u 时，就可以利用式(3-22)计算出该点的有效应力 σ'。

1. 饱和土中孔隙水压力和有效应力的计算

图 3-28 所示为饱和土中孔隙水压力和有效应力，在地面下 h_2 深处的 A 点，土体自重

对地面以下 A 点处作用的垂向总应力为

$$\sigma=\gamma_{w}h_{1}+\gamma_{sat}h_{2} \tag{3-33}$$

式中 γ_{w}—— 水的重度(kN/m^3)；

γ_{sat}—— 土的饱和重度(kN/m^3)。

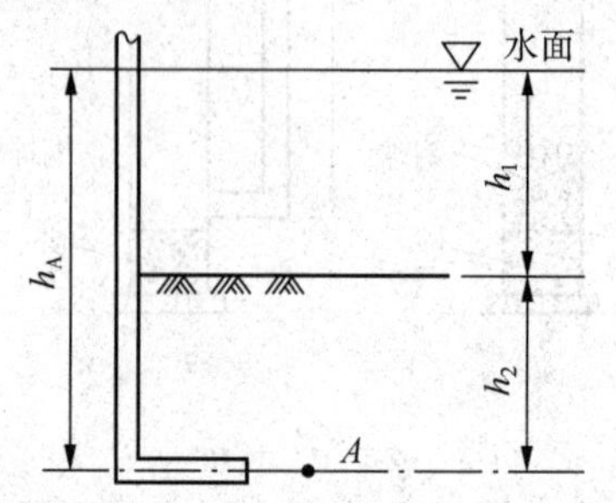

图 3-28 饱和土中孔隙水压力和有效应力

A 点处由孔隙水传递的静水压力即孔隙水压力为

$$u=\gamma_{w}(h_{1}+k_{2}) \tag{3-34}$$

根据有效应力原理，土体自重对 A 点作用的有效应力应为

$$\sigma'=\sigma-u=(\gamma'_{sat}-\gamma_{w})h_{2}=\gamma' h_{2} \tag{3-35}$$

式中 γ'—— 土的浮重度(kN/m^3)。

由此可见，当地面以上水深 h_1 变化时，可以引起土体中总应力 σ 的变化，但有效应力 σ' 不会随 h_1 的升降而变化，即 σ' 与 h_1 无关，亦即 h_1 的变化不会引起土体的压缩或膨胀。

2. 毛细水上升时土中有效自重应力的计算

设地基土层如图 3-29 所示，地下潜水位在C线处。由于毛细现象，因此地下潜水沿着彼此连通的土孔隙上升，形成毛细饱和水带，其上升高度为 h_c。在B线以下、C线以上的毛细水带内，土是完全饱和的。

毛细区内的水呈张拉状态，故孔隙水压力是负值。毛细水压力分布规律与静水压力分布相同，任一点的 $u_c=-\gamma_w z$，z 为该点至地下水位(自由水面)之间的垂直距离，离开地下水位越高，毛细负孔压绝对值越大，在饱和区最高处 $u_c=-h_c\gamma_w$，至地下水位处 $u_c=0$，其孔隙水压力分布如图 3-29 所示。

由于 u 是负值，因此按照有效应力原理，毛细饱和区的有效应力 σ' 将会比总应力增大，即 $\sigma'=\sigma-(-u)=\sigma+u$。土中各点的总应力 σ、孔隙水压力 u 及有效应力 σ' 如图 3-29 所示。

从上述计算结果可以看出，在毛细水上升区，由于表面张力的作用使孔隙水压力为负值，因此土的有效应力增加；在地下水位以下，由于土颗粒的浮力作用，因此土的有效应力减小。

【例 3-5】某土层剖面，地下水位及其相应的重度如图 3-30(a) 所示。试求：

(1) 垂直方向总应力 σ、孔隙水压力 u 和有效应力 σ' 沿深度 z 的分布；

(2) 砂层中地下水位以上 1 m 范围内为毛细饱和区时，σ、u、σ' 的分布。

解： 地下水位以上无毛细饱和区的 σ、u、σ' 分布值见表 3-7。u、σ、σ' 沿深度的分布如图 3-30(b) 中实线所示。

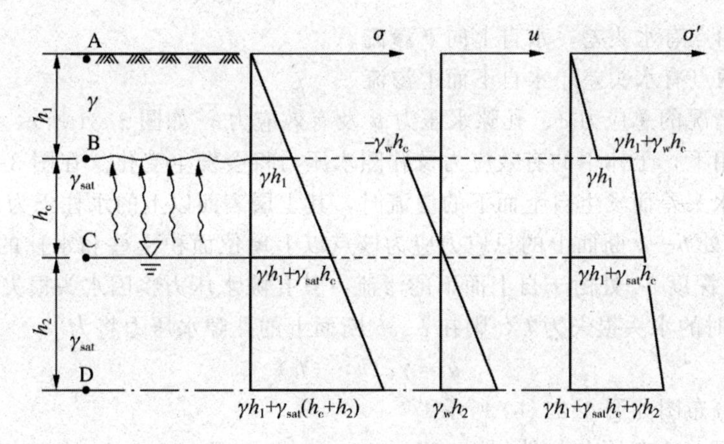

图 3-29　毛细水上升时土中有效自重应力

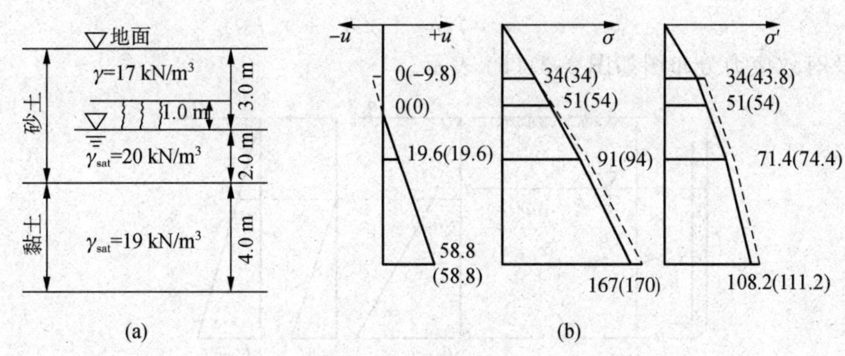

图 3-30　例 3-5 图

表 3-7　例 3-5 表一

深度 z/m	σ/kPa	u/kPa	σ'/kPa
2	2 × 17 = 34	0	34
3	3 × 17 = 51	0	51
5	3 × 17 + 2 × 20 = 91	2 × 9.8 = 19.6	71.4
9	3 × 17 + 2 × 20 + 4 × 19 = 167	6 × 9.8 = 58.8	108.2

当地下水位以上 1 m 内为毛细饱和区时，σ、u、σ' 值见表 3-8，其 u、σ、σ' 沿深度的分布如图 3-30(b) 中虚线所示。

表 3-8　例 3-5 表二

深度 z/m	σ/kPa	u/kPa	σ'/kPa
2	2 × 17 = 34	−9.8	43.8
3	2 × 17 + 1 × 20 = 54	0	54
5	54 + 2 × 20 = 94	19.6	74.4
9	94 + 4 × 19 = 170	58.8	111.2

3. 土中水渗流时（一维渗流）有效应力计算

当地下水在土体中渗流时，对土颗粒将产生动水力，这就必然影响土中有效应力的分布。下面分三种情况分析土中水渗流时对有效应力的影响。

(1) 水静止不动，即 a、b 两点水头相等。

(2)a、b 两点有水头差，水自上向下渗流。

(3)a、b 两点有水头差，水自下而上渗流。

上述三种情况的总应力 σ、孔隙水压力 u 及有效应力 σ' 如图 3-31 所示。

在渗流作用下，土体中的有效应力及孔隙水压力将会发生变化。在图 3-31(b) 所示的土层中，由于水头差而发生自上而下的渗流时，其土层表面以上的水柱仍为 h_1，因此在土层以下 h_2 深度处 b—b 断面上的总应力应为该点以上单位面积土柱和水柱的重力，即 $\sigma=\gamma_1 h_1+\gamma_{sat} h_2$ 在深度 h_2 处由于自上而下的渗流，其孔隙水压力将因水头损失而减小。若在 h_2 土层中渗流时的水头损失为 h，则在 b—b 断面上的孔隙水压力将为

$$u=\gamma_w(h_2-h)$$

其孔隙水压力分布图如图 3-31(b) 所示。

因此，断面上的有效应力则为

$$\sigma'=\sigma-u=\gamma_1 h_1+\gamma' h_2+\gamma_w h \tag{3-36}$$

其总应力及有效应力分布图如图 3-31(b) 表示。

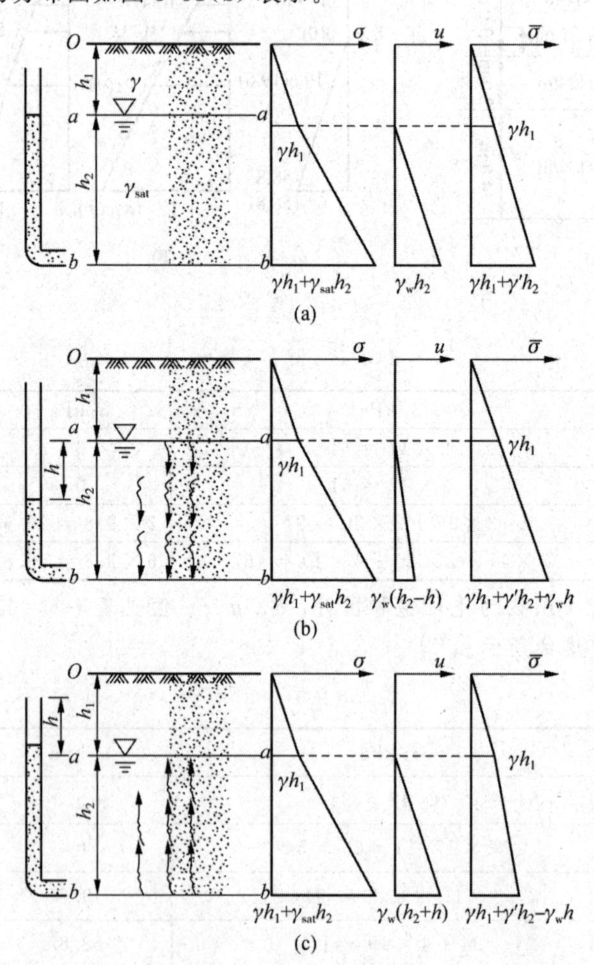

图 3-31　土中水渗流时(一维渗流)有效应力计算

由式(3-36)可以看出，朝下渗流将使有效应力增加，这是抽吸地下水引起地面沉降的原因之一。因为抽水使地下水位下降，就会在土层中产生向下的渗流，从而使 σ' 增加，导致土层产生压密变形，故这种朝下渗流产生的压密作用称为渗流压密。

当水头差发生自下而上的渗流时(图 3-31(c))，h_2 土层以上的水位相同，则在 h_2 深度处 $b—b$ 断面上的总应力仍为 $\sigma=\gamma_1 h_1+\gamma_{sat} h_2$。而孔隙水压力将因水头差 h 的作用而增加 $\gamma_w h$，即

$$u=\gamma_w(h_2+h)$$

显然，有效应力将相应减小 $\gamma_w h$，变为

$$\sigma'=\sigma-u-\gamma_1 h_1+\gamma' h_2-\gamma_w h \tag{3-37}$$

其孔隙水压力、总应力及有效应力分布图分别如图 3-31(c) 所示。

由此可见，当有渗流作用时，其孔隙水压力及有效应力均与静水作用情况不同。在渗流产生的渗透力的作用下，其有效应力与渗流作用的方向有关。

当自上而下渗流时，将使有效应力增加，因此对土体的稳定性有利。反之，若向上渗流则有效应力减小，则对土体的稳定性不利。如果在图 3-31 中向上渗流的水头差 h 不断增大，直至 $b—b$ 断面上的孔隙水压力等于该面上的总应力，则该处有效应力将减小为零，即

$$\sigma'=\sigma-u=\gamma_1 h_1+\gamma' h_2-\gamma_w h=0$$

此即产生流土或基坑底部土体突涌的临界状态。若 $h_1=0$，则有

$$\sigma'=y' h_2-\gamma_w h=0$$

由此可得

$$\gamma'=\gamma_w \frac{h}{h_2}=\gamma_w i_{cr}$$

式中　i_{cr}—— 土的临界水力坡降。

当 $b—b$ 面的水力坡降 $i>i_{cr}$ 时，即发生流土和管涌现象，造成地基或边坡的失稳。

思　考　题

1. 地基中自重应力的分布有什么特点？

2. 为什么自重应力和附加应力的计算方法不同？

3. 影响基底反力分布的因素有哪些？

4. 目前根据什么假设计算地基中的附加应力？这些假设是否合理可行？

5. 其他条件相同，仅宽度不同的两个条形基础，在同一深度处哪一个基础产生的附加应力大，为什么？

6. 地下水位的升降对土中应力分布有何影响？

7. 当上部结构荷载的合力不变时，随着荷载偏心距增大，基底压力平均值将如何变化？

第四章　土的压缩性与地基沉降计算

第一节　土的压缩性及压缩性指标

土在压力作用下体积缩小的性能称为土的压缩性。土由固体颗粒、水和气体三相组成，所以土的压缩性比其他连续介质材料如混凝土等大得多。土体积缩小的原因可能是：土颗粒本身的体积减小；孔隙中不同形态的水和气体的体积减小；孔隙中水和气体被挤出，土的颗粒移动使孔隙体积减小。

知识拓展

研究表明，在一般建筑物压力作用下，土颗粒和水体积的变化很小，可以忽略不计。虽然气体的压缩性较大，但在压力消失后，土中气体的体积基本恢复。因此，土的压缩主要是由孔隙中的水分和气体被挤出，土粒相互移动靠拢，致使土的孔隙体积减小而引起的。

一、固结试验及压缩曲线

土的压缩性可以通过原状土样的室内压缩试验(又称固结试验)测定。室内压缩试验的主要仪器是固结仪(又称压缩仪，图 4-1)，试验步骤如下：先将金属环刀切取原状土样，然后将土样连同环刀一起放入压缩仪以内，再分级加载。每个土样一般按 $p=50$ kPa、100 kPa、200 kPa、300 kPa、400 kPa、800 kPa 加载，每级荷载作用下压至变形稳定，测出土样稳定变形量，再加下一级荷载。根据每级荷载下的稳定变形量，算出相应压力下的孔隙比。

室内压缩试验结果用压缩曲线(图 4-2)表示：在直角坐标系中，以每级荷载 p 为横坐标，相应的孔隙比 e 为纵坐标，绘制出 $e—p$ 曲线。综上所述，土的压缩主要是孔隙体积减小引起的，所以用试验中施加的竖向垂直压力 p 与相应变形稳定状态下的土孔隙比 e 之间的关系反映试验结果，表达土的压缩性。

孔隙比 e 不能直接测定，是通过换算变形量 s 得到的。下面介绍其推导过程。

设 h_0 为土样初始高度，h_i 为土样受压后的高度，s_i 为压力 p_i 作用下土样压缩稳定后的压缩量，则有

$$h_i=h_0-s_i$$

根据土的孔隙比定义，初始孔隙比为

$$e_0=\frac{V_v}{V_s}=\frac{V-V_s}{V_s} \tag{4-1}$$

设土样的横截面积为 A，则土样的体积 $V=Ah_0$，代入式(4-1)可得

$$e_0=\frac{Ah_0-V_s}{V_s}\Rightarrow V_s=\frac{Ah_0}{e_0+1} \tag{4-2}$$

同理，根据稳定压缩量为 s_i，可推导在某级压力 p_i 作用下的孔隙比为 e_i，有

$$V_s=\frac{A(h_0-s_i)}{e_i+1} \tag{4-3}$$

忽略土粒变形，可得

$$\frac{Ah_0}{e_0+1}=\frac{A(h_0-s_i)}{e_1+1}\Rightarrow e_i=e_0-\frac{(e_0+1)s_i}{h_0} \tag{4-4}$$

压缩曲线的形状表征了土样压缩性的高低。若压缩曲线较陡，说明压力增加时孔隙比减小得多，则土的压缩性高；若曲线是平缓的，则土的压缩性低。

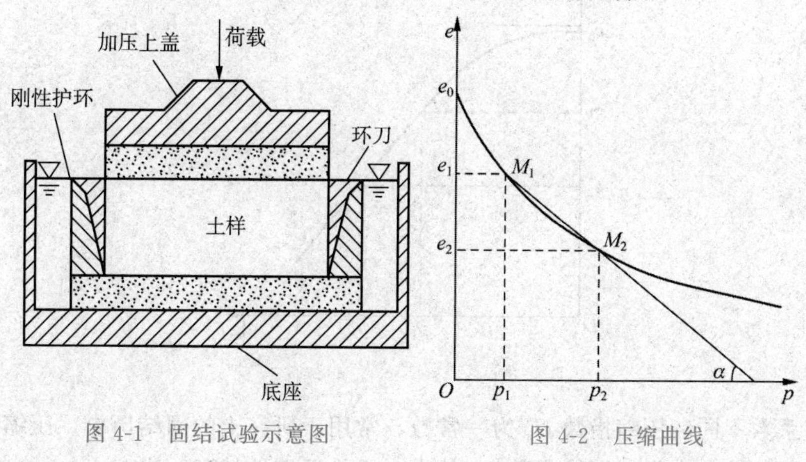

图 4-1　固结试验示意图　　　　图 4-2　压缩曲线

二、压缩指标

压缩试验的试验结果还包括压缩系数、压缩指数等定量表征土压缩性高低的压缩指标。

1. 压缩系数

压缩曲线中某一压力范围的割线斜率称为压缩系数 a，表示单位压力增量所引起的孔隙比的变化(图 4-2)，其单位为 $\mathrm{MPa^{-1}}$，有

$$a=\tan\alpha=\frac{e_1-e_2}{p_2-p_1}=-\frac{\Delta e}{\Delta p} \tag{4-5}$$

压缩系数 a 是表示土压缩性大小的主要指标，压缩系数大，曲线越陡峭，曲线斜率越大，表明在某压力变化范围内孔隙比减少得越多，压缩性就越高。要注意的是，压缩系数并不是常数，而是随压力范围的变化而变化的。

在工程实际中，常以 $p_1=100\ \mathrm{kPa}$ 和 $p_2=200\ \mathrm{kPa}$(认为是一般民用建筑的压力范围)所对应的压缩系数即 a_{1-2} 作为判断土压缩性高低的标准。

低压缩性土：

$$a_{1-2}<0.1\ \mathrm{MPa^{-1}}$$

中压缩性土：

$$0.1\leqslant a_{1-2}<0.5\ \mathrm{MPa^{-1}}$$

高压缩性土：

$$a_{1-2} \geqslant 0.5\ \mathrm{MPa}^{-1}$$

如果压缩曲线较平缓，也可用 $p_1 = 100$ kPa 和 $p_2 = 300$ kPa 之间的孔隙比减少量求得 a_{1-3} 表征土的压缩性。

2. 压缩指数 C_c

将压缩曲线的横坐标改为对数坐标，而纵坐标不变，变为 e—lg p 曲线(图4-3)，其在很大压力范围内为一直线，这条直线的斜率称为压缩指数 C_c，即

$$C_c = \frac{e_1 - e_2}{\lg p_2 - \lg p_1} \tag{4-6}$$

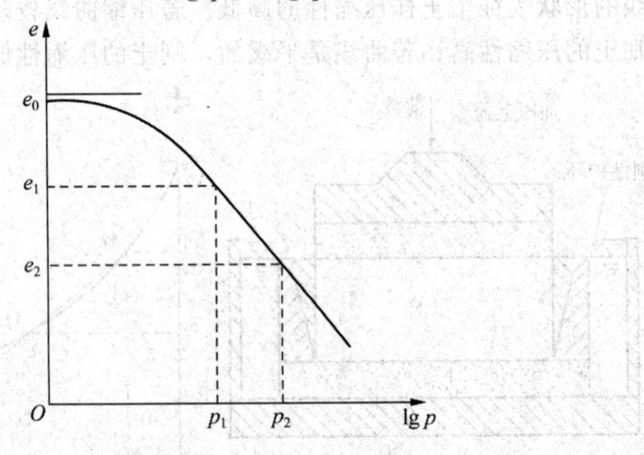

图 4-3　e—lg p 曲线

与压缩系数不同，压缩指数 C_c 为一常数，常用于研究土的固结历史。压缩指数 C_c 也可以表征土压缩性的大小，压缩指数 C_c 越大，土的压缩性越高。当 $C_c < 0.2$ 时，属于低压缩性土；当 $C_c > 0.4$ 时，属于高压缩性土；当 $0.2 \leqslant C_c \leqslant 0.4$ 时，属于中等压缩性土。

压缩系数和压缩指数之间存在的换算关系为

$$C_c = \frac{a(p_2 - p_1)}{\lg p_2 - \lg p_1} \tag{4-7}$$

$$a = \frac{C_c}{p_2 - p_1} \lg \frac{p_2}{p_1} \tag{4-8}$$

3. 压缩模量

压缩模量 E_s 是指在完全侧限条件下压应力变化量 ΔP 与相应的应变变化量 $\Delta\varepsilon$ 的比值，单位为 MPa，即

$$E_s = \frac{\Delta p}{\Delta \varepsilon} \tag{4-9}$$

$$\Delta\varepsilon = \frac{s_i}{h_1} = \frac{e_1 - e_2}{1 + e} \tag{4-10}$$

$$E_s = \frac{\Delta p}{\Delta \varepsilon} = \frac{p_2 - p_1}{\dfrac{e_1 - e_2}{1 + e_1}} = \frac{1 - e_1}{a} \tag{4-11}$$

式中　e_1—— 相应于压力 p_1 时土的孔隙比；

a—— 相应于压力从 p_1 增至 p_2 时的压缩系数；

p_1—— 实际中相当于自重应力；

p_2——实际中相当于自重应力加附加应力；

p_2-p_1——附加应力。

压缩模量 E_s 越大，表明在同一压力范围内土的压缩变形越小，土的压缩性越低，压缩系数越小，曲线越平缓。压缩模量也是表示土压缩性高低的一个指标，一般 $E_s<4$ MPa 时，属高压缩性土；$4\leqslant E_s\leqslant 15$ MPa 时，属中等压缩性土；$E_s>15$ MPa 时，属低压缩性土。

三、应力历史对压缩性的影响

1. 土的回弹曲线和再压缩曲线

在压缩试验中，当压力逐级加载到一定值再逐级卸载时，土体将发生回弹，土体膨胀，孔隙比增大。土的回弹曲线和再压缩曲线如图 4-4 所示，abd 为一条压缩曲线，如果压力加到 p_1 所对应 b 点不再加压而逐级卸载，此时曲线不会沿 ab 原路返回 a 点，而是沿 bc 虚线，回到比 a 点低得多的 c 点。由图 4-4 可以看出，bc 曲线比 ab 曲线平缓得多，称为回弹曲线。这说明，土体加荷发生压缩变形后，卸荷回弹，变形大部分不能恢复，称为残余变形，其中可恢复的部分称为弹性变形。

知识拓展

当荷载全部卸除为零后，重新加载，土体会发生再压缩。此压缩曲线为 cb 实线至 b 点后，与原始曲线相重合，称为再压缩曲线。

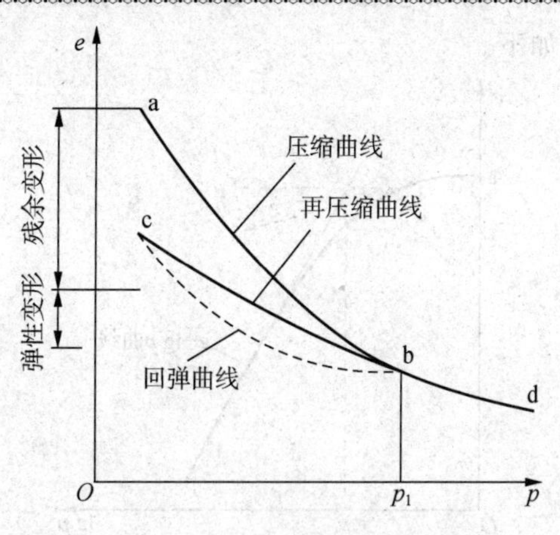

图 4-4　土的回弹曲线和再压缩曲线

2. 正常固结土、超固结土和欠固结土的概念

天然土层在历史上受过最大的固结压力(指土体在固结过程中所受的最大有效压力) 称为先期固结压力 p_c。按照土体现有上覆土压力相对比的情况，可将土分为正常固结土、超固结土和欠固结土三类。正常固结土在历史上所经受的先期固结压力等于现有上覆土重；超固结土在历史上所经受的先期固结压力大于现有上覆土重；欠固结土在历史上所经受的先期固结压力小于现有上覆土重。

土的固结历史如图 4-5 (a) 中覆盖土层是逐渐沉积到现在地面上的，经过了漫长的地质年代，在土的自重作用下已经达到固结稳定状态，其先期固结压力 p_c 等于现有上覆土重，为正常固结土。图 4-5 (b) 中覆盖土层在历史上本是相当厚的沉积覆盖层，并在自重作用下达到稳定状态，由于后期的剥蚀作用而形成现在的地表，因此其先期固结压力 p_c 大于现有上覆土重，为超固结土。图 4-5（c）中覆盖土层也是逐渐沉积到现在地面上的，但没有达到固结稳定状态，其先期固结压力 p_c 小于现有上覆土重，为欠固结土。

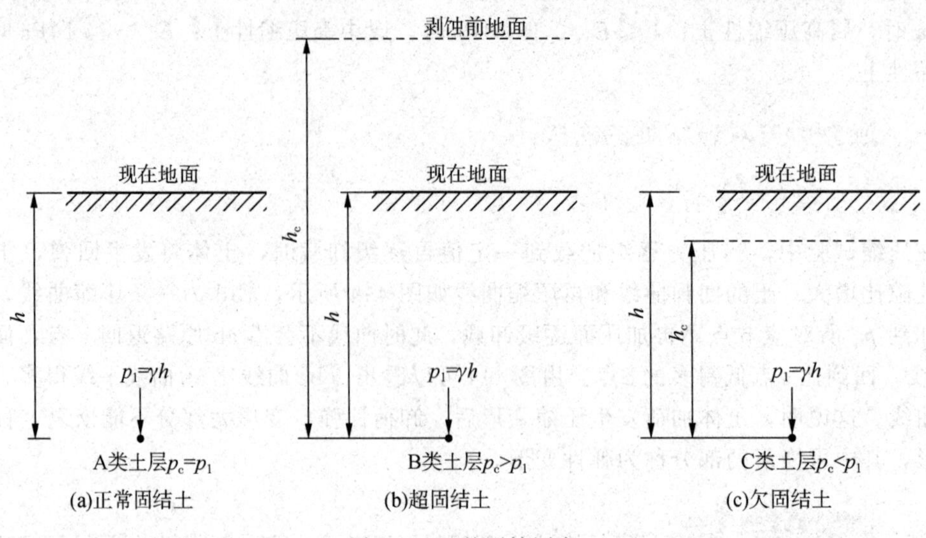

图 4-5　土的固结历史

3. 先期固结压力的确定

先期固结压力 p_c 可以用卡萨格兰德(1936) 建议的经验法得到，先期固结压力的确定如图 4-6 所示。具体步骤如下。

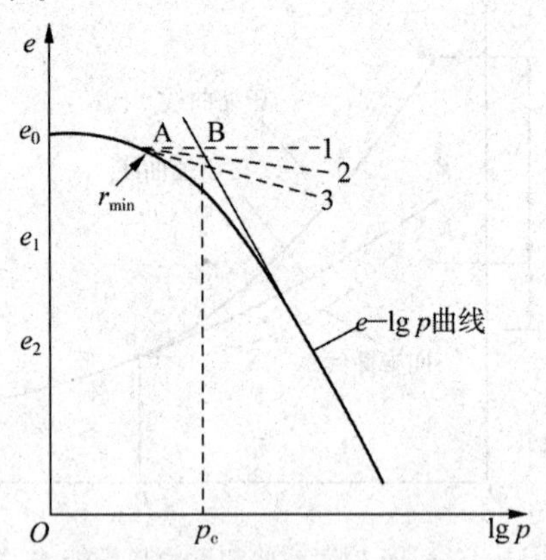

图 4-6　先期固结压力的确定

(1) 绘制 e—lg p 曲线，找出曲率半径最小的一点 A。

(2) 过 A 点作平行于横坐标的 A1 水平线及切线 A2。

(3) 做 ∠1A2 的平分线 A3，与 e—lg p 曲线中直线段的延长线相交于 B 点。

(4) 与 B 点所对应的有效应力就是先期固结压力 p_c。

这种简易的经验作图方法，不一定都能得到可靠的结果。确定先期固结压力，还应结合场地地形、地貌等形成历史的调查资料。

4. 不同固结历史土层的原始压缩曲线

原始压缩曲线是指室内压缩试验 e—lg p 曲线经修正后得出的符合现场原始土体孔隙

比与压力的关系曲线。在计算地基的固结沉降时，必须首先弄清楚土层所经受的应力历史，从而对不同固结状况由原始压缩曲线确定不同的压缩性指标值。

(1) 正常固结土的原始压缩曲线如图 4-7 所示。先作 b 点，其横坐标为现场自重压力 p_1(对于正常固结土等于先期固结压力 p_c)，其中坐标为现场孔隙比 e_0。

然后作 c 点，由室内压缩曲线上孔隙比等于 $0.42e_0$ 处确定，根据大量室内压缩试验发现不同室内压缩曲线直线段大致交于孔隙比 $e=0.42e_0$ 这一点，推想出原始压缩曲线也大致交于该点。

最后作 bc 直线，这线段就是原始压缩曲线的直线段，可按该线段的斜率定出正常固结土的压缩指数 C_c 值。

(2) 超固结土的原始压缩曲线如图 4-8 所示。

先作 b_1 点，其横坐标、纵坐标分别为试样的现场自重压力 p_1 和现场孔隙比 e_0。

再过 b_1 点作一直线，其斜率等于室内回弹曲线与再压缩曲线的平均斜率，该直线上横坐标为 p_c 的点为 b 点，b_1b 就是原始再压缩曲线，其斜率为回弹指数 C_e。

然后作 c 点，由室内压缩曲线上孔隙比等于 $0.42e_0$ 处确定。

最后连接 bc 直线，即得原始压缩曲线的直线段，取其斜率为压缩指数 C_c。

对于欠固结土，由于自重作用下的压缩尚未稳定，因此只能近似地按正常固结土一样的方法求得原始压缩曲线，从而定出压缩指数 C_c 值。

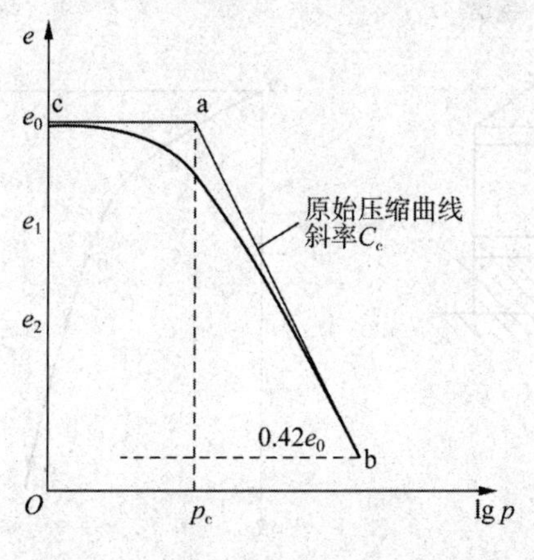

图 4-7　正常固结土的原始压缩曲线

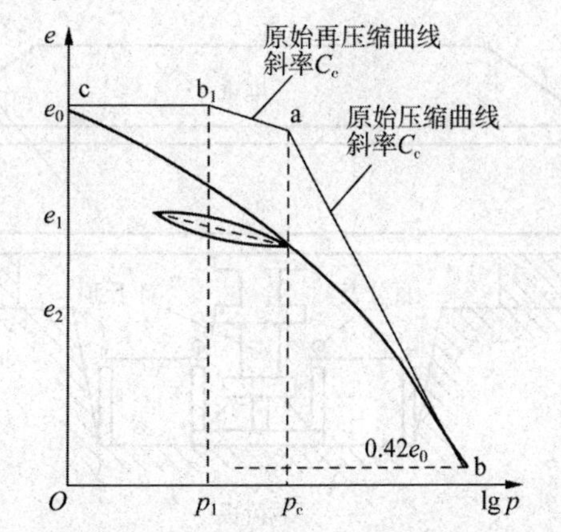

图 4-8　超固结土的原始压缩曲线

四、压缩性原位测试

1. 载荷试验

室内压缩试验模拟的是完全侧限状态，不能准确反映土层受力变形的实际情况。在现场进行的原位载荷试验，其实验条件近似于无侧限压缩，能比较准确地反映土在天然状态下的压缩性。载荷试验结果是压力 p 与变形量 s 的关系曲线和变形量 s 与时间 t 的关系曲线。

进行荷载试验前，先在现场挖掘一个正方形的试验坑，其深度等于基础的埋置深度，宽度一般不小于承压板宽度的 3 倍，承压板的面积不应小于 0.25 m^2，对于软土不应小于 0.5 m^2。试验开始前，应保持试验土层的天然湿度和原状结构，并在试坑底部铺设约 20 mm 厚的粗、中砂层找平。当测试土层为软塑、流塑状态的黏性土或饱和松散砂土时，

荷载板周围应铺设 200 ～ 300 mm 厚的原土作为保护层。当试验标高低于地下水位时，应先将水导出或降至试验标高以下，并铺设垫层，待水位恢复后进行试验。加载方法视具体条件采用重块或液压千斤顶，载荷试验装置示意图如图 4-9 所示。

试验的加荷标准应符合下列要求：加荷等级应不小于 8 级，最大加载量不应少于设计荷载的 2 倍，每级加载后，按间隔 10 min、10 min、10 min、15 min、15 min，以后为每隔 30 min 读一次沉降量，当连续 2 h 内，每小时的沉降量小于 0.1 mm 时，则认为已趋于稳定，可加下一级荷载。第一级荷载已接近于开挖试坑所卸除土的自重，其后每级荷载增量，对较松软土采用 10 ～ 25 kPa，对较坚硬土采用 50 kPa。观测累计荷载下的稳定沉降量 s(mm)，直至地基土达到极限状态即出现下列情况之一时终止加载：荷载板周围的土有明显侧向挤出，荷载增加很小，但沉降量 s 却急剧增大；荷载—沉降曲线出现陡降段，在某一级荷载下，24 h 沉降速率不能达到稳定标准；沉降量与承压板宽度或直径之比大于或等于 0.06。当满足前三种情况之一时，其对应的前一级荷载定为极限荷载。

从载荷试验结果 p—s 曲线(图 4-10) 中可以看出，一般地基的变形可分为以下三个不同阶段。

(1) 压密变形阶段。相当于曲线 Oa 段，p—s 关系近似为直线，此阶段变形主要是土的孔隙体积被压缩而引起土粒发生垂直方向为主的位移，称为压密变形。地基土在各级荷载作用下变形是随着时间的增长而趋于稳定的。

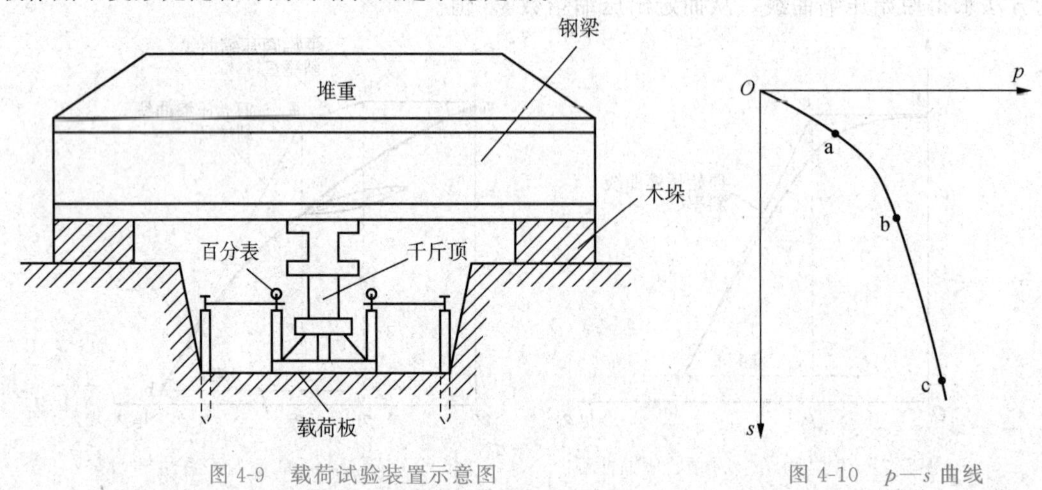

图 4-9　载荷试验装置示意图　　图 4-10　p—s 曲线

(2) 剪切变形阶段。相当于曲线的 ab 段，p—s 关系不再保持直线关系，而是随着 p 的增大，s 的增大逐渐加大。此阶段变形是在压密变形的同时，地基土中局部地区的剪应力超过土的抗剪强度而引起土粒之间相互错动的位移，称为剪切变形，又称塑性变形。地基由压密变形阶段过渡到局部剪切变形阶段的临界荷载，相当于 a 点所对应的压力，称为地基土的临塑荷载或比例界限压力。

(3) 完全破坏阶段。塑性变形区的不断发展，导致地基稳定性逐渐降低，而且趋向完全破坏阶段，即 bc 段。地基达到完全破坏时的临界荷载称为地基的极限荷载，相当于 b 点所对应的压力。因此，在实际设计工作中，若作用在基础底面每单位面积的压力不超过地基土的临塑荷载，则一般能保证地基的稳定和不致产生过大的变形，确保建筑物的安全和正常使用，故常选用临塑荷载作为地基土的允许承载力。

2. 变形模量

载荷试验的结果除用来确定地基土的允许承载力外，还可以提供地基计算中所需要的另一个压缩性指标——变形模量 E_0。

变形模量 E_0 是指在无侧限条件下受压时压应力与相应应变的比值，即

$$E_0=\frac{\Delta p}{\Delta \varepsilon} \tag{4-12}$$

式中　Δp——地基土应力的变化量；

$\Delta \varepsilon$——地基土应变的变化量。

土的变形模量，一般是用载荷试验成果绘制的 p—s 关系曲线，以曲线中的直线变形段按弹性理论公式求得，即

$$E_0=\omega(1-\mu^2)\frac{pb}{s}\times 10^{-3} \tag{4-13}$$

式中　s——地基沉降量(cm)；

p——荷载板的压应力(kPa)；

b——矩形荷载板的短边或圆形荷载的直径(cm)；

ω——形状系数(刚性方形荷板 $\omega=0.88$，刚性圆形荷板 $\omega=0.79$)；

E_0——地基土的变形模量(kPa)；

μ——地基土的泊松比(表 4-1)。

表 4-1　μ 的经验值

土的种类和状态	碎石土	砂土	粉土	粉质黏土			黏土		
				坚硬	可塑	软塑及流塑	坚硬	可塑	软塑及流塑
μ	0.15～0.25	0.25～0.30	0.30	0.33	0.43	0.53	0.33	0.53	0.72

3. 土的变形模量与压缩模量的关系

土的变形模量和压缩模量是判断土的压缩性和计算地基压缩变形量的重要指标。为建立变形模量和压缩模量的关系，在土的压密变形阶段假定土为弹性材料，则可根据材料力学理论推导出变形模量 E_0 和压缩模量 E_s 之间的关系，即

$$E_0=\left(1-\frac{2\mu^2}{1-\mu}\right)E_s \tag{4-14}$$

令 $\beta=1-\dfrac{2\mu^2}{1-\mu}$，则

$$E_0=\beta E_s \tag{4-15}$$

分析上面的公式，地基土的泊松比 μ 一般取值范围为 0～0.5，那么 β 值在 0～1，也就是说 E_0/E_s 的比值在 0～1 变化，即一般 $E_0\leqslant E_s$。但在很多情况下，E_0/E_s 都大于 1，其原因是式(4-15)不能真正反映土体的变形特性，如土体的弹塑体、结构性及两种试验条件的不可比性等。

五、影响土压缩性的主要因素

土的压缩性实质上说明土的孔隙和联结在外力作用下可能产生的变化。影响土压缩性的主要因素包括土的粒度成分和矿物成分、含水率、密实度、结构和构造特征。另外，土

的受力条件(受力性质、大小、速度等)也影响着土的压缩性。

1. 粒度成分和矿物成分的影响

在常见的可塑状态下，随着黏粒含量的增多，结合水膜增厚，土的透水性减弱，压缩量增大，而固结速度缓慢。亲水性强的矿物形成的结合水膜较厚，尤其是在饱和软塑状态下，土的压缩量较大，固结较慢。腐殖质含量越多，土的压缩性越大，固结越慢。土的塑性指数或液限能综合说明粒度和矿物成分的影响。一般饱和黏性土，塑性指数或液限越大，则土的压缩系数或压缩指数越大。

2. 含水率的影响

天然含水率或塑性指数 I_L 决定着土的联结强度，随着含水率的增大，土的压缩性增强。

3. 密实度的影响

黏性土的密实度与联结有关，随着密实度的增大(孔隙比较小)，土的接触点有所增多，联结增强，则土的压缩性减弱。

4. 结构状态的影响

土的结构状态也影响着土的联结强度。原状土和扰动土是不一样的，扰动土的压缩性比原状土强。

5. 构造特征的影响

土的构造特征不同，其所受的固结压力也不同，故压缩性也不同。

6. 受力历史的影响

经卸荷后再加荷的再压缩曲线比较平缓，重复次数越多，则曲线越缓，可见受力历史的影响。在研究土的压缩性时，必须结合土的受力历史，考虑前期固结压力影响，才能得出更符合实际的结果。

7. 增荷率和加荷速度的影响

增荷率越大，则土的压缩性越高。加荷速度越快，土的压缩性越高。

8. 动荷载的影响

在动荷载的作用下，土将产生附加的压缩性。

试验表明，土的振动压缩曲线与静荷载压缩曲线是极其相似的，但压缩量较大，一般随着动荷载作用强度的增大而增大，这与土的特性和所受的静荷载大小有关。

在动荷载作用下，土的压密量大小除取决于振动加速度(振动频率和振幅)外，还与作用的时间有关，动荷载的时间越长，压缩量越大，最终趋于稳定。

知识拓展

动荷载作用下土的变形同样包括弹性变形和塑性变形两个部分：动荷载较小时，主要为弹性变形；动荷增大时，塑性变形逐渐增大。

第二节　土的有效应力原理

一、饱和土的有效应力原理

在土中某点截取一水平截面，其面积为 A 的截面上作用应力为 σ(图 4-11)，它是由上面土体的重力、静水压力及外荷载 p 所产生的应力，称为总应力。这一应力一部分是由土颗粒间的接触面承受的，称为有效应力；另一部分是由土体孔隙内的水及气体承受的，称为孔隙应力(孔隙压力)。考虑图 4-11 所示的土体平衡条件，沿 a—a 截面取脱离体，a—a 截面是沿着土颗粒间接触面截取的曲线状截面，在此截面上土颗粒接触面间的作用法向应力为 σ_s，各土颗粒间接触面积之和为 A_s，孔隙内的水压力为 μ_w，气体压力为 μ_a，其相应的面积为 A_w、A_a。由此可建立平衡条件：

$$\sigma A = \sigma_s A_s + \mu_w A_w + \mu_a A_a \tag{4-16}$$

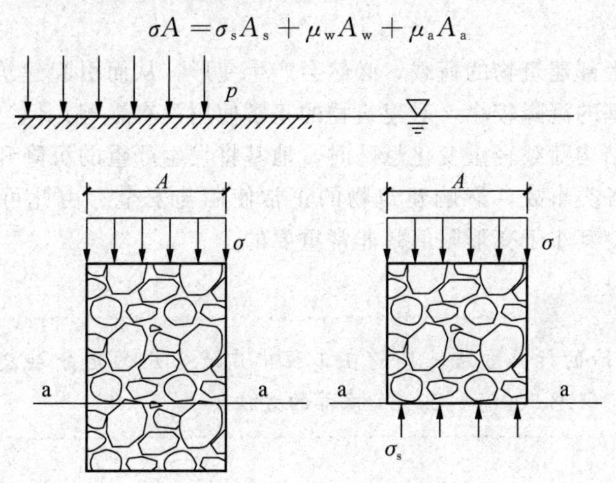

图 4-11　有效应力原理

对于饱和土，式(4-16) 中的 μ_a、A_a 均等于 0，则式(4-16) 可写成

$$\sigma A = \sigma_s A_s + \mu_w A_w = \sigma_s A_s + \mu_w (A - A_s) \tag{4-17}$$

或

$$\sigma = \frac{\sigma_s A_s}{A} + \mu_w \left(1 - \frac{A_s}{A}\right) \tag{4-18}$$

由于颗粒间的接触面积 A_s 很小，因此一般认为 $\frac{A_s}{A}$ 小于 0.03，即假定 $\frac{A_s}{A} \approx 0$，此时式(4-18) 可写为

$$\sigma = \frac{\sigma_s A_s}{A} + \mu_w \tag{4-19}$$

其中，第一项实际上是土颗粒间的接触应力在截面积上的平均应力，称为有效应力，通常用 σ' 表示，并把孔隙水压力 μ_w 用 μ 表示，于是式(4-19) 变为

$$\sigma = \sigma' + u \tag{4-20}$$

式(4-20) 说明，饱和土中的总应力为有效应力和孔隙水压力之和。土的变形及强度形状与有效应力密切相关，只有通过颗粒接触点传递的应力，才能引起土的变形和土的强度，而孔隙水压力对各个方向作用是相等的，因此它只能是土颗粒产生压缩，而土颗粒本

身的压缩量是很微小的，可不考虑。式(4-20)所表达的概念通常称为有效应力原理，这是土力学有别于其他力学的重要原理之一。这一原理是由太沙基(1883—1963年)于1923年首先提出的。

二、有效应力原理的应用

地下水位下降引起地基沉降就是有效应力的增加引起的。地下水没有下降时，土颗粒所受的总应力为$\gamma_{sat}h$，有效应力$\sigma'=\sigma-\mu=\gamma_{sat}h-\gamma_w h=(\gamma_{sat}-\gamma_w)h$。地下水下降后，颗粒所受的总应力为$\gamma h$，有效应力$\sigma'=\sigma-u=\gamma h-0=\gamma h$。可以看出，在地下水下降的过程中，总应力是减小的，但有效应力增加时地基土发生变形。因此，有效应力才是引起土体变形、破坏的原因，而不是总应力。

第三节　地基的沉降计算

地基土层承受上部建筑物的荷载，必然会产生变形，从而引起建筑物基础沉降。当场地土质坚实时，地基的沉降较小，对建筑物的正常使用没有影响；但当地基为软弱土层且厚薄不均，或上部结构荷载轻重变化悬殊时，地基将发生严重的沉降和不均匀沉降，其结果将使建筑物发生各类事故，影响建筑物的正常使用与安全。由此可见，设计地基基础时，验算沉降变形使其小于变形限值是非常重要的。

知识拓展

关于地基沉降的计算方法，目前在工程中广泛采用的是分层总和法和《建筑地基基础设计规范》(GB 50007—2002)推荐的方法。

一、分层总和法

分层总和法是将地基压缩层范围以内的土层划分为若干薄层，分别计算每一薄层土的变形量，最后综合起来即得地基的沉降量。

分层总和法的基本假定如下。

(1) 假定地基土为半无限空间弹性体，用弹性理论方法计算地基中的附加应力。

(2) 在土层高度范围内，压力是均匀分布的，采用基底中心点下的附加应力计算地基沉降量。当计算基础的倾斜时，要以倾斜方向基础两端点下的附加应力进行计算。

(3) 地基土在压缩变形时，不发生侧向膨胀，即采用完全侧限条件下的压缩性指标计算地基的沉降量。

(4) 沉降计算至某一深度即可，当土层附加应力很小时，所产生的沉降量可忽略不计。分层总和法原理图如图4-12所示，取基底中心点下的小土柱进行分析，土柱上有自重应力和附加应力作用。现研究第i层土柱的压缩变形量，假定第i层土柱在压力p_{1i}(自重应力)作用下压缩已经稳定时，相应的孔隙比为e_{1i}，试样高度为h_i，在压力p_{2i}(相当于自重应力加附加应力)作用下压缩已经稳定时，试样高度为h'_i，相应的孔隙比为e_{2i}，压缩量$\Delta s=h_i-h'_i$。

$$\frac{Ah_i}{e_{1i}+1}=\frac{Ah'_i}{e_{2i}+1}\Rightarrow h_i-h'_i=\frac{e_{1i}-e_{2i}}{e_{1i}+1}h_i\Rightarrow\Delta s_i=\frac{e_{1i}-e_{2i}}{e_{1i}+1}h_i \tag{4-21}$$

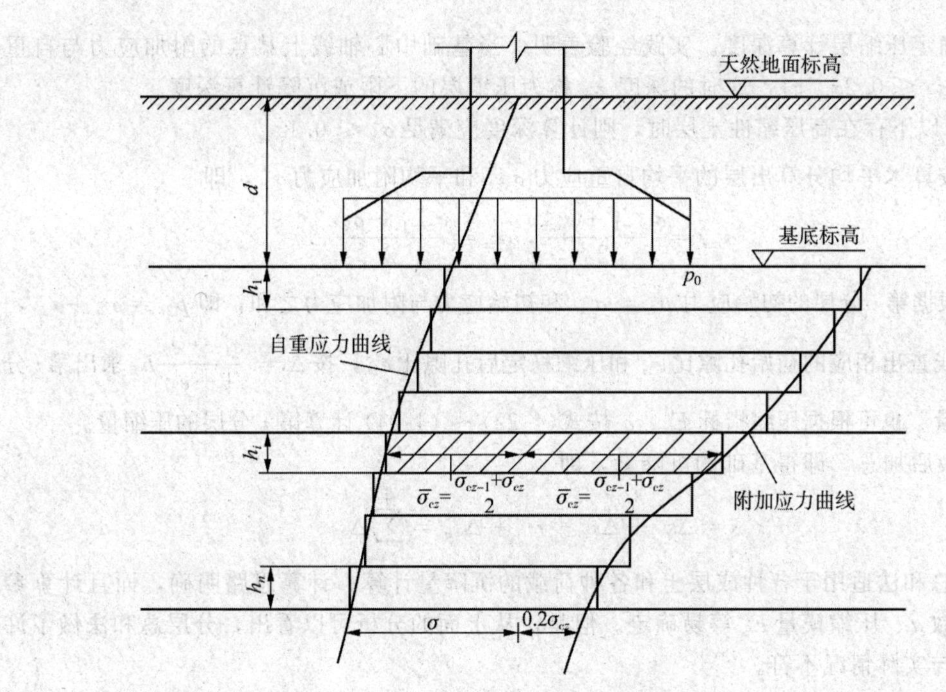

图 4-12　分层总和法原理图

将 $a_i=\dfrac{e_{1i}-e_{2i}}{p_{2i}-p_{1i}}$ 代入式(4-21)，得

$$\Delta s_i=\frac{a_i(p_{2i}-p_{1i})}{1+e_{1i}}h_i \tag{4-22}$$

将 $E_{si}=\dfrac{1+e_{1i}}{a_i}$ 代入式(4-22)，得

$$\Delta s_i=\frac{p_{2i}-p_{1i}}{E_{si}}h_i \tag{4-23}$$

其中

$$p_{1i}=\sigma_{czi}，\ p_{2i}=\sigma_{czi}+\sigma_{zi}$$

则有

$$p_{2i}-p_{1i}=\sigma_{czi}+\sigma_{zi}-\sigma_{czi}=\sigma_{zi}$$

代入式(4-23)，得

$$\Delta s=\frac{\sigma_{zi}}{E_{si}}h_i \tag{4-24}$$

每一层的变形量均按式(4-24)计算，叠加后得到地基的最终沉降量为

$$s=\Delta s_1+\Delta s_2+\cdots+\Delta s_n=\sum_{i=1}^{n}\Delta s_i=\sum_{i=1}^{n}\frac{\Delta p_i}{E_{si}}h_i=\sum_{i=1}^{n}\frac{\sigma_{zi}}{E_{si}}h_i \tag{4-25}$$

综上所述，分层总和法的计算步骤可归纳如下。

(1) 将地基分层。在分层时天然土层的交界面和地下水位应为分层面，同时在同一类土层中分层的厚度不宜过大。分层厚度 h 应小于 $0.4b$，一般可取 $h=2\sim4$ m。对每一分层，可认为压力是均匀分布的。

(2) 计算基础中心轴线上各分层界面上的自重应力和附加应力并按同一比例绘出自重应力和附加应力分布图。

(3) 确定压缩层计算深度。实践经验表明，当基础中心轴线上某点的附加应力与自重应力满足 $\sigma_z \leqslant 0.2\sigma_{cz}$ 时，这时的深度 z_n 称为压缩层的下限或沉降计算深度。

当 z_n 以下存在高压缩性土层时，则计算深度应满足 $\sigma_z \leqslant 0.1\sigma_{cz}$。

(4) 按算术平均分算出层的平均自重应力 $\bar{\sigma}_{czi}$ 和平均附加应力 $\bar{\sigma}_{zi}$，即

$$\bar{\sigma}_{czi}=\frac{\sigma_{czi-1}+\sigma_{czi}}{2}，\bar{\sigma}_{zi}=\frac{\sigma_{zi-1}+\sigma_{zi}}{2}$$

(5) 根据第 i 分层的初始应力 $p_{1i}=\bar{\sigma}_{czi}$ 和初始应力与附加应力之和，即 $p_{2i}=\bar{\sigma}_{zi}+\bar{\sigma}_{czi}$，由压缩曲线查出相应的初始孔隙比 e_{1i} 和压缩稳定后孔隙比 e_{2i}，按 $\Delta s=\frac{e_{1i}-e_{2i}}{1+e_{1i}}h_i$ 求出第 i 分层的压缩量。也可根据压缩指标 E_s、a 按式(4-22)～(4-24)计算第 i 分层的压缩量。

(6) 最后加总，即得基础的沉降量，即

$$s=\Delta s_1+\Delta s_2+\cdots+\Delta s_n=\sum_{i=1}^{n}\Delta s_i$$

分层总和法适用于各种成层土和各种荷载的沉降量计算，计算思路明确，而且计算参数压缩系数 a、压缩模量 E_s 等易确定。但是，从上面的分析可以看出，分层总和法做了许多假设，与实际情况不符。

知识拓展

基底压力采用基础中心点下的附加应力计算与实际不符，可能使计算值偏大，采用室内试验指标计算与实际不完全侧限沉降变形也有一定误差。因此，利用分层总和法计算出的结果与实际不符。对坚实地基，其结果偏大；对软弱地基，其结果偏小。

【例 4-1】柱荷载 $F=700$ kN，基础埋深 $d=1.0$ m，基础底面尺寸为 4 m×2 m，地基土层如图 4-13 所示，试用分层总和法计算该基础的最终沉降量。

解：(1) 地基分层。

每层厚度按 $h_i \leqslant 0.4b=0.8$ m，地下水位处、土层分界面处单独划分，划分至第二层底面为止。

(2) 地基竖向自重应力的计算见表 4-2，可以看出自重应力沿深度的分布。

(3) 地基竖向附加应力 σ_{zi} 的计算。

基底平均压力为

$$p=\frac{F+G}{A}=\frac{700+4\times 2\times 1\times 20}{4\times 2}=107.5(\text{kPa})$$

基底附加压力为

$$p_0=p-\gamma d=107.5-18.3\times 1=89.2(\text{kPa})$$

根据 l/b 和 z/b 查表求取 α 值，则附加应力 $\sigma_z=\alpha p_0$，具体结果见表 4-2。

(4) 地基分层自重应力平均值和附加应力平均值的计算，见表 4-2。

(5) 地基沉降计算深度 z_n 的确定。

因为 6.5 m 处 $\bar{\sigma}_{zi}=8.3$ kPa$<0.2\bar{\sigma}_{czi}=0.2\times 74.9=14.98$(kPa)，所以取 $z_n=6.5$ m 符合要求。

(6) 各分层沉降量计算。

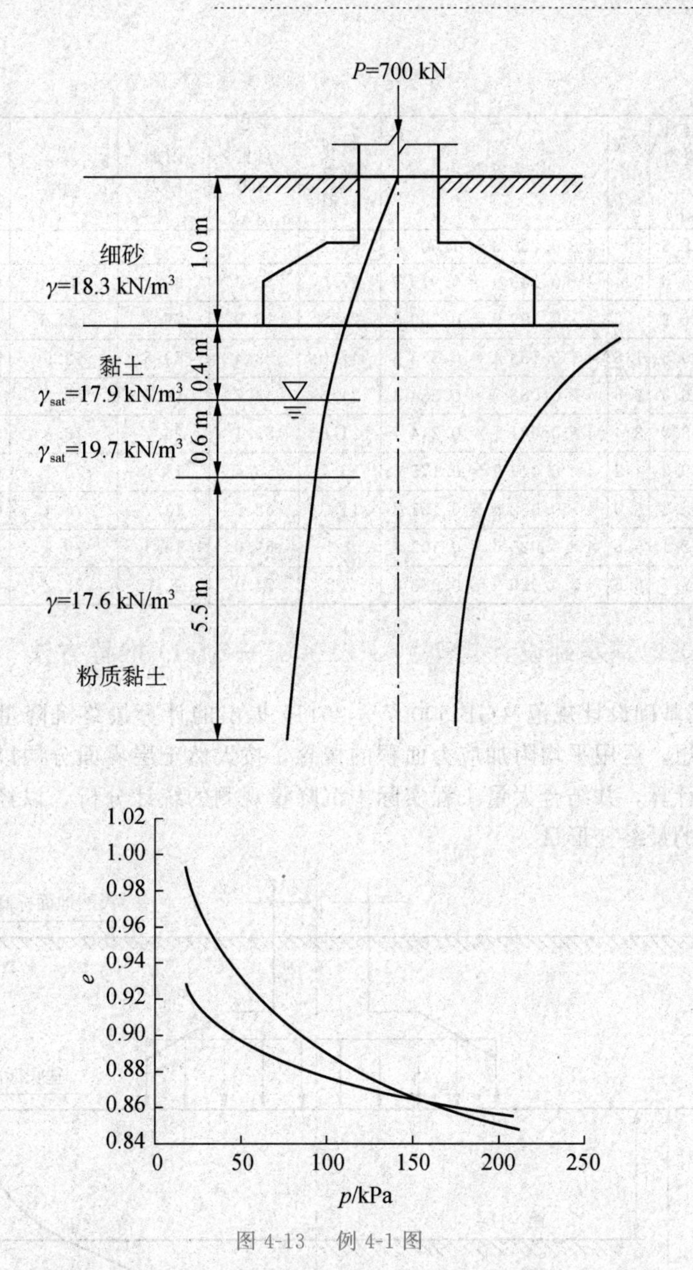

图 4-13　例 4-1 图

根据第 i 分层的平均自重应力 $\bar{\sigma}_{czi}$ 和平均自重应力平均与附加应力之和，即 $\bar{\sigma}_{zi}+\bar{\sigma}_{czi}$，由压缩曲线查出相应的初始孔隙比 e_{1i} 和压缩稳定后孔隙比 e_{2i} $\Delta s=\dfrac{e_{1i}-e_{2i}}{1+e_{1i}}h_i$，求出第 i 分层的压缩量，见表 4-2。

(7) 基础的总沉降量为

$$s=\sum_{i=1}^{n}\Delta s_i=92.6\ \text{mm}$$

表 4-2　用分层总和法计算地基最终沉降量表

层号	深度 z/m	分层厚度 h_i/m	自重应力 σ_{czi}/kPa	深宽比 z/b	应力系数 α_i	附加应力 σ_{zi}/kPa	平均自重应力 $\bar{\sigma}_{czi}$/kPa	平均附加应力 $\bar{\sigma}_{zi}$/kPa	$\bar{\sigma}_{czi}+\bar{\sigma}_{zi}$/kPa	e_{1i}	e_{2i}	s_i/mm
0	0	0	18.3	0	4×0.250 0＝1.000 0	89.2						
1	0.4	0.4	25.6	0.4	4×0.243 9＝0.975 6	87.0	22.0	88.1	110.1	0.920	0.873	10.4
2	1.0	0.6	26.2	1.0	4×0.199 9＝0.799 6	71.3	25.9	79.2	105.1	0.913	0.874	12.2
3	1.8	0.8	40.5	1.8	4×0.133 4＝0.533 6	47.6	33.4	59.5	92.9	0.956	0.906	20.4
4	2.6	0.8	46.9	2.6	4×0.088 7＝0.354 8	31.6	43.7	39.6	83.3	0.94	0.905	14.4
5	3.4	0.8	53.2	3.4	4×0.061 1＝0.244 4	21.8	50.1	26.7	76.8	0.93	0.904	10.8
6	4.2	0.8	59.5	4.2	4×0.043 9＝0.175 6	15.7	56.4	18.8	75.2	0.922	0.903	7.9
7	5.0	0.8	65.8	5.0	4×0.032 8＝0.131 2	11.7	62.7	13.7	76.4	0.916	0.9	6.7
8	5.8	0.8	72.1	5.8	4×0.025 6＝0.102 4	9.1	69.0	10.4	79.4	0.912	0.899	5.4
9	6.5	0.7	77.7	6.5	4×0.020 9＝0.083 6	7.5	74.9	8.3	83.2	0.907	0.895	4.4

二、《建筑地基基础设计规范》(GB 50007—2011) 推荐方法

《建筑地基基础设计规范》(GB 50007－2011) 提出的计算最终沉降量的方法是基于分层总和法的思想，运用平均附加应力面积的概念，按天然土层界面分层以简化因分层过多而引起的烦琐计算，并结合大量工程实际中沉降量观测的统计分析，以经验系数办进行修正，求得地基的最终变形量。

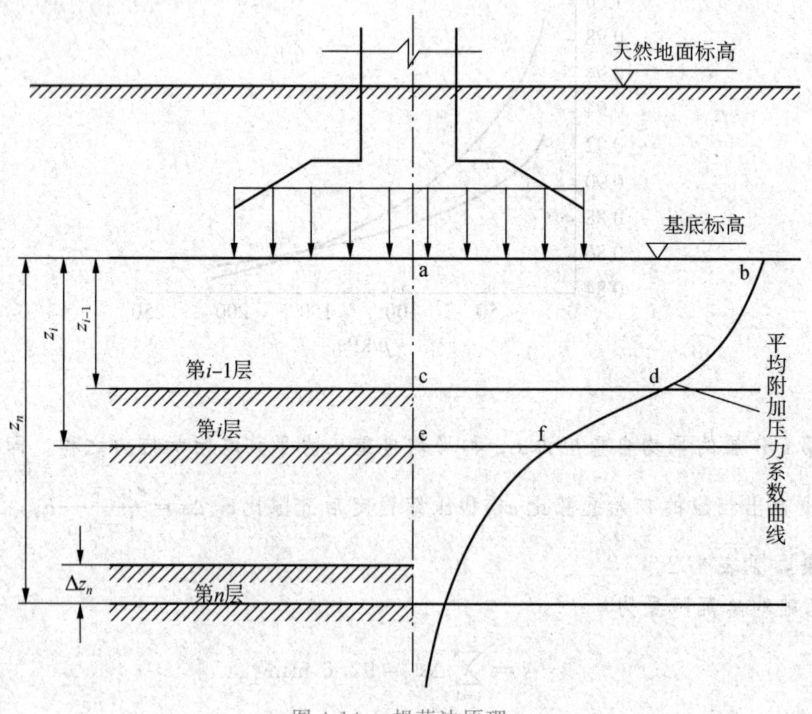

图 4-14　规范法原理

从前面的推导可知 $\Delta s_i=\dfrac{\sigma_{zi}}{E_{si}}h_i$，对照图 4-14，$\sigma_{zi}h_i=A_{abef}=A_{abcd}$，若假定附加应力面

积 $A = z\bar{\alpha}p_0$，其中 $\bar{\alpha} = \dfrac{A}{zp_0} = \dfrac{\int \sigma \mathrm{d}z}{zp_0}$ 称为平均附加应力系数指基础底面计算点至第 i 层土底面范围全部土层的附加应力系数平均值，那么 $A_{\mathrm{abef}} = z_i\bar{\alpha}_i p_0$，$A_{\mathrm{abcd}} = z_{i-1}\bar{\alpha}_{i-1}p_0$，第 i 层土的变形 $\Delta s_i' = \dfrac{\bar{\sigma}_{zi}}{E_{si}}h_i = \dfrac{(z_i\bar{\alpha}_i - z_{i-1}\bar{\alpha}_{i-1})p_0}{E_{si}}$。再考虑经验系数 ψ_s 就能得到地基沉降的计算公式为

$$s = \psi_s s' = \psi_s \sum_{i=1}^{n} (z_i\bar{\alpha}_i - z_{i-1}\bar{\alpha}_{i-1}) \frac{p_0}{E_{si}} \tag{4-26}$$

式中　s—— 地基的最终沉降量(mm)；

s'—— 理论计算地基沉降量(mm)；

n—— 地基变形计算深度范围内天然土层数；

p_0—— 基底附加应力；

E_{si}—— 基底以下第 i 层土的压缩模量，按第 i 层实际应力变化范围取值；

z_i、z_{i-1}—— 基础底面至第 i、$i-1$ 层底面的距离；

α_i、α_{i-1}—— 基础底面到第 i、$i-1$ 层底面范围内中心点下的平均附加系数(对于矩形基础，基底为均分布附加应力时，中心点以下的附加应力为 l/b、z/b 的函数，见表 4-3)；

ψ_s—— 沉降计算经验系数，ψ_s 综合反映了计算公式中一些未能考虑的因素，它是根据大量工程实例中沉降的观测值与计算值的统计分析比较而得的。

表 4-3　均布矩形荷载角点下的平均竖向附加应力系数 $\bar{\alpha}$

z/b	l/b												
	1.0	1.2	1.4	1.6	1.8	2.0	2.4	2.8	3.2	3.6	4.0	5.0	10.0
0.0	0.250 0	0.250 0	0.250 0	0.250 0	0.250 0	0.250 0	0.250 0	0.250 0	0.250 0	0.250 0	0.250 0	0.250 0	0.250 0
0.2	0.249 6	0.249 7	0.249 7	0.249 8	0.249 8	0.249 8	0.249 8	0.249 8	0.249 8	0.249 8	0.249 8	0.249 8	0.249 8
0.4	0.247 4	0.247 9	0.248 1	0.248 3	0.248 3	0.248 4	0.248 5	0.248 5	0.248 5	0.248 5	0.248 5	0.248 5	0.248 5
0.6	0.242 3	0.243 7	0.244 4	0.244 8	0.245 1	0.245 2	0.245 4	0.245 5	0.245 5	0.245 5	0.245 5	0.245 5	0.246 6
0.8	0.234 6	0.237 2	0.238 7	0.239 5	0.240 0	0.240 3	0.240 7	0.240 8	0.240 9	0.240 9	0.241 0	0.241 0	0.241 0
1.0	0.225 2	0.229 1	0.231 3	0.232 6	0.233 5	0.234 0	0.234 6	0.234 9	0.235 1	0.235 2	0.235 2	0.235 3	0.235 3
1.2	0.214 9	0.219 9	0.222 9	0.224 8	0.226 0	0.226 8	0.227 8	0.228 2	0.228 5	0.228 6	0.228 7	0.228 8	0.228 9
1.4	0.204 3	0.210 2	0.214 0	0.216 4	0.218 0	0.219 1	0.220 4	0.221 1	0.221 5	0.221 7	0.221 8	0.222 0	0.222 1
1.6	0.193 9	0.200 6	0.204 9	0.207 9	0.209 9	0.211 3	0.213 0	0.213 8	0.214 3	0.214 6	0.214 8	0.215 0	0.215 2
1.8	0.184 0	0.191 2	0.196 0	0.199 4	0.201 8	0.203 4	0.205 5	0.206 6	0.207 3	0.207 7	0.207 9	0.208 2	0.208 4
2.0	0.174 6	0.182 2	0.187 5	0.191 2	0.193 8	0.195 8	0.198 2	0.199 6	0.200 4	0.200 9	0.201 2	0.201 5	0.201 8
2.2	0.165 9	0.173 7	0.179 3	0.183 3	0.186 2	0.188 3	0.191 1	0.192 7	0.193 7	0.194 3	0.194 7	0.195 2	0.195 5
2.4	0.157 8	0.165 7	0.171 5	0.175 7	0.178 9	0.181 2	0.184 3	0.186 2	0.187 3	6.188 0	0.188 5	0.189 0	0.189 5
2.6	0.150 3	0.158 3	0.164 2	0.168 6	0.171 9	0.174 5	0.177 9	0.179 9	0.181 2	0.182 0	0.182 5	0.183 2	0.183 8
2.8	0.143 3	0.151 4	0.157 4	0.161 9	0.165 4	0.168 0	0.171 7	0.173 9	0.175 3	0.176 3	0.176 9	0.177 7	0.178 4
3.0	0.136 9	0.144 9	0.151 0	0.155 6	0.159 2	0.161 9	0.165 8	0.168 2	0.169 8	0.170 8	0.171 5	0.172 5	0.173 3
3.2	0.131 0	0.139 0	0.145 0	0.149 7	0.153 3	0.156 2	0.160 2	0.162 8	0.164 5	0.165 7	0.166 4	0.167 5	0.168 5
3.4	0.125 6	0.133 4	0.139 4	0.144 1	0.147 8	0.150 8	0.155 0	0.157 7	0.159 5	0.160 7	0.161 6	0.162 8	0.163 9
3.6	0.120 5	0.128 2	0.134 2	0.138 9	0.142 7	0.145 6	0.150 0	0.152 8	0.154 8	0.156 1	0.157 0	0.158 3	0.159 5
3.8	0.115 8	0.123 4	0.129 3	0.134 0	0.137 8	0.140 8	0.145 2	0.148 2	0.150 2	0.151 6	0.152 6	0.154 1	0.155 4
4.0	0.111 4	0.118 9	0.124 8	0.129 4	0.133 2	0.136 2	0.140 8	0.143 8	0.145 9	0.147 4	0.148 5	0.150 0	0.151 6
4.2	0.107 3	0.114 7	0.120 5	0.125 1	0.128 9	0.131 9	0.136 5	0.139 6	0.141 8	0.143 4	0.144 5	0.146 2	0.147 9

续表

z/b	l/b												
	1.0	1.2	1.4	1.6	1.8	2.0	2.4	2.8	3.2	3.6	4.0	5.0	10.0
4.4	0.103 5	0.110 7	0.116 4	0.121 0	0.124 8	0.127 9	0.132 5	0.135 7	0.137 9	0.139 6	0.140 7	0.142 5	0.144 4
4.6	0.100 0	0.107 0	0.112 7	0.117 2	0.120 9	0.124 0	0.128 7	0.131 9	0.134 2	0.135 9	0.137 1	0.139 0	0.141 0
4.8	0.096 7	0.103 6	0.109 1	0.113 6	0.117 3	0.120 4	0.125 0	0.128 3	0.130 7	0.132 4	0.133 7	0.135 7	0.137 9
5.0	0.093 5	0.100 3	0.105 7	0.110 2	0.113 9	0.116 9	0.121 6	0.124 9	0.127 3	0.129 1	0.130 4	0.132 5	0.134 8
5.2	0.090 6	0.097 2	0.102 6	0.107 0	0.110 6	0.113 6	0.118 3	0.121 7	0.124 1	0.125 9	0.127 3	0.129 5	0.132 0
5.4	0.087 8	0.094 3	0.099 6	0.103 9	0.107 5	0.110 5	0.115 2	0.118 6	0.121 1	0.122 9	0.124 3	0.126 5	0.129 2
5.6	0.085 2	0.091 6	0.096 8	0.101 0	0.104 6	0.107 6	0.112 2	0.115 6	0.118 1	0.120 0	0.121 5	0.123 8	0.126 6
5.8	0.082 8	0.089 0	0.094 1	0.098 3	0.101 8	0.104 7	0.109 4	0.112 8	0.115 3	0.117 2	0.118 7	0.121 1	0.124 0
6.0	0.080 5	0.086 6	0.091 6	0.095 7	0.099 1	0.102 1	0.106 7	0.110 1	0.112 6	0.114 6	0.116 1	0.118 5	0.121 6
6.2	0.078 3	0.084 2	0.089 1	0.093 2	0.096 6	0.099 5	0.104 1	0.107 5	0.110 1	0.112 0	0.113 6	0.116 1	0.119 3
6.4	0.076 2	0.082 0	0.086 9	0.090 9	0.094 2	0.097 1	0.101 6	0.105 0	0.107 6	0.109 6	0.111 1	0.113 7	0.117 1
6.6	0.074 2	0.079 9	0.084 7	0.088 6	0.091 9	0.094 8	0.099 3	0.102 7	0.105 3	0.107 3	0.108 8	0.111 4	0.114 9
6.8	0.072 3	0.077 9	0.082 6	0.086 5	0.089 8	0.092 6	0.097 0	0.100 4	0.103 0	0.105 0	0.106 6	0.109 2	0.112 9
7.0	0.070 5	0.076 1	0.080 6	0.084 4	0.087 7	0.090 4	0.094 9	0.098 2	0.100 8	0.102 8	0.104 4	0.107 1	0.110 9
7.2	0.068 8	0.074 2	0.078 7	0.082 5	0.085 7	0.088 4	0.092 8	0.096 2	0.098 7	0.100 8	0.102 3	0.105 1	0.109 0
7.4	0.067 2	0.072 5	0.076 9	0.080 6	0.083 8	0.086 5	0.090 8	0.094 2	0.096 7	0.098 8	0.100 4	0.103 1	0.107 1
7.6	0.065 6	0.070 9	0.075 2	0.078 9	0.082 0	0.084 6	0.088 9	0.092 2	0.094 8	0.096 8	0.098 4	0.101 2	0.105 4
7.8	0.064 2	0.069 3	0.073 61	0.077 1	0.080 2	0.082 8	0.087 1	0.090 4	0.092 9	0.095	0.096 6	0.098 4	0.103 6
8.0	0.062 7	0.067 8	0.072 0	0.075 5	0.078 5	0.081 1	0.085 3	0.088 6	0.091 2	0.093 2	0.094 8	0.097 6	0.102 0
8.2	0.061 4	0.066 3	0.070 5	0.073 9	0.076 9	0.079 5	0.083 7	0.086 9	0.089 4	0.091 4	0.093 1	0.095 9	0.100 4
8.4	0.060 1	0.064 9	0.069 0	0.072 4	0.075 4	0.077 9	0.082 0	0.085 2	0.087 8	0.089 3	0.091 4	0.094 3	0.093 8
8.6	0.058 8	0.063 6	0.067 6	0.071 0	0.073 9	0.076 4	0.080 5	0.083 6	0.086 2	0.088 2	0.089 8	0.092 7	0.097 3
8.8	0.057 6	0.062 3	0.066 3	0.069 6	0.072 4	0.074 9	0.079 0	0.082 1	0.084 6	0.086 6	0.088 2	0.091 2	0.095 9
9.2	0.055 4	0.059 9	0.063 7	0.067 0	0.069 7	0.072 1	0.076 1	0.079 2	0.081 7	0.083 7	0.085 3	0.088 2	0.093 1
9.6	0.053 3	0.057 7	0.061 4	0.064 5	0.067 2	0.069 6	0.073 4	0.076 5	0.078 9	0.080 9	0.082 5	0.085 5	0.090 5
10.0	0.051 4	0.055 6	0.059 2	0.022 0	0.064 9	0.067 2	0.071 0	0.073 9	0.076 3	0.078 3	0.079 9	0.083 9	0.088 0
10.4	0.049 6	0.053 7	0.057 2	0.060 1	0.062 7	0.064 9	0.068 6	0.071 6	0.073 9	0.075 9	0.075 5	0.080 4	0.085 7
10.8	0.047 9	0.051 9	0.055 3	0.058 1	0.060 6	0.062 8	0.066 4	0.069 3	0.071 7	0.073 6	0.075 1	0.078 1	0.083 4
11.2	0.046 3	0.050 2	0.053 5	0.056 3	0.058 7	0.060 9	0.064 4	0.067 2	0.069 5	0.071 4	0.073 0	0.075 9	0.081 3
11.6	0.044 8	0.048 6	0.051 8	0.054 5	0.056 9	0.059 0	0.062 5	0.065 2	0.067 5	0.069 4	0.070 9	0.073 8	0.079 3
12.0	0.043 5	0.047 1	0.050 2	0.052 9	0.055 2	0.057 3	0.060 6	0.063 4	0.065 6	0.067 4	0.069	0.071 9	0.077 4
12.8	0.040 9	0.044 4	0.047 4	0.049 9	0.052 1	0.054 1	0.057 3	0.059 9	0.062 1	0.063 9	0.065 4	0.068 2	0.073 9
13.6	0.068 7	0.042 0	0.044 8	0.047 2	0.049 3	0.051 2	0.054 3	0.056 8	0.058 9	0.060 7	0.062 1	0.064 9	0.070 7
14.4	0.036 7	0.039 8	0.042 5	0.044 8	0.046 8	0.048 6	0.051 6	0.054 0	0.056 1	0.057 7	0.059 2	0.061 9	0.067 7
15.2	0.034 9	0.037 9	0.040 4	0.042 6	0.044 5	0.046 3	0.049 2	0.051 5	0.053 2	0.055 1	0.056 5	0.059 2	0.065 0
16.0	0.033 2	0.036 1	0.038 5	0.040 7	0.042 5	0.044 2	0.046 9	0.049 2	0.051 1	0.052 7	0.054	0.056 7	0.062 5
18.0	0.029 7	0.032 3	0.034 5	0.036 4	0.038 1	0.039 6	0.042 2	0.044 2	0.046	0.047 5	0.048 7	0.051 2	0.057 0
20.0	0.026 9	0.029 2	0.031 2	0.033 0	0.034 5	0.035 9	0.038 2	0.040 2	0.041 8	0.043 2	0.044 4	0.046 8	0.0524

注：条形基础可按 $l/b=10$ 计算。

ψ_s 的确定与地基土的压缩模量 E_{si}、承受的荷载有关，具体见表 4-4。

表 4-4　沉降计算经验系数 ψ_s

基底附加应力 p_0	压缩模量 E_{si}				
	2.5	4.0	7.0	15.0	20.0
$p_0=f_{ak}$	1.4	1.3	1.0	0.4	0.2
$p_0\leqslant 0.75f_{ak}$	1.1	1.0	0.7	0.4	0.2

注：f_{ak} 为地基承载力特征值。$\overline{E}_{si}$ 为沉降计算深度范围内的压缩模量当量值，按 $\overline{E}_{si}=\dfrac{\sum A_i}{\sum \dfrac{A_i}{E_{si}}}$ 计算，其中 A_i 为第 i 层平均附加应力系数沿土层深度的积分值，即第 i 层土的附加应力，E_{si} 相当于该土层的压缩模量。

地基沉降计算深度 z_n 必须符合下式的要求，即

$$\Delta s'_n\leqslant 0.025\sum_{i=1}^{n}\Delta s'_i \tag{4-27}$$

式中　$\Delta s'_i$—— 计算深度范围内第 i 层土的沉降计算值；

$\Delta s'_n$—— 计算深度处向上取厚度 Δz 分层的沉降计算值，其中 Δz 的厚度选取与基础宽度 b 有关，见表 4-5。

表 4-5　计算层厚度 Δz 值

基础宽度 b/m	$\leqslant 2$	$2\sim 4$	$4\sim 8$	$8\sim 15$
Δz/m	0.3	0.6	0.8	1.0

注：① 当基础无相邻荷载影响时，基础中心点以下地基沉降计算深度也按下式参数取值：$z_n=b(2.5-0.4\ln b)$ 参数取值。

② 在计算深度范围内存在基岩时，z_n 可取至基岩表面，当存在较厚的坚硬黏土层，其孔隙比小于 0.5，压缩模量大于 50 MPa，或存在较厚的密实砂卵石层时，其压缩模量大于 80 MPa，可取至该层土表面。

地基规范推荐法的计算步骤可总结如下：计算基底附加应力；将地基土按压缩性分层；计算各分层的沉降量；确定沉降计算深度；计算基础总沉降量。

【例 4-2】柱荷载 $P=1\,200$ kN，基础埋深 $d=2.0$ m，基础底面尺寸 4 m×2 m，地基土层如图 4-15 所示，试用规范推荐方法计算该基础的最终沉降量。

解：(1) 求基底压力和基底附加压力，有

$$p=\frac{P+G}{A}=\frac{1\,200+20\times 4\times 2\times 2}{4\times 2}=190(\text{kPa})$$

基础底面处土的自重应力为

$$\sigma_{cz}=\gamma d=19.5\times 2=39(\text{kPa})$$

则基底附加压力为

$$p_0=p-\sigma_{cz}=190-39=151(\text{kPa})$$

(2) 假定沉降计算深度 $z_n=5.5$ m。

(3) 沉降计算见表 4-6。

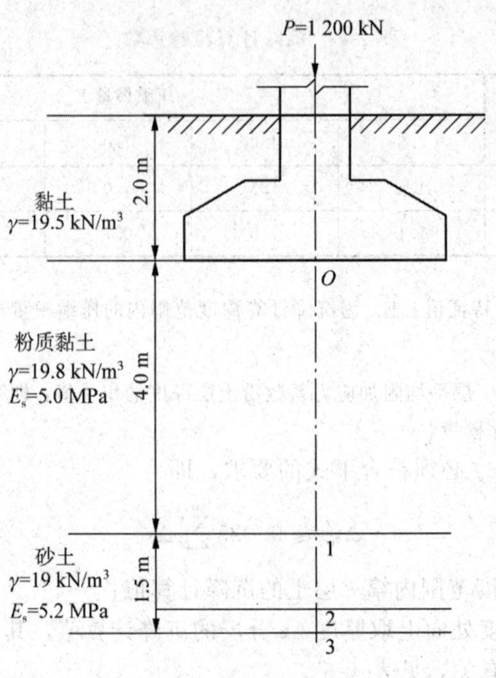

图 4-15 例 4-2 图

表 4-6 沉降计算

点号	z_i	l/b	z/b	$\bar{\alpha}_i$	$z_i\bar{\alpha}_i$/m	$z_i\bar{\alpha}_i-z_{i-1}\bar{\alpha}_{i-1}$/m	E_{si}/MPa	$\Delta s'_i=(z_i\bar{\alpha}_i-z_{i-1}\bar{\alpha}_{i-1})\frac{p_0}{E_{si}}$/mm	$\sum\Delta s'_i$/mm
0	0	$\frac{2}{1}=2$	0	4×0.250 0＝1.000 0	0				
1	4.0		4.0	4×0.136 2＝0.544 8	2.179 2	2.179 2	5.0	65.8	
2	5.2		5.2	4×0.113 6＝0.454 4	2.362 9	0.183 7	5.2	5.33	
3	5.5		5.5	4×0.109 1＝0.436 2	2.399 1	0.036 2	5.2	1.05	72.2

(4) 计算深度的确定根据规范规定，先由表 4-5 得到 $\Delta z=0.3$ m，计算出 $\Delta s'_n=$ 1.05 mm，代入 $\frac{\Delta s'_n}{\sum_{i=1}^{n}\Delta s'_i}=0.015\leqslant 0.025$，表明 $z_n=5.5$ m，符合要求。

(5) 确定沉降经验系数 ψ_s，有

$$\bar{E}_s=\frac{\sum A_i}{\sum\frac{A_i}{E_{si}}}=\frac{p_0\sum(z_i\bar{\alpha}_i-z_{i-1}\bar{\alpha}_{i-1})}{p_0\sum\left[\frac{z_i\bar{\alpha}_i-z_{i-1}\bar{\alpha}_{i-1}}{E_{si}}\right]}=\frac{2.179\ 2+0.183\ 7+0.036\ 2}{\frac{2.179\ 2}{5.0}+\frac{0.183\ 7}{5.2}+\frac{0.036\ 2}{5.2}}=5.0(\text{MPa})$$

假设 $p_0=f_{ak}$，则内插得到 $\psi_s=1.2$。

(6) 地基最终沉降量为

$$s=\psi_s s'=1.2\times 72.2=86.64(\text{mm})$$

计算地基的最终沉降量，应考虑相邻荷载的影响。相邻荷载产生的附加应力扩散，会产生应力叠加，引起地基的附加沉降(图 4-16)。相邻荷载的影响因素包括两基础的距离、荷载大小、地基土的性质、施工先后顺序等，其中两基础的距离为最主要因素。距离越近，荷载越大，地基越软弱，影响越大。因此，有必要对软弱地基相邻建筑物基础间的净

距进行限制(表4-7)，防止相邻荷载造成已建工程的破坏。

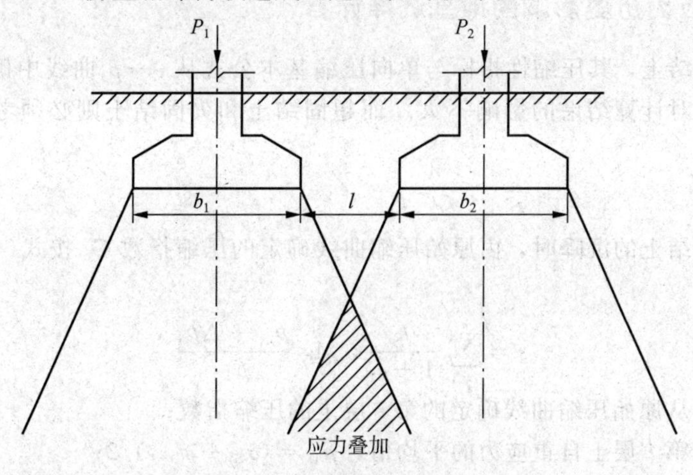

图4-16　相邻荷载对地基沉降的影响

表4-7　相邻建筑物基础间的净距

影响建筑物的预估平均沉降量 s/mm	被影响建筑物的长高比	
	$2.0 \leqslant \frac{l}{H_f} < 3.0$	$3.0 \leqslant \frac{l}{H_f} < 5.0$
70～150	2～3	3～6
160～250	3～6	6～9
260～400	6～9	9～12
>400	9～12	$\geqslant 12$

相邻荷载产生平均附加应力可用角点法进行计算，按分层总和法或《建筑地基基础设计规范》推荐方法计算附加沉降量。角点法计算相邻荷载的影响如图4-17所示，乙基础在甲基础o点产生的附加应力系数 $\alpha_o = \alpha_{oabc} - \alpha_{odec}$，附加应力为 $\sigma_{zo} = (\alpha_{oabc} - \alpha_{odec}) p_0$，附加沉降量 $s_{zo} = \dfrac{(\alpha_{oabc} - \alpha_{odec}) p_0}{E_s}$。

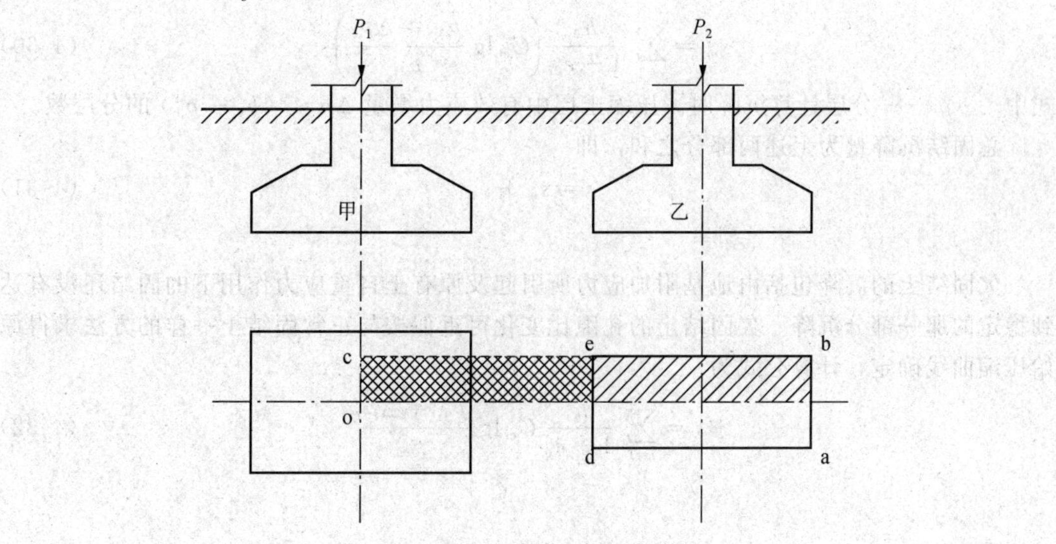

图4-17　角点法计算相邻荷载的影响

三、考虑应力历史影响的地基沉降计算

对于正常固结土，其压缩性指标与单向压缩基本公式从 $e—p$ 曲线中确定的压缩性指标虽然不同，但对计算结果的影响不大。而超固结土和欠固结土则必须考虑应力历史的影响。

1. 正常固结土的沉降计算

计算正常固结土的沉降时，由原始压缩曲线确定的压缩指数 C_c 按式(4-28) 计算固结沉降 s，即

$$s=\sum_{i=1}^{n}\frac{h_i}{1+e_{0i}}C_{ci}\lg\frac{p_{1i}+\Delta p_i}{p_{1i}} \tag{4-28}$$

式中　C_{ci}—— 从原始压缩曲线确定的第 i 层土的压缩指数；

p_{1i}—— 第 i 层土自重应力的平均值，$p_{1i}=(\sigma_{ci}+\sigma_{ci-1})/2$；

Δp_i—— 第 i 层土附加应力的平均值(有效应力增量)，$\Delta p_i=(\sigma_{zi}+\sigma_{zi-1})/2$；

e_{0i}—— 第 i 层土的初始孔隙比；

h_i—— 第 i 分层的厚度。

2. 超固结的沉降计算

计算超固结土的沉降时，由原始压缩曲线和原始再压缩曲线分别确定土的压缩指数 C_c 和回弹压缩指数 C_e。计算时按下列两种情况分别对待。

(1)$\Delta p>(p_c-p_1)$ 时，各分层的总固结沉降量为

$$s_n=\sum_{i=1}^{n}\frac{h_i}{1+e_{0i}}\left(C_{ei}\lg\frac{p_{ci}}{p_{1i}}+C_{ci}\lg\frac{p_{1i}+\Delta p_i}{p_{1i}}\right) \tag{3-29}$$

式中　n—— 分层计算沉降时，压缩土层中有效应力增量 $\Delta p>(p_c-p_1)$ 的分层数；

C_{ei}、C_{ci}—— 第 i 层土的回弹指数和压缩指数；

p_{ci}—— 第 i 层土的先期固结压力。

(2)$\Delta p\leqslant(p_c-p_1)$ 时，各分层的总固结沉降量为

$$s_m=\sum_{i=1}^{n}\frac{h_i}{1+e_{0i}}\left(C_{ei}\lg\frac{p_{1i}+\Delta p_i}{p_{1i}}\right) \tag{4-30}$$

式中　s_m—— 分层计算沉降时，压缩土层中有效应力增量 $\Delta p\leqslant(p_c-p_1)$ 的分层数。

总固结沉降量为上述两部分之和，即

$$s=s_n+s_m \tag{4-31}$$

3. 欠固结土的沉降计算

欠固结土的沉降包括由地基附加应力所引起及原有土自重应力作用下的固结还没有达到稳定的那一部分沉降。欠固结土的孔隙比变化可近似按与正常固结土一样的方法求得原始压缩曲线确定，计算公式为

$$s=\sum_{i=1}^{n}\frac{h_i}{1+e_{0i}}C_{ci}\lg\frac{p_{1i}+\Delta p_i}{p_{ci}} \tag{4-32}$$

思 考 题

1. 工程中采用的表征土压缩性的指标有哪些？这些指标各用什么方法确定？各指标之间有什么关系？

2. 什么是土的压缩系数？一种土的压缩系数是否为定值，为什么？如何利用它判别土的压缩性高低？

3. 什么叫超固结土和欠固结土？它们与正常固结土的区别是什么？

4. 载荷试验如何加载？如何量测沉降？停止加荷的标准是什么？

5. 什么是有效应力原理？有效应力和孔隙水压力的物理概念是什么？在固结过程中二者是如何变化的？

6. 简述分层总和法和《建筑地基基础设计规范》推荐法的计算步骤，并说明二者的优缺点各是什么。

第五章　土的抗剪强度

第一节　土的抗剪强度概述

在外部荷载作用下，土体中将产生剪应力和剪切变形，当土体中某点由外力所产生的剪应力达到土的抗剪强度时，土就沿着剪应力作用方向产生相对滑动，该点便发生剪切破坏，工程实践和室内试验都证实了土受剪切而产生破坏，剪切破坏是土体强度破坏的重要特点，因此土的强度问题实质上就是土的抗剪强度问题。

图 5-1 所示为工程中土的强度问题。土木工程中的挡土墙侧土压力、地基承载力、土坡和地基稳定性等问题都与土的抗剪强度直接有关。对这些问题进行计算时，必须选用合适的抗剪强度指标。土的抗剪强度指标不仅与土的种类有关，还与土样的天然结构是否被扰动、室内试验时的排水条性(剪切前固结状况和剪切时排水状况）是否符合现场条件有关，不同的排水条件所测定的抗剪强度指标值是有差别的。

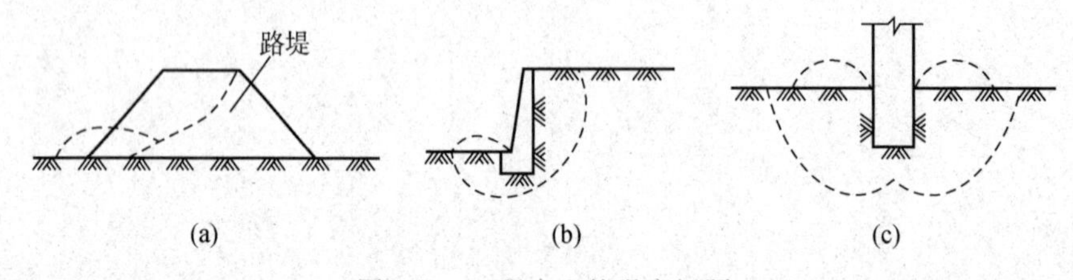

图 5-1　工程中土的强度问题

知识拓展

土的抗剪强度是土的基本力学性质之一，土的强度指标及强度理论是工程设计和验算的依据。对土的强度估计过高，往往会造成工程事故；而估计过低，则会使建筑物设计偏于保守。因此，正确确定土的强度十分重要。

第二节　土的抗剪强度理论和极限平衡条件

一、莫尔－库仑强度理论

土体发生剪切破坏时，将沿着其内部某一曲面(滑动面）产生相对滑动，而滑动面上的剪应力就等于土的抗剪强度。1776 年，法国学者库仑(C. A. Coulomb) 根据砂土的试验结果(图 5-2 (a))，将土的抗剪强度表达为滑动面上法向应力的函数，即

$$\tau_f = \sigma \cdot \tan \varphi \tag{5-1}$$

后来库仑又根据黏性土的试验结果(图 5-2 (b)) 提出更为普遍的抗剪强度表达式：

$$\tau_f = c + \sigma \cdot \tan\varphi \tag{5-2}$$

式中　τ_f—— 土的抗剪强度(kPa)；

σ—— 剪切面的法向压力(kPa)；

φ—— 土的内摩擦角(°)；

c—— 土的黏聚力(kPa)。

式(5-1) 和式(5-2) 统称为库仑定律。

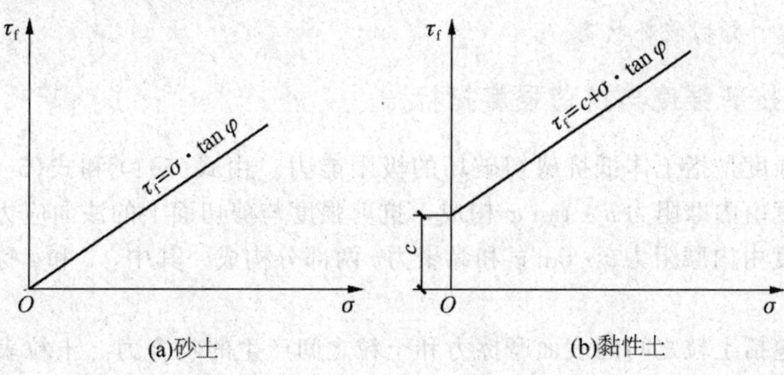

图 5-2　抗剪强度与法向应力之间的关系

1910 年，莫尔(Mohr) 提出材料的破坏是剪切破坏，并指出破坏面上的剪应力为该面上法向应力的函数，即

$$\tau_f = f(\sigma) \tag{5-3}$$

这个函数在坐标系中是一条曲线，该曲线称为莫尔包线，如图 5-3 中实线所示。莫尔包线表示材料受到不同应力作用达到极限状态时，滑动面上法向应力与剪应力的关系。土的莫尔包线通常可以近似用直线表示，如图 5-3 中虚线所示，该直线方程就是库仑定律所表示的方程。由库仑公式表示莫尔包线的土体强度理论称为莫尔－库仑强度理论。

有了库仑公式，根据前面章节及材料力学公式即可计算地基中过任意点平面上的正应力 σ 和剪应力 τ，将 σ 代入式(5-2) 即可求出平面上的抗剪强度 τ_f，与 τ 进行比较，即可求得该平面的安全状态。若某平面上的法向应力 σ 与剪应力 τ 确定的一点(σ，τ) 落在库仑定律的强度线上，该平面处于极限平衡状态；若该点落在强度线以上，该平面处于剪切破坏状态；若该点落在强度线以下，该平面处于弹性平衡状态(图 5-4)。

$\tau>\tau_f$	$\tau=\tau_f$	$\tau<\tau_f$
剪切破坏	极限平衡	弹性平衡

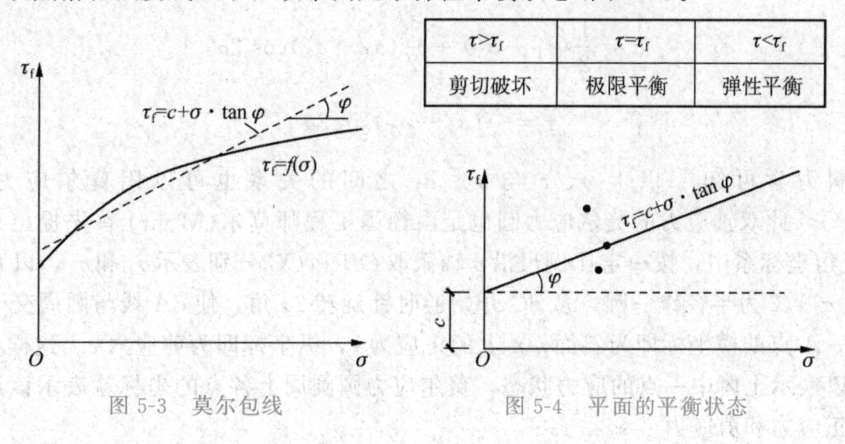

图 5-3　莫尔包线　　　　图 5-4　平面的平衡状态

【例 5-1】已知某地基土的抗剪强度指标 $\varphi=20°$，$c=16$ kPa。地基中过 m 点的 a 平面上

的应力为 $\sigma=160$ kPa，$\tau=47$ kPa；b 平面上的应力为 $\sigma=140$ kPa，$\tau=70$ kPa。判断 a、b 平面的安全状态。

解： a 平面的抗剪强度为

$$\tau_f=c+\sigma\cdot\tan\varphi=16+160\tan 20°=74.2(\text{kPa})>47\text{ kPa}$$

所以 a 平面处于弹性平衡状态。

b 平面的抗剪强度为

$$\tau_f=c+\sigma\cdot\tan\varphi=16+140\tan 20°=67(\text{kPa})<70\text{ kPa}$$

因此，b 平面处于剪切破坏状态。

二、土的抗剪强度与抗剪强度指标

土的抗剪强度是指土体抵抗剪切破坏的极限能力。由式(5-1)和式(5-2)可以看出：砂土的抗剪强度由内摩阻力 $\sigma\cdot\tan\varphi$ 构成，抗剪强度与剪切面上的法向应力成正比；而黏性土的抗剪强度由内摩阻力 $\sigma\cdot\tan\varphi$ 和黏聚力 c 两部分构成。其中，c 和 φ 称为土的抗剪强度指标。

内摩阻力包括土粒之间的表面摩擦力和土粒之间产生的咬合力。土粒表面越粗糙，棱角越多，密实度越大，则土的内摩擦系数越大。黏性土的内聚力 c 取决于土粒间的联结程度，摩阻力 $\sigma\cdot\tan\varphi$ 较小。

三、极限平衡条件

当土体中任意一点在某一平面上发生剪切破坏时，该点即处于极限平衡状态。根据莫尔－库仑理论，可得到土体中一点的剪切破坏条件，即土的极限平衡条件。下面仅研究平面应变问题。

在土体中取一微单元体(图 5-5(a))，设作用在该单元体上的两个主应力为 σ_1 和 σ_3 ($\sigma_1>\sigma_3$)，在单元体内与大主应力 σ_1 作用平面成任意角 α 的 m 平面上有正应力 σ 和剪应力 τ，为建立 σ、τ 与 σ_1、σ_3 之间的关系，取微棱柱体 abc 为隔离体(图 5-5(b))，将各力分别在水平和垂直方向投影，根据静力平衡条件得

$$\sigma_3 ds\sin\alpha-\sigma ds\sin\alpha+\tau ds\cos\alpha=0$$

$$\sigma_1 ds\cos\alpha-\sigma ds\cos\alpha-\tau ds\sin\alpha=0$$

联立求解以上方程，在 m 平面上的正应力和剪应力为

$$\sigma=\frac{1}{2}(\sigma_1+\sigma_3)+\frac{1}{2}(\sigma_1-\sigma_3)\cos 2\alpha$$

$$\tau=\frac{1}{2}(\sigma_1-\sigma_3)\sin 2\alpha \qquad (5\text{-}4)$$

由材料力学可知，以上 σ、τ 与 σ_1、σ_3 之间的关系也可以用莫尔应力圆表示(图 5-5(c))，此双轴应力的莫尔应力圆也是由德国工程师莫尔(Mohr)首先提出来的，即在 σ—τ 直角坐标系中，按一定比例尺沿 σ 轴截取 OB 和 OC 分别表示 σ_3 和 σ_1，以 D 点为圆心，$(\sigma_1-\sigma_3)/2$ 为半径作一圆，从 dC 开始逆时针旋转 2α 角，使 dA 线与圆周交于 A 点。可以证明，A 点的横坐标即为斜面 mn 上的正应力 σ，纵坐标即为剪应力 τ。这样，莫尔应力圆就可以表示土体中一点的应力状态，莫尔应力圆圆周上各点的坐标就表示该点在相应平面上的正应力和剪应力。

如果给定了土的抗剪强度参数 c、φ 及土中某点的应力状态，则可将抗剪强度包线与

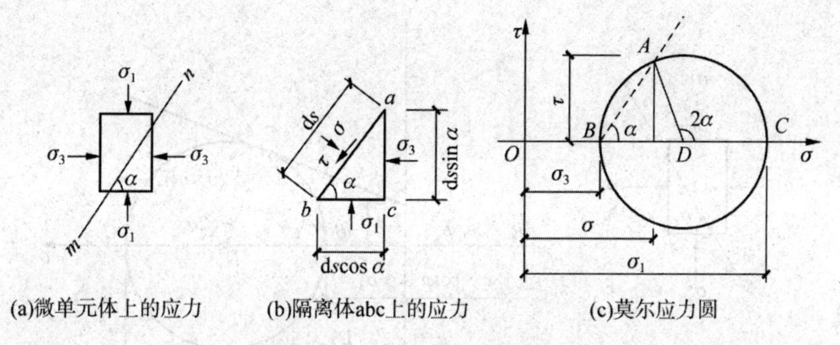

(a)微单元体上的应力 (b)隔离体abc上的应力 (c)莫尔应力圆

图 5-5 土体中任意点的应力

莫尔应力圆画在同一张坐标图中(图 5-6)。它们之间的关系有以下三种情况。

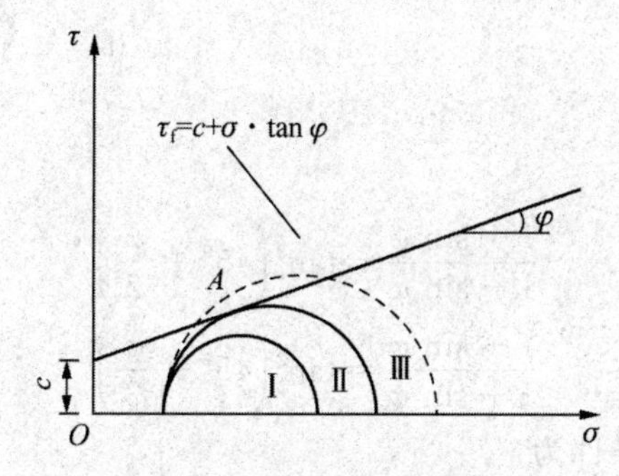

图 5-6 莫尔应力圆与抗剪强度包线的关系

(1) 整个莫尔应力圆(圆 Ⅱ)位于抗剪强度包线的下方，说明该点在任何平面上的剪应力都小于土所能发挥的抗剪强度($\tau < \tau_f$)，因此不会发生剪切破坏。

(2) 莫尔应力圆(圆 Ⅱ)与抗剪强度包线相切，切点为 A，说明在 A 点所代表的平面上，剪应力正好等于抗剪强度($\tau = \tau_f$)，该点就处于极限平衡状态，此莫尔圆(圆 Ⅱ)称为极限应力圆。

(3) 抗剪强度包线是莫尔应力圆(圆 Ⅲ，以虚线表示)的一条割线，实际上这种情况是不可能存在的，因为该点任何方向上的剪应力都不可能超过土的抗剪强度，即不存在 $\tau > \tau_f$ 的情况。根据极限应力圆与抗剪强度包线相切的几何关系，可建立下面的极限平衡条件。

设在土体中取一微单元体，mn 为破裂面，它与大主应力的作用面成破裂角 α_f(图 5-7(a))。该点处于极限平衡状态时的莫尔应力圆如图 5-7(b) 所示。将抗剪强度包线延长与 σ 轴相交于 R 点，由 $\triangle ARD$ 可知 $AD = RD\sin\varphi$。

因为

$$\overline{AD} = \frac{1}{2}(\sigma_1 - \sigma_3),\ \overline{RD} = 2c\tan\varphi + \frac{1}{2}(\sigma_1 + \sigma_3)$$

所以

$$\sin\varphi = (\sigma_1 - \sigma_3)/(\sigma_1 + \sigma_3 + 2c\cot\varphi)$$

化简后得

$$\sigma_1 = \sigma_3\,\frac{1+\sin\varphi}{1-\sin\varphi} + 2c\sqrt{\frac{1+\sin\varphi}{1-\sin\varphi}}$$

$$\sigma_3 = \sigma_1\,\frac{1-\sin\varphi}{1+\sin\varphi} - 2c\sqrt{\frac{1-\sin\varphi}{1+\sin\varphi}}$$

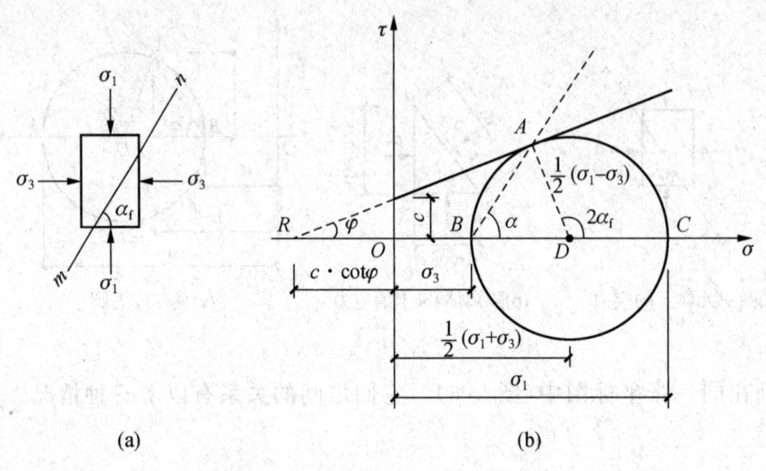

图 5-7　点的极限平衡条件

由三角函数可以证明

$$\frac{1+\sin\varphi}{1-\sin\varphi}=\tan^2\left(45^\circ+\frac{\varphi}{2}\right)$$

$$\frac{1-\sin\varphi}{1+\sin\varphi}=\tan^2\left(45^\circ-\frac{\varphi}{2}\right)$$

故得出黏性土的极限平衡条件为

$$\sigma_1=\sigma_3\tan^2\left(45^\circ+\frac{\varphi}{2}\right)+2c\tan\left(45^\circ+\frac{\varphi}{2}\right) \tag{5-5a}$$

$$\sigma_3=\sigma_1\tan^2\left(45^\circ-\frac{\varphi}{2}\right)-2c\tan\left(45^\circ-\frac{\varphi}{2}\right) \tag{5-5b}$$

对于无黏性土，由于 $c=0$，因此由式(5-5a) 和式(5-5b) 可知，无黏性性土的极限平衡条件为

$$\sigma_1=\sigma_3\tan^2\left(45^\circ+\frac{\varphi}{2}\right) \tag{5-6a}$$

$$\sigma_3=\sigma_1\tan^2\left(45^\circ-\frac{\varphi}{2}\right) \tag{5-6b}$$

在图 5-7(b) 的 $\triangle ARD$ 中，由外角与内角的关系可得破裂角为

$$\alpha_f=45^\circ+\frac{\varphi}{2} \tag{5-7}$$

说明破坏面与大主应力 σ_1 作用面的夹角为 $\left(45^\circ+\frac{\varphi}{2}\right)$，或破坏面与小主应力 σ_3 作用面的夹角为 $\left(45^\circ-\frac{\varphi}{2}\right)$。

【例 5-2】　某土层的抗剪强度指标 $\varphi=30^\circ$，$c=10$ kPa，其中某一点的 $\sigma_1=120$ kPa，$\sigma_3=30$ kPa，求：

(1) 该点是否破坏？

(2) 若保持 σ_1 不变，该点不破坏的 σ_3 为多少？

解：　(1) 根据极限平衡条件有

$$\sigma_{1f}=\sigma_3\tan^2\left(45^\circ+\frac{\varphi}{2}\right)+2c\tan\left(45^\circ+\frac{\varphi}{2}\right)=30\times\tan^2 60^\circ+2\times10\times\tan 60^\circ=124.64(\text{kPa})$$

因为 $\sigma_{1f} > \sigma_1 = 120$ kPa，所以该点没有被破坏。

(2) 同样根据极限平衡条件有

$$\sigma_{3f} = \sigma_1 \tan^2\left(45° - \frac{\varphi}{2}\right) - 2c\tan\left(45° - \frac{\varphi}{2}\right) = 120 \times \tan^2 30° - 2 \times 10 \times \tan 30°$$

$$= 28.47(\text{kPa})$$

因此，若保持 σ_1 不变，则该点不破坏的 σ_3 应不小于 28.47 kPa。

第三节　土的抗剪强度试验

土的抗剪强度是土的一个重要力学性质，在计算地基承载力、评价地基的稳定性及计算挡土墙的土压力时都要用到土的抗剪强度指标，因此正确测定土的抗剪强度指标在工程上具有重要意义。

测定土的抗剪强度指标的试验方法有多种，本节将介绍室内的直接剪切试验、三轴压缩试验、无侧限抗压强度试验和十字板剪切试验。

一、直接剪切试验

直接剪切仪分为应变控制式和应力控制式两种：前者是控制试样产生一定位移(如量力环中量表指针不再前进，表示试样已剪损）来测定其相应的水平剪应力；后者则是控制对试件分级施加一定的水平剪应力，如相应的位移不断增加，认为试样已剪损。目前我国普遍采用的是应变控制式直剪仪，如图 5-8 所示。该仪器的主要部件由固定的上盒和活动的下盒组成，试样放在上下盒内的上下两块透水石之间。试验时，由杠杆系统通过加压活塞和上透水石对试件施加某一垂直压力 σ，然后等速转动手轮对下盒施加水平推力，使试样在上下盒之间的水平接触面上产生剪切变形，直至破坏。剪应力的大小可借助于上盒接触的量力环的变形值计算确定。

知识拓展

在剪切过程中，随着上下盒相对剪切变形的发展，土样中的抗剪强度逐渐发挥出来，直到剪应力等于土的抗剪强度时，土样剪切破坏，所以土样的抗剪强度用剪切破坏时的剪应力来度量。

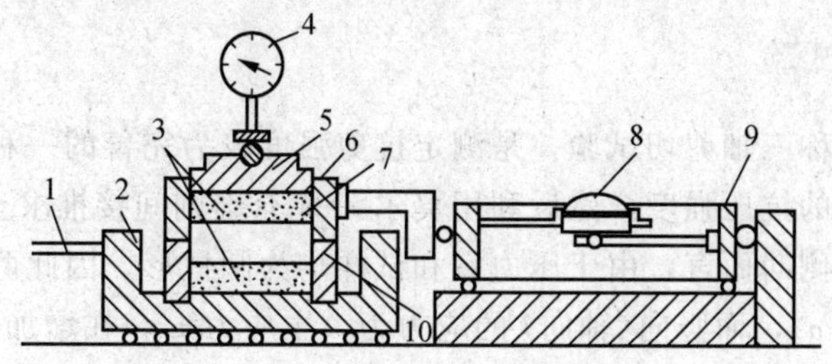

图 5-8　应变控制式直剪仪

1— 轮轴；2— 底座；3— 透水石；4— 量表；5— 活塞；

6— 上盒；7— 土样；8— 量表；9— 量力环；10— 下盒

图 5-9(a) 所示为试样在剪切过程中剪应力 τ 与剪切位移 δ 之间的关系曲线。当曲线出现峰值时，取峰值剪应力作为该级法向应力 σ 下的抗剪强度 τ_f；当曲线无峰值时，可取剪

切位移 $\delta=2$ mm 时所对应的剪应力作为该级法向应力 σ 下的抗剪强度 τ_f。

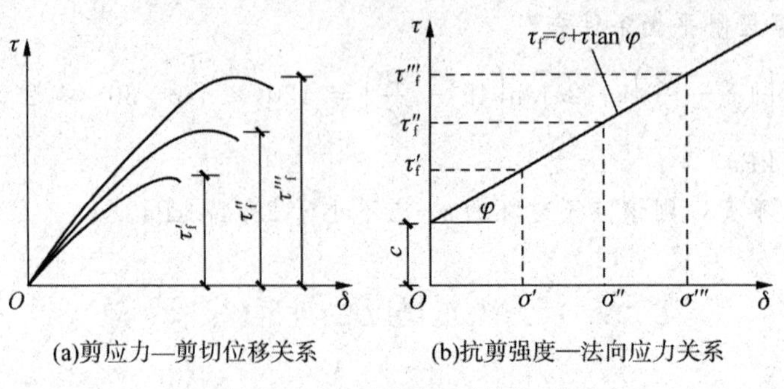

图 5-9 直剪试验结果

对同一种土取 3 或 4 个试样，分别在不同的法向应力 σ 下剪切破坏，可将试验结果绘制成图 5-9(b) 所示的抗剪强度 τ_f 与法向应力 σ 之间的关系。试验结果表明(图 5-2)，对于黏性土，抗剪强度与法向应力之间基本呈直线关系，该直线与横轴的夹角为内摩擦角 φ，在纵轴上的截距为黏聚力 c，直线方程可用库仑公式即式(5-2) 表示；对于砂性土，抗剪强度与法向应力之间的关系则是一条通过原点的直线，可用式(5-1) 表示。

直接剪切试验目前依然是室内土的抗剪强度最基本的测定方法。试验和工程实践都表明土的抗剪强度与土受力后的排水固结状况有关，因此在工程设计中所需要的强度指标试验方法必须与现场的施工加荷实际相结合。为在直剪试验中能考虑实际情况，可通过快剪、固结快剪和慢剪这三种直剪试验方法近似模拟土体在现场受剪的排水条件。

快剪试验是在试样施加竖向压力 σ 后，立即快速(0.02 mm/min) 施加水平剪应力使试样剪切。固结快剪试验是允许试样在竖向压力下排水，待固结稳定后，再快速施加水平剪应力使试样剪切破坏。慢剪试验也是允许试样在竖向压力下排水，待固结稳定后，则以缓慢的速率施加水平剪应力使试样剪切。

直剪仪具有构造简单、操作方便等优点。但它存在若干缺点，主要有：剪切面限定在上下盒之间的平面，而不是沿土样最薄弱面剪切破坏；剪切面上剪应力分布不均匀，土样剪切破坏时先从边缘开始，在边缘发生应力集中现象；在剪切过程中，土样剪切面逐渐缩小，而在计算抗剪强度时却是按土样的原截面面积计算的；试验时不能严格控制排水条件，不能量测孔隙水压力，在进行不排水剪切时，试件仍有可能排水。因此，快剪试验和固结快剪试验仅适用于渗透系数小于10^{-6} cm/s 的细粒土。

二、三轴压缩试验

三轴压缩试验又称三轴剪切试验，是测定抗剪强度较为完善的一种方法，测定试样在不同恒定周围压力下的抗压强度，然后利用莫尔－库仑准则间接推求土的抗剪强度。三轴是指一个竖向和两个侧向而言，由于压力室和试样均为圆柱形，因此两个侧向(周围) 的应力相等并为小主应力 σ_3，而竖向(轴向) 的应力为大主应力 σ_1，在增加 σ_1 时保持 σ_3 不变，此条件下的试验称为常规三轴压缩试验。

三轴压缩试验所使用的仪器是三轴压缩仪(三轴剪切仪)，其构造示意图如图 5-10 所示，主要由三个部分组成：主机、稳压调压系统及量测系统。各系统之间用管路和各种阀门开关连接。

主机部分包括压力室、轴向加荷系统等。压力室是三轴仪的主要组成部分，它是一个

由金属上盖、底座及透明有机玻璃圆筒组成的密闭容器，压力室底座通常有三个小孔，分别与稳压系统及体积变形和孔隙水压力量测系统相连。

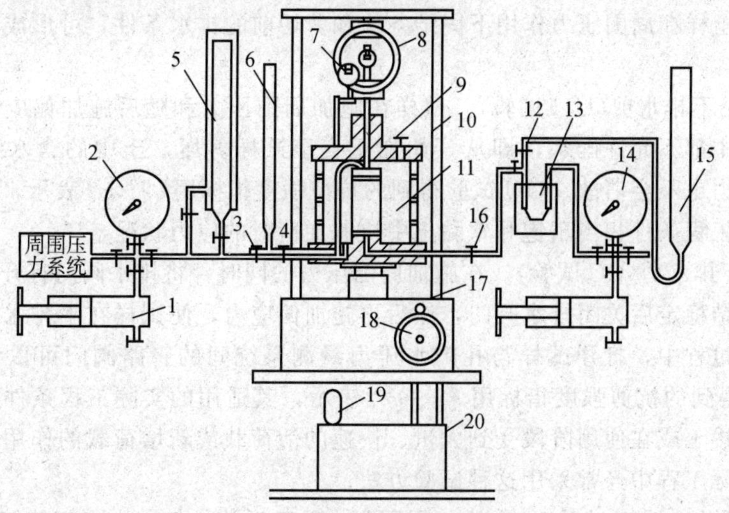

图 5-10 轴压缩仪构造示意图

1—调压筒；2—周围压力表；3—周围压力阀；4—排水阀；5—体变管；6—排水管；7—变形量表；8—量力环；9—排气孔；10—轴向加压设备；11—压力室；12—量管阀；13—零位指示器；14—孔隙压力表；15—量管；16—孔隙压力阀；17—离合器；18—手轮；19—马达；20—变速箱

稳压调压系统由压力泵、调压阀和压力表等组成。试验时通过压力室对试样施加周围压力，并在试验过程中根据不同的试验要求对压力进行控制和调节。

量测系统由排水管、体变管和孔隙水压力量测装置等组成。试验时分别测出试样受力后土中排出的水量变化及水中孔隙水压力的变化。对于试样的竖向变形，则利用置于压力室上方的测微表或位移传感器测读。

常规三轴试验的一般步骤是将土样切制成圆柱体套在橡胶膜内，放在密闭的压力室中，然后向压力室内注入气压或液压，使试件在各向均受到周围压力 σ_3，并使围压在整个试验过程中保持不变。这时，试件内各向的主应力都相等，因此在试件内不产生任何剪应力(图 5-11(a))。然后通过轴向加荷系统即活塞杆对试样加竖向压力，随着竖向压力逐渐增大，试样最终将因受剪而破坏(图 5-11(b))。

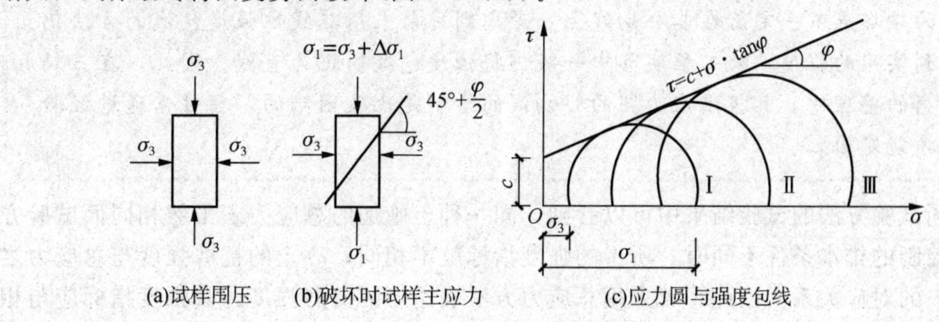

图 5-11 轴试验基本原理

设剪切破坏时轴向加荷系统加在试样上的竖向压应力(成为偏应力)为 $\Delta\sigma$，则试样上的大主应力 $\sigma_1=\sigma_3+\Delta\sigma$，而小主应力为 σ_3，据此可作出一个极限应力圆。用同一种土样的若干个试件(一般 3 或 4 个)分别在不同的周围压力向下进行试验，可得一组极限应力圆(图

5-11（c））。作这些极限应力圆的公切线，即该土样的抗剪强度包络线，由此便可求得土样的抗剪强度指标 c、φ 值。

通过控制土样在周围压力作用下固结条件和剪切前的排水条件，可形成以下三种三轴试验方法。

（1）不固结不排水剪（UU 试验）。试样在施加周围压力和随后施加偏应力直至剪坏的整个试验过程中都不允许排水，即从开始加压直至试样剪坏，土中的含水量始终保持不变，孔隙水压力也不会消散。UU 试验得到的抗剪强度指标用 c_u、φ_u 表示，这种试验方法所对应的实际工程条件相当于饱和软黏土中快速加荷时的应力状况。

（2）固结不排水剪（CU 试验）。在施加周围压力的同时，将排水阀门打开，允许试样充分排水，待固结稳定后关闭排水阀门，然后再施加偏应力，使试样在不排水的条件下剪切破坏。在剪切过程中，打开试样与孔隙水压力量测系统间的管路阀门可以量测孔隙水压力。CU 试验得到的抗剪强度指标用 c_{cu}、φ_{cu} 表示，其适用的实际工程条件为一般正常固结土层在工程竣工或在使用阶段受到大量、快速的活荷载或新增荷载的作用下所对应的受力情况，在实际工程中经常采用这种试验方法。

（3）固结排水剪（CD 试验）。在施加周围压力及随后施加偏应力直至剪坏的整个试验过程中都将排水阀门打开，让试样中的孔隙水压力能够完全消散。CD 试验得到的抗剪强度指标用 c_d、φ_d 表示。

三轴试验的突出优点是能够控制排水条件以及可以量测土样中隙水压力的变化。此外，三轴试验中试样的应力状态也比较明确，剪切破坏时的破裂面在试样的最弱处，而不像直剪试验那样限定在上下盒之间。一般来说，三轴试验的结果还是比较可靠的，因此三轴压缩仪是土工试验不可缺少的仪器设备。三轴压缩试验的主要缺点是试验操作比较复杂，对试验人员的操作技术要求比较高。另外，常规三轴试验中的试样所受的力是轴对称的，与工程实际中土体的受力情况不太相符，要满足土样在三向应力条件下进行剪切试验，就必须采用更为复杂的真三轴仪进行试验。

知识拓展

实际上，由于土的强度特性会受某些因素如应力历史、应力水平等的影响，加上土样的不均匀性以及试验误差等原因，土的强度包线并非一条直线，因此极限应力圆上的破坏点不一定落在其公切线上。考虑到目前采用非线性强度包线的方法仍未成熟到实用的程度，故工程实际中一般仍将强度包线简化为直线。因此，在三轴试验数据的整理中，其极限应力圆的公切线的绘制是比较困难的，往往需通过经验判断后才能定出。

从不同试验方法的试验结果中可以看到，同一种土施加的总应力 σ 虽然相同而试验方法或者说控制的排水条件不同时，所得的强度指标就不相同，故土的抗剪强度与总应力之间没有唯一的对应关系。因此，若采用总应力方法表达土的抗剪强度，其强度指标应与相应的试验方法（主要是排水条件）相对应。理论上说，土的抗剪强度与有效应力之间具有很好的对应关系，若在试验时量测土样的孔隙水压力，据此算出土中的有效应力，则可以采用与试验方法无关的有效应力指标来表达土的抗剪强度。

三、无侧限抗压强度试验

无侧限抗压强度试验是三轴压缩试验的一种特殊情况，即周围压力 $\sigma_3=0$ 的三轴试验，又称单轴试验。无侧限抗压强度试验如图 5-12 所示，现在也常利用三轴仪做这种试验。试验时，在不加任何侧向压力的情况下，对圆柱体试样施加轴向压力，直至试样剪切破坏为止。试样破坏时的轴向压力以 q_u 表示，称为无限抗压强度。

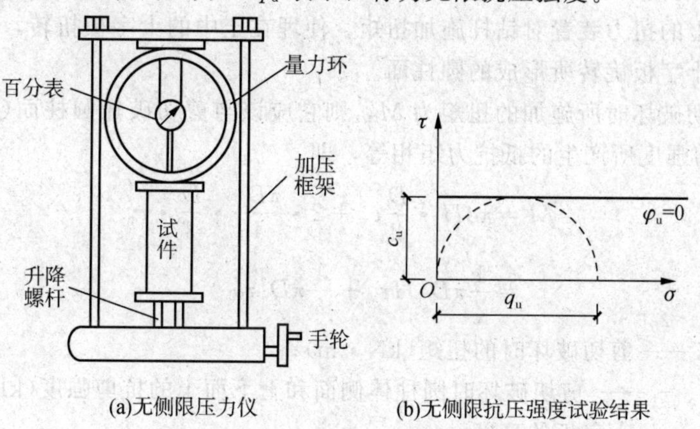

图 5-12　无侧限抗压强度试验

由于不能施加周围压力，因此根据试验结果，只能作一个极限应力圆，难以得到破坏包线，如图 5-12(b) 所示。饱和黏性土的三轴不固结不排水试验结果表明，其破坏包线为一水平线，即 $\varphi=0$。因此，对于饱和黏性土的不排水抗剪强度，就可利用无侧限抗压强度 q_u 来得到，即

$$\tau_f=c_u=\frac{q_u}{2} \tag{5-8}$$

式中　τ_f—— 土的不排水抗剪强度(kPa)；

c_u—— 土的不排水黏聚力(kPa)；

q_u—— 无侧限抗压强度(kPa)。

利用无侧限抗压强度试验可以测定饱和黏性土的灵敏度 S_t。土的灵敏度以原状土的强度与同一土经重塑后(完全扰动但含水量不变) 的强度之比来表示，即

$$S_t=\frac{q_u}{q'_u} \tag{5-9}$$

式中　q_u—— 原状土的无侧限抗压强度(kPa)；

q'_u—— 重塑土的无侧限抗压强度(kPa)。

根据灵敏度的大小，可将饱和黏性土分为低灵敏土($1<S_t\leqslant 2$)、中灵敏土($2<S_t\leqslant 4$) 和高灵敏土($S_t>4$) 三类。土的灵敏度越高，其结构性越强，受扰动后土的强度降低就越多。黏性土受扰动而强度降低的性质一般来说对工程建设是不利的，如在基坑开挖过程中，因施工可能造成土的扰动而会使地基强度降低。

四、十字板剪切试验

前面所介绍的三种试验方法都是室内测定土的抗剪强度的试验方法，这些试验方法都要求事先取得原状土样，但由于试样在采取、运送、保存和制备等过程中不可避免地会受

到扰动，土的含水量也难以保持天然状态，特别是对于高灵敏度的黏性土，因此室内试验结果对土的实际情况的反映就会受到不同程度的影响。十字板剪切试验是一种土的抗剪强度的原位测试方法，适用于在现场测定黏性土的原位不排水抗剪强度，特别适用于均匀饱和软黏土。

十字板剪力仪的构造如图 5-13 所示。试验时，先把套管打到要求测试的深度以上 75 cm，并将套管内的土清除，然后通过套管将安装在钻杆下的十字板压进土中至测试的深度。由地面上的扭力装置对钻杆施加扭矩，使埋在土中的十字板扭转，直至土体剪切破坏，破坏面为十字板旋转所形成的圆柱面。

设土体剪切破坏时所施加的扭矩为 M，则它应该与剪切破坏圆柱面(包括侧面和上下面）上土的抗剪强度所产生的抵抗力矩相等，即

$$M=\pi dH\cdot\frac{D}{2}\tau_v+2\cdot\frac{\pi D^2}{4}\cdot\frac{D}{3}\cdot\tau_h$$

$$=\frac{1}{2}\pi D^2 H\tau_v+\frac{1}{6}\pi D^3\tau h \tag{5-10}$$

式中　M—— 剪切破坏时的扭矩(kN · m)；

τ_v、τ_h—— 剪切破坏时圆柱体侧面和上下面土的抗剪强度(kPa)；

H—— 十字板的高度(m)；

D—— 十字板的直径(m)。

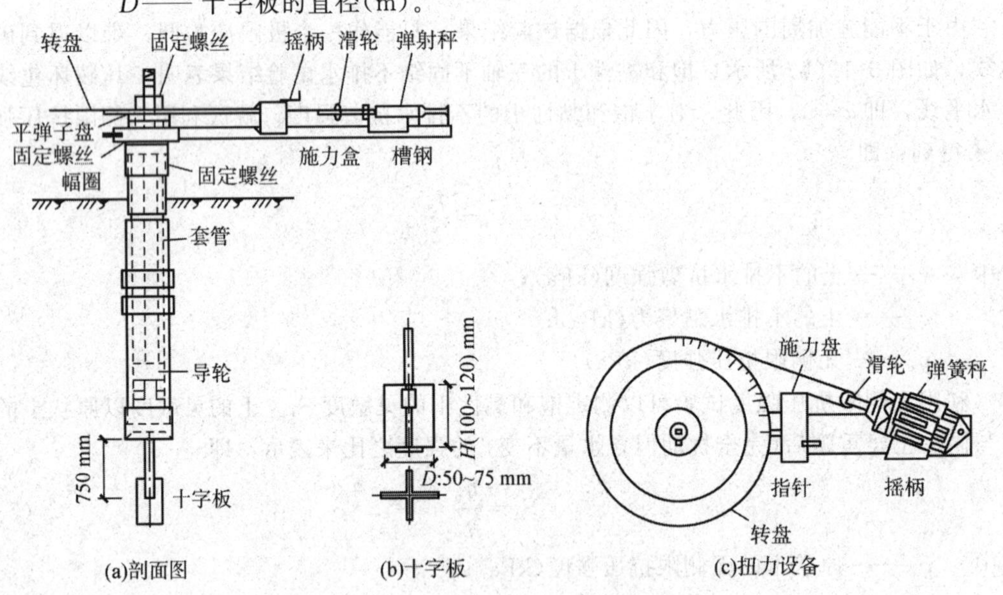

图 5-13　十字板剪力仪的构造

天然状态的土体是各向异性的，但实用上为简化计算，假定土体为各向同性体，即 $\tau_v=\tau_h$，并记作 τ_+，则有

$$\tau_+=\frac{2M}{\pi D^2\left(H+\frac{D}{3}\right)}=\frac{1}{2}H\tau_v+\frac{1}{6}\pi D^3\tau_h \tag{5-11}$$

式中　τ_+ —— 十字板测定的土的抗剪强度(kPa)。

十字板剪切试验由于是直接在原位进行试验，不必取土样，因此土体所受的扰动较

小，被认为是比较能反映土体原位强度的测试方法。但如果在软土层中夹有薄层粉砂，则十字板剪切拭验结果就可能会偏大。

第四节　土的剪切性状

一、无黏性土的抗剪强度

由库仑公式可以看出，无黏性土的抗剪强度由内摩擦力构成，内摩擦角是无黏性土的重要抗剪强度指标。砂土的内摩擦角变化范围不是很大，中砂、粗砂、砾砂一般为 32° ～ 40°，粉砂、细砂一般为 28° ～ 36°。孔隙比越小，内摩擦角越大，但是对于含水饱和的粉砂、细砂，很容易失去稳定，因此对其内摩擦角的取值应该谨慎，有时规定 φ 取 20° 左右。砂土有时也有很小的黏聚力，这可能是砂土中夹有一些黏性土颗粒，也可能是存在毛细黏聚力的缘故。无黏性土在剪切过程中表现出的一些剪切特性主要有以下两个方面。

1. 剪胀性

砂土的应力 — 应变关系和体积变化曲线如图 5-14 所示。可见，密实的紧砂初始孔隙比较小，其应力应变关系有明显的峰值，超过峰值后，随应变的增加，应力逐渐降低，呈应变软化型，其体积变化是开始稍有减小，继而增加，这种现象就是紧砂的剪胀性。这是较密实的砂土颗粒之间排列比较紧密，剪切时砂粒之间产生相对滚动，土颗粒之间的位置重新排列的结果。

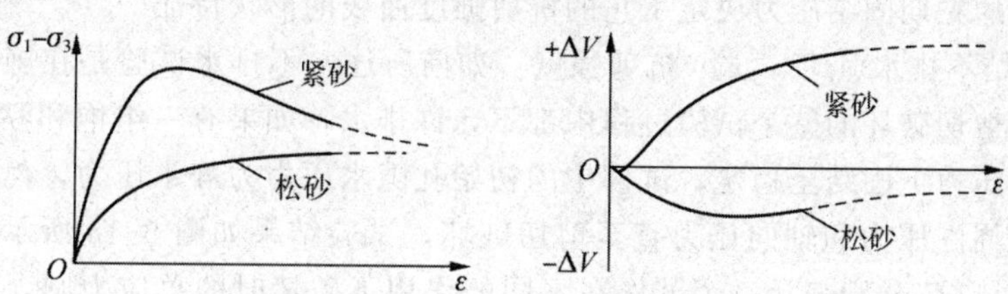

图 5-14　砂土的应力 — 应变关系和体积变化曲线

2. 剪缩性

松砂的强度随轴向应变的增大而增大，应力 — 应变关系呈应变硬化型，松砂受剪其体积减小的性能为松砂的剪缩性。对同一种土，紧砂和松砂的强度最终趋向同一值。

图 5-14 表示不同初始孔隙比的同一种砂土在相同周围压力下受剪时的应力应变关系和体积变化。

由不同初始孔隙比的试样在相同压力下进行剪切试验，可以得出初始孔隙比与体积之间的关系，如图 5-15 所示，相应于体积变化为零的初始孔隙比称为临界孔隙比。在三轴试验中，临界孔隙比是与侧压力有关的，不同的侧压力可以得出不同的临界孔隙比。

如果饱和砂上的初始孔隙比大于临界孔隙比，则在剪应力作用下，剪缩必然使孔隙水压力增高，而有效应力降低，致使砂土的抗剪强度降低。当饱和松砂受到动荷载作用时（如地震），由于孔隙水来不及排出，孔隙水压力不断增加，就可能使有效应力降低到零，因此砂土像流体那样完全失去抗剪强度，这种现象称为砂土的液化。临界孔隙比对研究砂土的液化也具有很重要的意义。

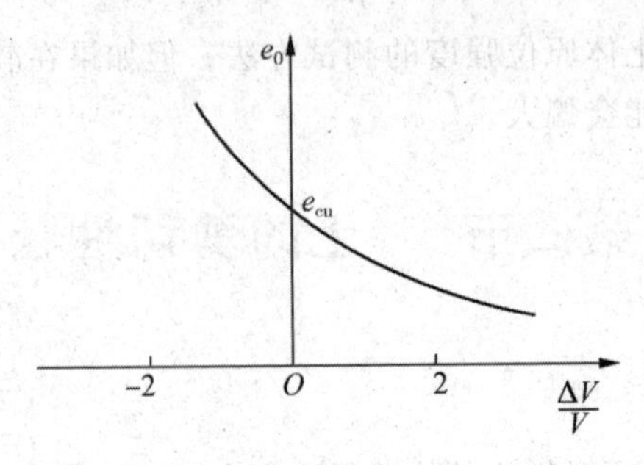

图 5-15 初始孔隙比与体积之间的关系

二、黏性土的抗剪强度

1. 饱和黏性土的强度特征

由本章第三节可知，饱和黏土的三轴剪切试验须取 3 或 4 个试样分别在不同周围压力 σ_3 作用下进行某一种方法的试验(如固结不排水剪)，才能获得该土相应的总应力强度指标 c_{cu}、φ_{cu}，或有效应力强度指标 c'、φ'。实验室中所用的周围压力 σ_3 范围较宽(一般仪器为 0～600 kPa)，而实际土的先期固结压力 p_c 数值可能在此范围之内，即 $0 < p_c < 600$ kPa。工程实践中，方便起见，常用与 p_c 数值相等的各向等压的周围压力 σ_3 代替和模拟对试样所施加的先期固结压力 p_c。这样，凡试样在 $\sigma_3 < \sigma_c$ 的周围压力下进行剪切，将呈现超固结土的特性。反之，当 $\sigma_3 \geqslant \sigma_c$ 时进行剪切，就表现为正常固结土的特性。因此，某特定土的先期固结压力决定了它的抗剪强度曲线的形状特征。

(1) 不固结不排水(UU 试验) 抗剪强度。如前所述，不排水试验是在施加周围压力和轴向压力直至剪切破坏的整个试验过程中都不允许排水，如果有一组饱和黏性土试件，都先在某一周围压力下固结至稳定，试件中的初始孔隙水压力为静水压力，然后分别在不排水条件下施加周围压力和轴向压力直至剪切破坏，试验结果如图 5-16 所示。图中，三个实线半圆 A、B、C 分别表示三个试件在不同的作用下破坏时的总应力圆，虚线是有效应力圆。试验结果表明，虽然三个试件的周围压力不同，但破坏时的主应力差相等，在 τ_f—σ 图上表现出三个总应力圆直径相同，因此破坏包线是一条水平线，即

$$\varphi_u = 0$$
$$\tau_f = c_u = (\sigma_1 - \sigma_3)/2 \tag{5-12}$$

式中 φ_u—— 不排水内摩擦角(°)；

c_u—— 不排水内黏聚力，即不排水抗剪强度(kPa)。

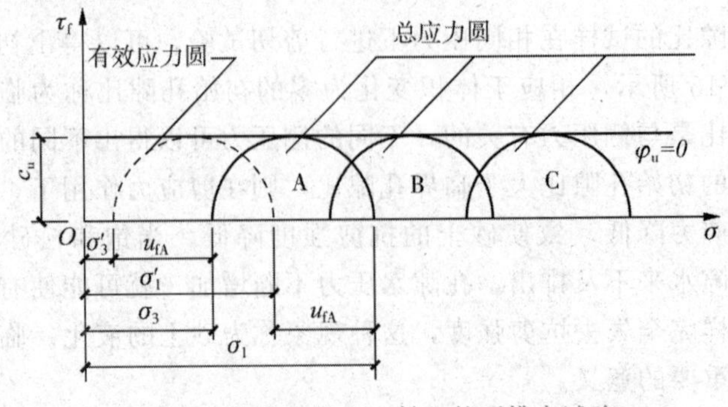

图 5-16 饱和黏性土、粉土的不排水试验

在试验中如果分别量测试样破坏时的孔隙水压力 u_f，试验成果可以用有效应力整理。结果表明，三个试件只能得到同一个有效应力圆，并且有效应力圆的直径与三个总应力圆直径相等，即

$$\sigma'_1-\sigma'_3=(\sigma_1-\sigma_3)_A=(\sigma_1-\sigma_3)_B=(\sigma_1-\sigma_3)_C \tag{5-13}$$

这是因为在不排水条件下，试样在试验过程中含水量不变，体积不变，饱和黏性土的孔隙压力系数为 1，改变周围压力增量只能引起孔隙水压力的变化，并不会改变试样中的有效应力，各试件在剪切前的有效应力相等，因此抗剪强度不变。如果在较高的剪前固结压力下进行不固结不排水试验，就会得出较大的不排水抗剪强度 c_u（$\varphi_u=0$）。

由于一组试件试验的结果，有效应力圆是同一个，因此就不能得到有效应力破坏包线和 c'、φ' 值。这种试验一般只用于测定饱和土的不排水强度。不固结不排水试验的"不固结"是在三轴压力室压力下不再固结，而保持试样原来的有效应力不变，如果饱和黏性土从未固结过，将是一种泥浆状土，抗剪强度也必然等于零。一般从天然土层中取出的试样，相当于在某一压力下已经固结，总具有一定的天然强度。天然土层的有效固结压力是随深度变化的，所以不排水抗剪强度 c_u 也随深度变化，均质的正常固结不排水强度大致随有效固结压力成线性增大。饱和的超固结黏土的不固结不排水强度包线也是一条水平线，即 $\varphi_u=0$。

(2) 固结不排水(CU 试验) 抗剪强度。饱和黏性土的固结不排水抗剪强度在一定程度上受应力历史的影响，因此在研究黏性土的固结不排水强度时，要区别试样是正常固结还是超固结。如果试样所受到的周围固结压力 σ_3 大于它曾受到的最大固结压力 p_c，则属于正常固结试样；如果 σ_3 小于 p_c，则属于超固结试样。试验结果证明，这两种不同固结状态的试样，其抗剪强度性状是不同的。

饱和黏性土、粉土固结不排水试验时，试样在 σ_3 作用下充分排水固结，在不排水条件下施加偏应力剪切时，试样中的孔隙水压力随偏应力的增加而不断变化，$\Delta u_1=A(\Delta\sigma_1-\Delta\sigma_3)$，固结不排水试验的孔隙水压力如图 5-17 所示，对正常固结试样剪切时体积有减小的趋势(剪缩)，但由于不允许排水，因此产生正的孔隙水压力，由试验得出孔隙压力系数都大于零，而超固结试样在剪切时体积有增大的趋势(剪胀)，强超固结试样在剪切过程中开始产生正的孔隙水压力，以后转为负值。

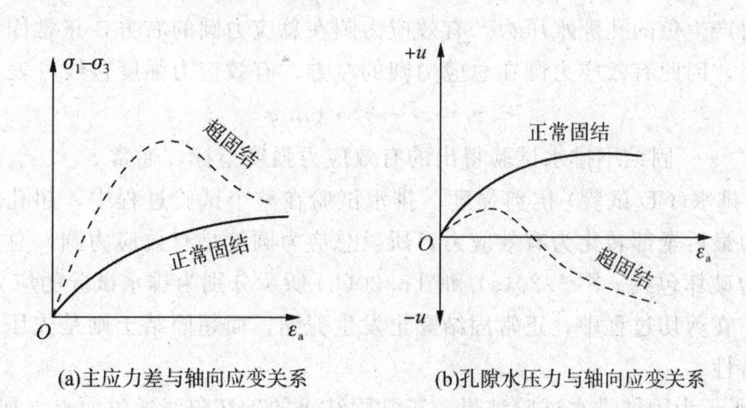

图 5-17　固结不排水试验的孔隙水压力

图 5-18 所示为正常固结饱和黏性土、粉土固结不排水试验结果。图中实线表示总应力圆和总应力破坏包线，如果试验时量测孔隙水压力，试验结果可以用有效应力整理；图中虚线

表示有效应力圆和有效应力破坏包线，U_f 为剪切破坏时的孔隙水压力，由于 $\sigma'_1=\sigma_1-u_f$，$\sigma'_3=\sigma_3-\mu_f$，因此 $\sigma'_1-\sigma'_3=\sigma_1-\sigma_3$，即有效应力圆与总应力圆直径相等，但位置不同，二者之间的距离为 u_f。因为正常固结试样在剪切破坏时产生正的孔隙水压力，故有效应力圆在总应力圆的左方。总应力破坏包线和有效应力破坏包线都通过原点，说明未受任何固结压力的土(如泥浆状土)不会具有抗剪强度。总应力破坏包线的倾角用 φ_{cu} 表示，一般为 10°～20°，有效应力破坏包线的倾角 φ' 称为有效内摩擦角，φ' 比 φ_{cu} 大一倍左右。

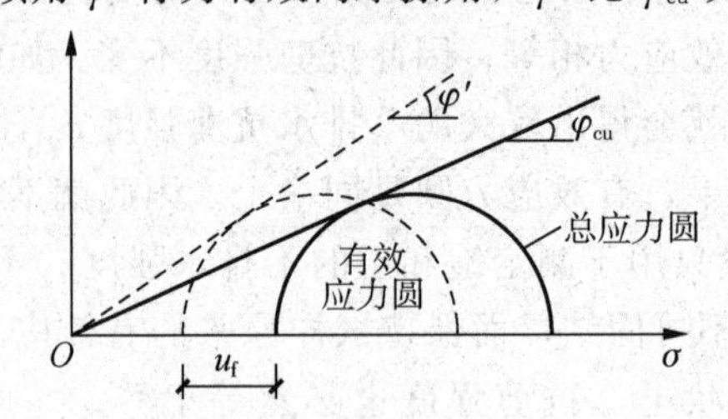

图 5-18　正常固结饱和黏性土、粉土固结不排水试验结果

超固结土的固结不排水总应力破坏包线如图 5-19(a) 所示，是一条略平缓的曲线，可近似用直线 ab 代替，与正常固结破坏包线 bc 相交，bc 线的延长线仍通过原点，实用上将 abc 折线取为一条直线，如图 5-19(b) 所示，总应力强度指标为 c_{cu} 和 φ_{cu}，于是固结不排水剪切的总应力破坏包线可表达为

$$\tau_f=c_{cu}+\sigma\cdot\tan\varphi_{cu}$$

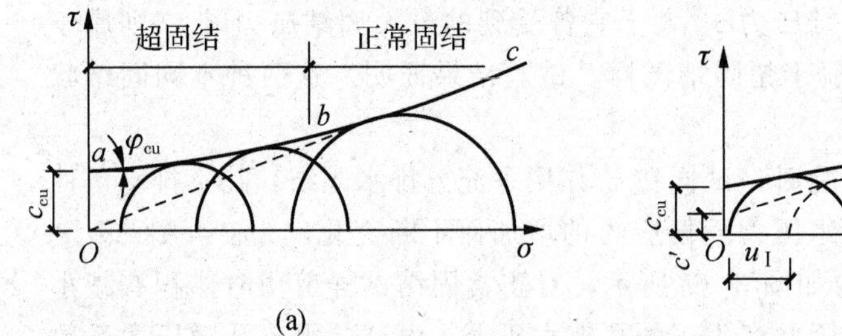

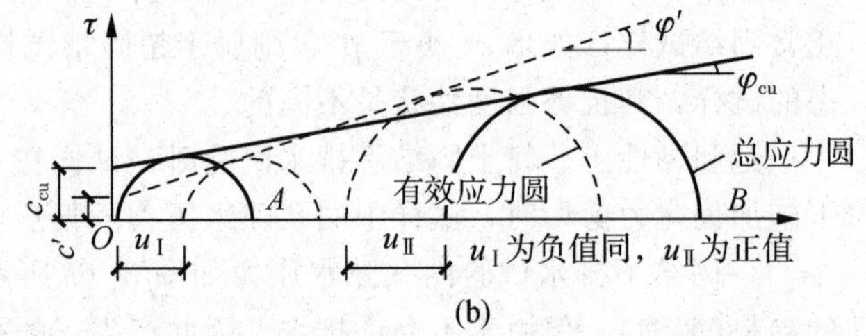

图 5-19　超固结土的固结不排水试验结果

若以有效应力表示，有效应力圆和有效应力破坏包线如图中虚线所示，由于超固结土在剪切破坏时产生负的孔隙水压力，有效应力圆在总应力圆的右方，正常固结试样产生正的孔隙水压力，因此有效应力圆在总应力圆的左方，有效应力强度包线可表示为

$$\tau_f=c'+\sigma'\cdot\tan\varphi'$$

式中　c'、φ'——固结不排水试验得出的有效应力强度指标，通常 $c'<c_{cu}$，$c'>\varphi_{cu}$。

(3) 固结排水(CD 试验) 抗剪强度。排水试验在整个试验过程中，超孔隙水压力始终为零，总应力最后全部转化为有效应力，所以总应力圆就是有效应力圆，总应力破坏包线就是有效应力破坏包线。图 5-20(a) 和图 5-20(b) 所示分别为排水试验的应力—应变关系和体积变化，在剪切过程中，正常固结黏土发生剪缩，而超固结土则是先压缩，继而主要呈现剪胀的特性。

图 5-21 所示为固结排水试验结果，正常固结土的破坏包线通过原点，如图 5-21(a) 所示，黏聚力 $c_d=0$，内摩擦角 φ_d 为 20°～40°。超固结土的破坏包线略弯曲，实用时近似取一条直线代替，如图 5-21(b) 所示，c_d 为 5～25 kPa，φ_d 比正常固结土的内摩擦角要小。

试验证明，c_d、φ_d 与固结不排水试验得到的 c'、φ' 很接近，由于排水试验所需的时间

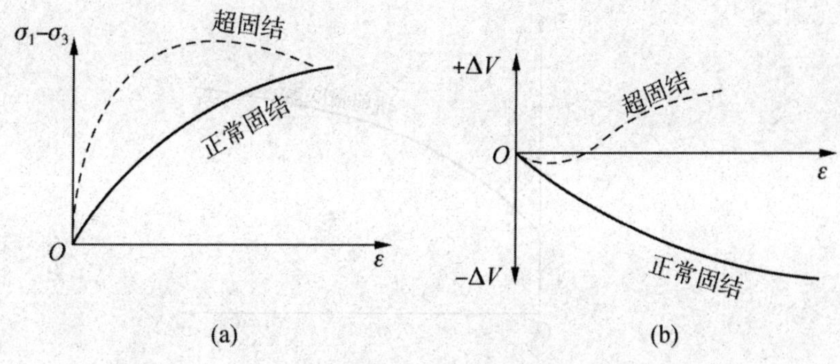

图 5-20　排水试验的应力 - 应变和体积变化

太长，因此实用时用 c'、φ' 代替 c_d、φ_d，但是二者的试验条件是有差别的，固结不排水试验在剪切过程中试样的体积保持不变，而固结排水试验在剪切过程中试样的体积一般要发生变化，c_d、φ_d 略大于 c'、φ'。

在直接剪切试验中进行慢剪试验得到的结果常常偏大，根据经验可将慢剪试验结果乘 0.9。

图 5-22 所示为同一种黏性土分别在三种不同排水条件下的试验结果。可见，如果以总应力表示，将得出完全不同的试验结果；而以有效应力表示，则无论采用哪种试验方法，都得到近乎同一条有效应力破坏包线(如图中虚线所示)。由此可见，抗剪强度与有效应力有唯一的对应关系。

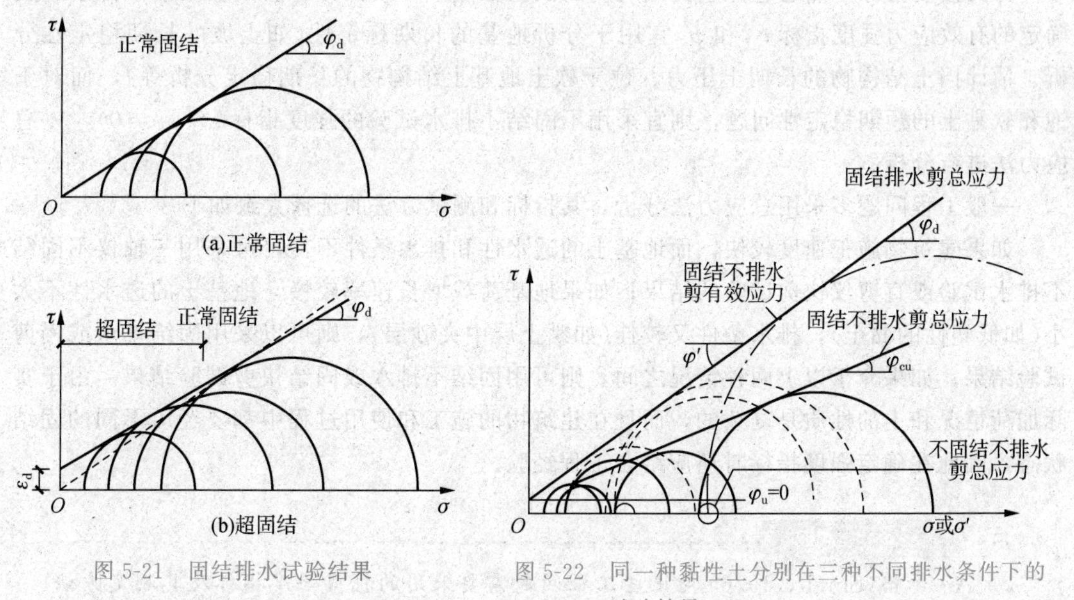

图 5-21　固结排水试验结果

图 5-22　同一种黏性土分别在三种不同排水条件下的试验结果

2. 非饱和黏性土的抗剪强度

非饱和黏性土的抗剪强度特性与上述饱和黏性土的有所不同，所得不排水不排气抗剪强度包线往往呈曲线形状(图 5-23)。

图 5-23 中，曲线的后段之所以变得平缓，是因为在较大周围压力下土体趋于饱和，土体中孔隙水压力增大，而有效应力则变化不大。因此，抗剪强度也就不能随 σ_3 增大而有显著提高。

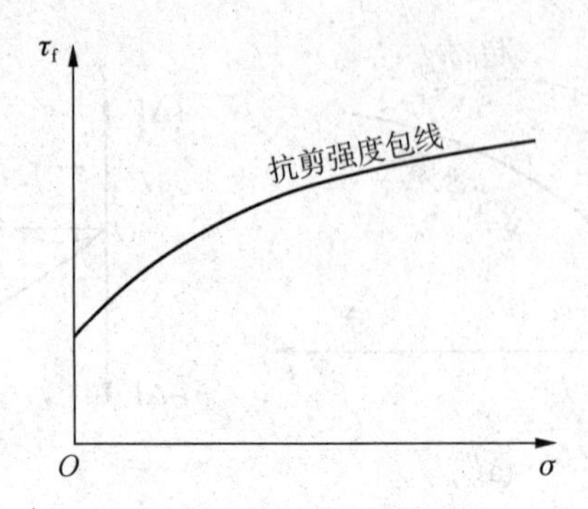

图 5-23　非饱和黏性土的抗剪强度包线

三、黏性土抗剪强度指标的选择

对于同一种土，抗剪强度指标与试验方法及试验条件都有关，实际工程问题的情况又是千变万化的，地基条件与加荷情况不一定非常明确，如加荷速度的快慢、土层的厚薄、荷载大小及加荷过程等都没有定量的界限值，用实验室的试验条件去模拟现场条件会有差别。因此，在选用强度指标前需要认真分析实际工程的地基条件与加荷条件，并结合类似工程的经验加以判断，选用合适的试验方法与强度指标。

首先要根据工程问题的性质确定三种不同排水的试验条件，进而决定采用总应力或有效应力的强度指标，然后选择室内或现场的试验方法。一般认为，由三轴固结不排水试验确定的有效应力强度指标 c' 和 φ' 宜用于分析地基的长期稳定性(如土坡的长期稳定性分析、估计挡土结构物的长期土压力、位于软土地基上结构物的长期稳定分析等)，而对于饱和软黏土的短期稳定性问题，则宜采用不固结不排水试验的强度指标 c_u($\varphi_u=0$)，以总应力法进行分析。

一般工程问题多采用总应力法分析，其指标和测试方法的选择大致如下。

如果建筑物施工速度较快，而地基土的透水性和排水条件不良，可采用三轴仪不固结不排水试验或直剪仪快剪试验的结果；如果地基荷载增长速率较慢，地基土的透水性不太小(如低塑性的黏土)，排水条件又较佳(如黏土层中夹砂层)，则可以采用固结排水或慢剪试验结果；如果介于以上两种情况之间，则可用固结不排水或固结快剪试验结果。由于实际加荷情况和土的性质是复杂的，而且在建筑物的施工和使用过程中都要经历不同的固结状态，因此在确定强度指标时还应结合工程经验。

知识拓展

A·辛格(Singh，1976)对一些工程问题需要采用的抗剪强度指标及其测定方法列了一个表(表 5-1)，施工时可以参考。该表的主要作用是推荐用有效应力法分析工程的稳定性。在某些情况下，如应用于饱和黏性土的稳定性验算，可用 $\varphi_u=0$ 总应力法分析。该表具体应用时，仍需结合工程的实际条件，不能照搬。如果采用有效应力强度指标 c' 和 φ'，还需要准确测定土体的孔隙水压力分布。

表 5-1　工程问题和强度指标的选用

工程类别	需要解决的问题	强度指标	试验方法	备　注
位于饱和黏土的结构或填方基础	短期和长期稳定性	c_u、$\varphi_u=0$	不排水三轴或无侧限抗压试验的现场十字板试验排水或固结不排水试验	长期安全系数高于短期安全系数
位于部分饱和砂与粉质砂土上的基础	短期和长期稳定性	c'、φ'	用饱和试样进行排水或固结不排水试验	可假定 $c'=0$，最不利的条件室内在无荷载下将试样饱和
无支撑开挖地下水位以下的紧密黏土	快速开挖时的稳定性和长期稳定性	c_u、$\varphi_u=0$ c'、φ'	不排水试验排水或固结不排水试验	除非有专用的排水设备降低地下水位，否则长期安全系数是最小的
开挖坚硬的裂缝土和风化黏土	短期和长期稳定性	c_u、$\varphi_u=0$ c'、φ'	不排水试验排水或固结不排水试验	试样应在无荷载下膨胀现场的比室内测定的要低，假定 $c'=0$ 较安全
有支撑开挖黏土	挖方底面的隆起	c_u、$\varphi_u=0$	不排水试验	
天然边坡	长期稳定性	c'、φ'	排水或固结不排水试验	对坚硬的裂缝黏土，假定 $c'=0$；对特别灵敏的黏土和流动性黏土，室内测定的 φ 偏大，不能采用 $\varphi_u=0$ 来分析
挡土结构物的土压力	估计挖方时的总压力，估计长期土压力	c_u、$\varphi_u=0$ c'、φ'	不排水试验排水或固结不排水试验	$\varphi_u=0$ 分析不能正确反映坚硬裂缝黏土的性状，在应力减小情况下甚至开挖后短期也不行
不透水的土坝	施工期或完工后的短期稳定性，稳定渗流期的长期稳定性，水位骤降时的稳定性	c'、φ'	排水或固结不排水试验	试样用填筑含水量(或施工期具有的含水量范围)增加试样含水量，将大大降低 c'，但 φ 几乎无变化。在稳定渗流和水位聚降两种情况下，对试样施加主应力差之前，应使试样在适当范围内软化，假定 $c'=0$ 针对稳定渗流做排水试验时，可使水在小水头下流过试样模拟坝体透水作用
透水土坝	施工期或完工后的短期稳定性，稳定渗流期的长期稳定性，水位骤降时的稳定性	c'、φ'	排水试验	对自由排水材料采用 $c'=0$
黏土地基上的填方，其施工速率允许土体部分固结	短期稳定性	c_u、$\varphi_u=0$ 或 c'、φ'	不排水试验，排水或固结不排水试验	不能肯定孔隙水压力消散速率，对所有重要工程都应进行孔隙水压力观测

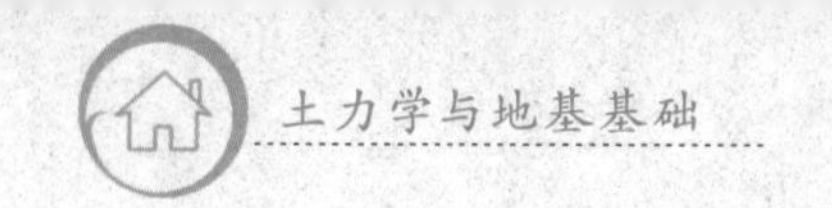

四、影响土抗剪强度的因素

土的强度性状复杂，不同地区、不同成因、不同类型土的抗剪强度往往有很大的差别，即使同一种土，在不同的密度、含水率、剪切速率、仪器型式等条件下，其抗剪强度的数值也不相等。根据库仑定律中的公式可知，土的抗剪强度与法向压力、土的内摩擦角和土的黏聚力三者有关。因此，影响抗剪强度的因素可归纳为以下两类。

1. 土的物理化学性质

(1) 土粒的矿物成分。砂土中石英矿物含量多，则内摩擦角 φ 大；云母矿物含量多，则内摩擦角 φ 小。黏性土的矿物成分不同，黏土表面结合水和电分子力不同，其黏聚力 c 也不同。土中含有各种胶结物质，可使黏聚力 c 增大。

(2) 土的颗粒形状与级配。土的颗粒越粗，表面越粗糙，内摩擦角 φ 越大。土的级配良好，内摩擦角 φ 大；土粒均匀，内摩擦角 φ 小。

(3) 土的原始密度。土的原始密度越大，土粒之间接触点多且紧密，则土粒之间的表面摩擦力和粗粒土的咬合力越大，即内摩擦角和黏聚力 c 越大。同时，土的原始密度大，土的孔隙小，接触紧密，黏聚力 c 也必然大。

(4) 土的含水率。当土的含水率增加时，水分在土粒表面形成润滑剂，使内摩擦角 φ 减小。

对黏性土来说，含水率增加，将使薄膜水变厚，甚至增加自由水，则土粒之间的电分子力减弱，黏聚力 c 降低。凡是山坡滑动，通常都在雨后，雨水入渗使山坡土中含水量增加，降低土的抗剪强度，导致山坡失稳滑动。

(5) 土的结构。黏性土具有结构强度，若黏性土的结构受扰动，则其黏聚力 c 降低。

2. 孔隙水压力

由前面有效应力原理可知，作用在试样剪切面上的总应力为有效应力和孔隙水压力之和，即 $\sigma=\sigma'+u$。在外荷载作用下，随着时间的增长，孔隙水压力因排水而逐渐消散，同时有效应力相应地不断增加。

由于孔隙水压力作用在土中的自由水上，不会产生土粒之间的内摩擦力，只有作用在土颗粒骨架上的有效应力才能产生土的内摩擦强度，因此若土的抗剪强度试验的条件不同，则会影响土中孔隙水是否排出与排出多少，以及影响有效应力的数值的大小，使抗剪强度试验结果不同。建筑场地工程地质勘查应根据实际地质情况与施工速度，即土中孔隙水压力的消散程度，采用以下三种不同的试验方法。

(1) 固结排水剪(慢剪)。试验控制条件：如在直剪试验中，施加垂直压力后，使孔隙水压力完全消散，然后再施加水平剪力，每级剪力施加后都充分排水，使试验在整个试验过程中都处于充分排水条件下，即试验的孔隙水压力为 0，直至试样剪损，试验结果测得的抗剪强度最大。

(2) 不固结不排水剪(快剪)。试验控制条件：与上述固结排水剪相反，如在直剪试验中，施加垂直压力后立即施加水平剪力，并快速试验，在 3 ～ 5 min 内把试样剪损，在整个试验过程中不让土中排水，使试样始终存在孔隙水压力，因此土中有效应力减小，试验结果测得的抗剪强度值最小。

(3) 固结不排水剪(固结快剪)。试验控制条件：相当于以上两种方法的组合，如在直剪试验中，施加垂直压力后充分排水，使孔隙水压力全部消散，即固结后再快速施加水平剪力，并在 3 ～ 5 min 内将土样剪损，这样试验结果测得的抗剪强度居中。

由此可见，试验中是否存在孔隙水压力对抗剪强度有很重要的影响。

第五节　应力路径

应力路径是指在外力作用下土中某一点的应力变化过程在应力坐标图中的轨迹。应力路径可描述土体在外力作用下应力变化情况或过程。对于同一种土，当采用不同的试验手段和不同的加荷方法使之剪切破坏时，其应力变化的过程是不同的，相应的土的变形与强度特性也将出现很大的差异。

通过土的应力路径可以模拟土体实际的应力历史，对全面研究应力变化过程对土的力学性质的影响，进而在土体的变形和强度分析中反映土的应力历史条件等具有十分重要的意义。

一、应力路径表示方法

常用的应力路径表示方法主要有下列两种。

(1)σ—τ 直角坐标系统。常用于表示已定剪破面上法向应力和切应力变化的应力路径(图 5-24(a))。

(2)p—q 直角坐标系统。其中，$p=(\sigma_1+\sigma_3)/2$，$q=(\sigma_1-\sigma_3)/2$，常用于表示最大切应力面上的应力变化情况(图 5-24(b))。

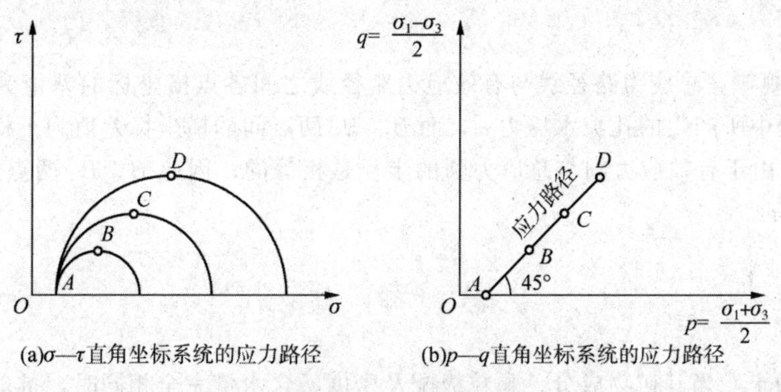

(a)σ—τ直角坐标系统的应力路径　(b)p—q直角坐标系统的应力路径

图 5-24　应力路径

由于土中应力有总应力和有效应力之分，因此在同一应力坐标图中也存在着两种不同的应力路径，即总应力路径和有效应力路径。前者是指受荷后土中某点的总应力变化的轨迹，它与加荷条件有关，而与土质和土的排水条件无关；后者则指在已知的总应力条件下，土中某点有效应力变化的轨迹，它不仅与加荷条件有关，而且也与土体排水条件及土的初始状态、初始固结条件及土类等土质条件有关。

二、常规试验中的应力路径

每一个土样剪切的全过程都可以按应力 — 应变的记录整理出一条总应力路径，若在试验中还记录了土中孔隙压力的数据，则可绘出土中任一点的有效应力路径。下面以三轴固结不排水试验为例，采用 p—q 直角坐标系统分析其土样中的应力路径。

(1) 正常固结土的应力路径。图 5-25 所示为正常固结土的应力路径，图中 AB 是总应力路径，AB' 是有效应力路径，它们是按下列步骤绘出的。

施加围压时，土样在试验中是等向固结($\sigma_1=\sigma_3$)，故两条应力路径线同时出发于($p=\sigma_3$，$q=0$)的 A 点。施加偏应力土样受剪时，总应力路径是向右上方延伸的直线($\Delta q/\Delta p=1.0$，AB 直线与横轴夹角为45°)，而有效应力路径是向左上方弯曲的曲线。在同一坐标图中绘出该土样的总应力强度包线 K_f 和有效应力强度包线 $K_f{}'$，则两条应力路径将分别终止于 K_f 线上的 B 点和 $K_f{}'$ 线上的 B' 点。

(2) 超固结土的应力路径。图 5-26 所示为超固结和弱固结土的应力路径，其中 AB 和 AB' 分别为弱超固结土的总应力路径和有效应力路径，CD 和 CD' 分别为强超固结土的总应力路径和有效应力路径。由于弱超固结土在受剪过程中产生正的孔隙压力，因此其有效应力路径仍然在总应力路径的右边。而强超固结土具有剪胀性，在受剪过程中开始时出现正的孔隙压力，以后逐渐转为负值，因此强超固结土的有效应力路径开始时是在总应力路径的左边，以后逐渐转移到总应力路径的右边，直至剪切破坏而终止于 K_f' 线上的 D' 点。

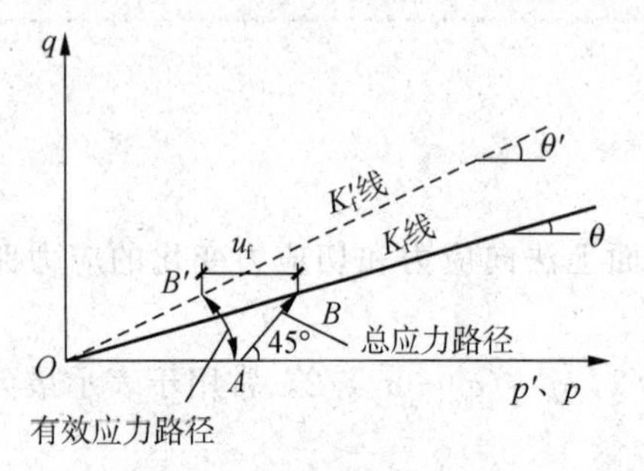

图 5-25　正常固结土的应力路径

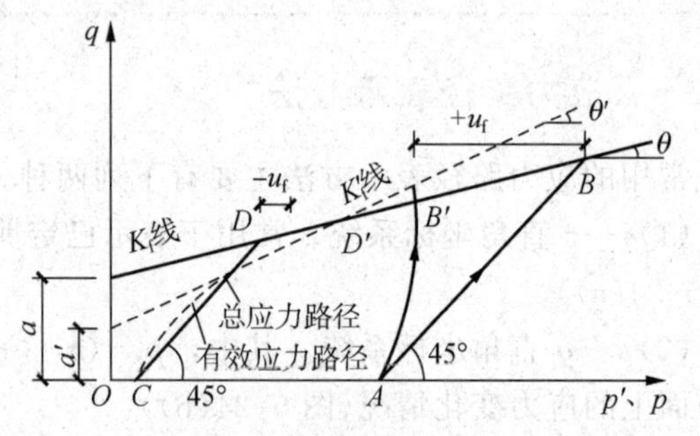

图 5-26　超固结和弱固结土的应力路径

(3) 一般规律。总应力路径线与有效应力路径线之间各点横坐标的差值为施加偏应力($\sigma_1-\sigma_3$)过程中所产生的孔隙水压力 u，而 B、B' 两点间的横坐标差值为土样剪损时的孔隙水压力 u_f。由于有效应力圆与总应力圆的半径是相等的，因此 B、B' 两点的纵坐标(强度值)是相同的。

思　考　题

1. 同一种土，当其矿物成分、颗粒级配及密度、含水量完全相同时，抗剪强度是否为一个定值？

2. 什么是莫尔－库仑强度理论？库仑定律的物理概念是什么？

3. 为什么黏性土 c 值大，砂性土 φ 值大？

4. 什么是土的极限平衡条件？

5. 阐述三轴压缩试验的原理，并说明三轴试验有哪些优点，适用于什么范围。

6. 什么是莫尔应力圆？如何绘制莫尔应力圆？

7. 土体中发生剪切破坏的平面为什么不是剪应力值最大的平面？

第六章　地基承载力

第一节　概　述

地基承受基础传下来的建筑物荷载，其内部应力将发生变化。一方面，附加应力引起地基内土体变形，造成建筑物沉降，有关这方面的问题已在第四章中阐述；另一方面，引起地基内土体的剪应力增加。当某一点的剪应力达到土的抗剪强度时，这一点的土就处于极限平衡状态。若土体中某一区域内各点都达到极限平衡状态，就形成极限平衡区，或称为塑性区。若荷载继续增大，地基内极限平衡区的发展范围随之不断增大，局部的塑性区发展成为连续贯穿到地表的整体滑动面。这时，基础下一部分土体将沿滑动面产生整体滑动，称为地基失去稳定。如果这种情况发生，建筑物将发生严重的塌陷、倾倒等灾害性的破坏。图 6-1 所示为地基失稳破坏实例。

图 6-1　地基失稳破坏实例

地基承受荷载的能力称为地基承载力。地基基础的设计有两种极限状态，即承载能力极限状态和正常使用极限状态。前者对应于地基基础达到最大承载能力或达到不适于继续承载的变形的状态，对应于地基的极限承载力；后者对应于地基基础达到变形或耐久性能的某一限值的极限状态，对应于地基的容许承载力。因此，地基极限承载力等于其可能承受的最大荷载；而容许承载力则等于既确保地基不会失稳，又保证建筑物的沉降不超过允许值的荷载。

知识拓展

影响地基极限承载力的因素很多，除地基土的性质外，还与基础的埋置深度、宽度、形状有关。容许承载力还与建筑物的结构特性等因素有关。因此，地基承载力与通常所说的材料的“容许强度”或构件的“承载力”的概念是有区别的。

本章研究地基的极限承载力和容许承载力的分析方法和影响因素。在研究中也和以前一样，把地基土当成理想弹塑性体，即当应力小于破坏应力或者是应力状态达到极限平衡条件之前，土为线弹性体；而在达到破坏应力或达到极限平衡条件后，则当成理想的塑性体。

第二节　地基的失稳形式和过程

一、临塑荷载

p_{cr} 和极限承载力 p_u 地基从开始发生变形到失去稳定(即破坏)的发展过程，可用现场载荷试验进行研究。载荷试验又称浅层平板载荷试验，是一种在现场模拟地基基础工作条件的原位试验。可在试坑内进行，通过一定尺寸的加荷载板，对地基土体施加垂直荷载，绘制各级荷载和板的相应下沉量的关系曲线，据此研究地基土的变形特性和地基承载力。

图 6-2(a)所示为由载荷试验测得的 p—s 曲线。典型的 p—s 曲线可分为按顺序发生的三个阶段，即压密变形阶段(Oa)、局部剪损阶段(ab)和整体剪切破坏阶段(b 以后)。三个阶段之间存在着两个界限荷载。第一个界限荷载 p_{cr} 标志着地基土从压密阶段进入局部剪损阶段。当荷载小于这一界限荷载时，地基内各点土体均未达到极限平衡状态；当荷载大于这一界限荷载时，位于基础下的局部土体，通常是基础边缘下的土体，首先达到极限平衡状态，于是地基内开始出现弹性区和塑性区并存的现象(图 6-2(b))。这一界限荷载称为临塑荷载，用 p_{cr} 表示。第二个界限荷载标志着地基土从局部剪损破坏阶段进入整体破坏阶段。这时，基础下滑动边界范围内的全部土体都处于塑性破坏状态，地基丧失稳定，称为极限荷载，等于地基的极限承载力，用 p_u 表示(图 6-2(c))。这两个界限荷载对于研究地基的稳定性有很重要的意义。详细的分析和计算方法将在后面阐述。

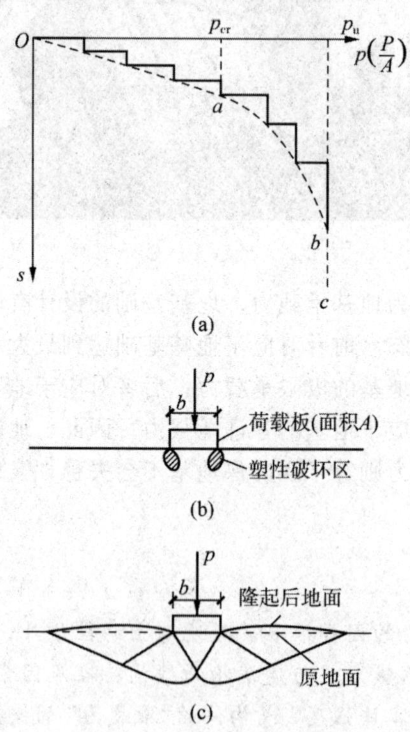

图 6-2　地基从变形到失稳的发展阶段

二、竖直荷载下地基的破坏形式

以上所描述的地基从压密到失稳过程的 $p—s$ 曲线，仅仅是载荷试验所归纳的一类常见的 $p—s$ 曲线，它所代表的破坏形式称为整体剪切破坏。但是它并不是地基破坏的唯一形式。在松、软的土层中，或者荷载板的埋置深度较大时，经常会出现图 6-3(a) 所示的 b 型和 c 型的 $p—s$ 曲线。b 型曲线的特点是板底的压应力 p 与变形量 s 的关系从一开始就呈现非线性变化，且随着 p 的增加，变形加速发展，但是直至地基破坏，仍然不会出现 a 型曲线那样明显的沉降突然急剧增加的现象。相应于 b 型曲线，荷载板下土体的剪切破坏也是从基础边缘开始，且随着基底压应力 p 的增加，极限平衡区在相应扩大(图 6-3(b))。但是荷载进一步增大，极限平衡区却限制在一定的范围内，不会形成延伸至地面的连续破裂面，如图 6-3(c) 所示。地基破坏时，荷载板两侧地面只略为隆起，但沉降速率加大，总沉降量很大，说明地基也已破坏，这种破坏形式称为局部剪切破坏。局部剪切破坏的发展是渐进的，即破坏面上的抗剪强度未能同时发挥出来，所以地基承载的能力较低。b 型曲线由于没有明显的转折点，因此只能根据曲线上坡度变化比较强烈处，定为极限荷载 p_u。图 6-3(a) 中的 c 型曲线表示地基的第三种破坏形式与 b 型曲线相类似，但是变形的发展速率更快。试验中，由于板下土体被压缩，因此荷载板几乎是垂直下切，两侧不发生土体隆起，地基土沿板侧发生垂直的剪切破坏面，这种破坏形式称为冲剪破坏，如图 6-3(d) 所示。

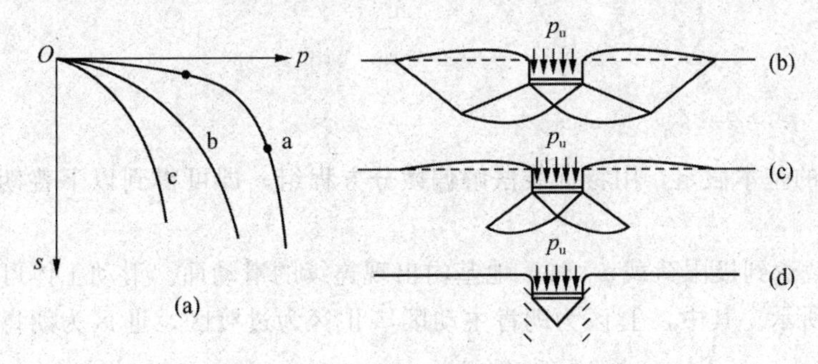

图 6-3　竖直荷载下地基的破坏形式

整体剪切破坏、局部剪切破坏和冲剪破坏是竖直荷载作用下地基失稳的三种破坏形式。实际产生哪种形式的破坏取决于许多因素，主要是地基土的特性和基础的埋置深度。当土质比较坚硬、密实，基础埋深不大时，通常将出现整体剪切破坏。若地基土质松软，则容易出现局部剪切破坏和冲剪破坏。随着基础埋深增加，局部剪切破坏和冲剪破坏变得更为常见。埋入砂土很深的基础即使砂土很密实也不会出现整体剪切破坏现象。

第三节　地基的极限承载力

与极限状态下的土压力问题和土坡稳定问题一样，在解决地基的极限承载力问题时，也是假设土为理想塑性材料。但通过理想塑性材料的极限平衡理论求得问题的解析解，即使是对材料和边界条件做了很大的简化，也是极为困难的，一般都是在简化材料和边界条件以后利用特征线法求解。这类方法可以在理论上确定“真”滑动面的形状和位置，也同时确定了极限承载力的数值，如普朗德尔—瑞斯纳解。但是由于简化与假设会使问题与实际材料和边界条件相差较大，因此其实用性受到限制。另一种方法是根据观测和分析，预先假设滑动面，然后对滑动土体进行极限平衡分析，确定其极限承载力，如太沙基和梅耶霍夫等方法。

一、无重介质地基的极限承载力 —— 普朗德尔–瑞斯纳公式

1. 普朗德尔–瑞斯纳公式的基本假定

在用极限平衡理论求解地基的极限承载力时，如果对问题做如下三个简化假定，就可以把复杂的问题大为简化。

(1) 把地基土当成无重介质，也就是假设基础底面以下，土的重度 $\gamma=0$。

(2) 基础底面是完全光滑面。因为没有摩擦力，所以基底的压应力垂直于地面。

(3) 对于埋置深度 d 小于基础宽度 b 的浅基础，可以把基底平面当成地基表面，滑动面只延伸到这一假定的地基表面。在这个平面以上基础两侧的土体当成作用在基础两侧的均布荷载 $q=\gamma d$，d 表示基础的埋置深度。经过这样简化后，地基表面的荷载如图 6-4 所示。

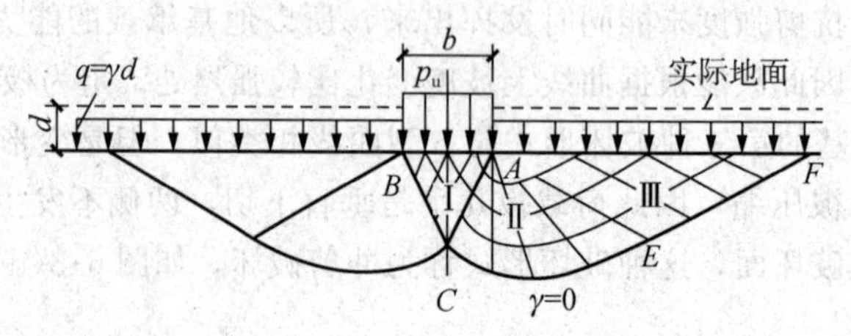

图 6-4　无重介质地基的滑裂线网

2. 普朗德尔–瑞斯纳公式的解答

根据上述的基本假定，用特征线法解偏微分方程组，即可得到以下普朗德尔–瑞斯纳公式的解答。

(1) 当荷载达到极限荷载 p_u 时，地基内出现连续的滑动面。滑动土体可以分成三个区域，如图 6-4 所示。其中，Ⅰ区为朗肯主动区，Ⅱ区为过渡区，Ⅲ区为朗肯被动区。朗肯主动区的滑动线与水平面成 $\pm\left(45^\circ+\dfrac{\varphi}{2}\right)$ 的夹角，朗肯被动区的滑动线则与水平面成 $\pm\left(45^\circ-\dfrac{\varphi}{2}\right)$ 的夹角。过渡区Ⅱ的两组滑动线，一组是自荷载边缘 A 点和 B 点引出的射线；另一组是连接Ⅰ、Ⅲ区滑动线为对数螺线，对数螺线可表示为

$$r=r_0\mathrm{e}^{\psi\tan\varphi} \tag{6-1}$$

式中　φ—— 土的内摩擦角；

r_0——Ⅱ区的起始半径，其值等于Ⅰ区的边界长度 $\overline{AC}$；

ψ—— 射线 r 与 r_0 的夹角(图 6-5)。

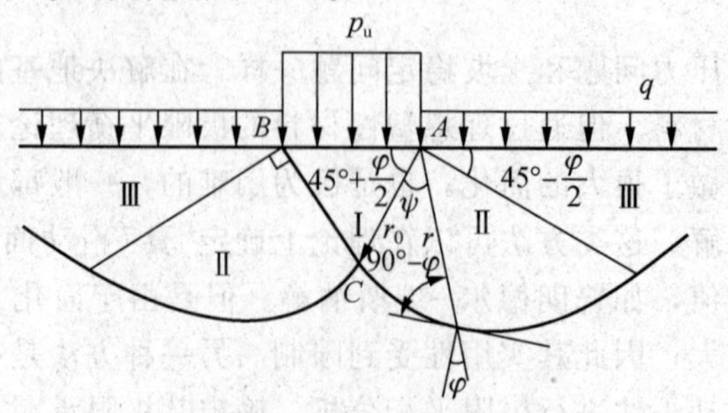

图 6-5　滑动体的过渡区

(2) 地基的极限承载力 p_u 可表示为

$$p_u = q\,\frac{1+\sin\varphi}{1-\sin\varphi}e^{\pi\tan\varphi} + c\cot\varphi\left(\frac{1+\sin\varphi}{1-\sin\varphi}e^{\pi\tan\varphi}-1\right)$$
$$= q\,\tan^2\left(45^\circ+\frac{\varphi}{2}\right)e^{\pi\tan\varphi} + c\cot\varphi\left[\tan^2\left(45^\circ+\frac{\varphi}{2}\right)e^{\pi\tan\varphi}-1\right]$$

可将上式写成

$$p_u = qN_q + cN_c \tag{6-2}$$

式中　N_q、N_c—— 承载力系数。

土的内摩擦角 φ 的函数为

$$N_q = \tan^2\left(45^\circ+\frac{\varphi}{2}\right)e^{\pi\tan\varphi} \tag{6-3}$$

$$N_c = (N_q-1)\cot\varphi \tag{6-4}$$

通过理论分析，地基滑动面的形状已确定，如图 6-4 所示。在这一前提下，采用刚体平衡方法，同样可以求出用式(6-2) 所示的极限承载力 p_u，分析方法如下。

将图6-4所示的地基中的滑动土体沿 Ⅰ 区和 Ⅲ 区的中线切开。取土体$OCEGO$作为隔离体，如图 6-6 所示。该隔离体周边的作用力如下。

① $\overline{OA}$。待求的极限荷载力 p_u。

② $\overline{AG}$。侧荷载 $q=\gamma d$。

③ $\overline{OC}$。朗肯主动土压力 p_a，$p_a = p_uK_a - 2c\sqrt{K_a}$，$K_a=\tan^2\left(45^\circ-\frac{2}{\varphi}\right)$。

④ $\overline{GE}$。朗肯被动土压力 p_p，$p_p = qK_p + 2c\sqrt{K_p}$，$K_p=\tan^2\left(45^\circ+\frac{2}{\varphi}\right)$。

⑤ $\overset{\frown}{CE}$。作用有两种力：一是黏聚力 c，黏聚力沿 $C\overline{E}$ 面均匀分布；二是正压力与摩擦力的合力 R，R 指向 A 点。

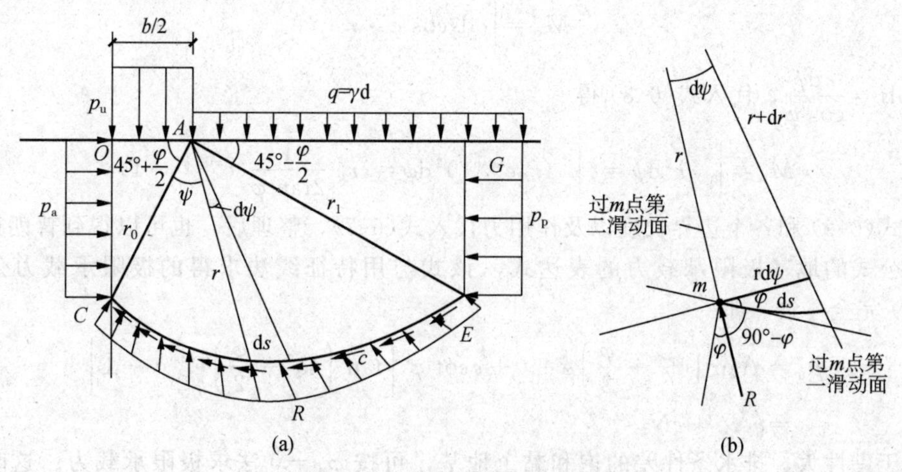

图 6-6　力平衡法求极限承载力

在图 6-6(b) 中，取转角增量 $d\psi$，相邻的两径向长度分别为 r 和 $r+dr$，与 r 垂直向的增量长度为 $rd\psi$，对数螺旋线滑动面的增量为 ds。如果将 $rd\psi$ 与 ds 间的夹角记为 α，则有

$$\tan\alpha = \frac{dr}{r\,d\psi} \tag{6-5}$$

根据式(6-1) 有

$$dr = d(r_0 e^{\psi \tan\varphi}) = r_0 e^{\psi \tan\varphi} d\psi \tan\varphi$$

将此 dr 表达式代入式(6-5)，则得到

$$\tan\alpha = \frac{r_0 e^{\psi\tan\varphi} \times d\psi \tan\varphi}{r d\psi} = \frac{r d\psi \tan\varphi}{r d\psi} = \tan\varphi \tag{6-6}$$

即 $\alpha = \varphi$。由于反力 R 与滑动面曲线的外法线方向夹角为 φ，则必垂直于 $r d\psi$，因此各点的 R 都必须指向极点 A，即它对 A 点的力矩为 0。

根据图 6-6 的几何关系，各边界线的长度为

$$\overline{OA} = \frac{b}{2}$$

$$\overline{OC} = \frac{b}{2}\tan\left(45° + \frac{\varphi}{2}\right)$$

$$r_0 = \frac{b}{2\cos\left(45° + \frac{\varphi}{2}\right)}$$

$$r_1 = r_0 e^{\frac{\pi}{2}\tan\varphi}$$

$$\overline{GE} = r_1 \sin\left(45° - \frac{\varphi}{2}\right)$$

$$\overline{AG} = r_1 \cos\left(45° - \frac{\varphi}{2}\right)$$

因为隔离体处于静力平衡状态，各边界面上的作用力对极点 A 取矩，应有 $\sum M_A = 0$，故有

$$p_u \frac{b^2}{8} + p_a \frac{\overline{OC}^2}{2} = q\frac{\overline{AG}^2}{2} + p_p \frac{\overline{GE}^2}{2} + M_c \tag{6-7}$$

式中　M_c—— 弧面$\overset{\frown}{CE}$ 上黏聚力对极点 A 的力矩，即

$$M_c = \int c\, ds \cos\varphi \cdot r \tag{6-8}$$

式中，$ds = \frac{r d\psi}{\cos\varphi}$，代入式(6-8) 得

$$M_c = \int_0^{\frac{\pi}{2}} cr^2 d\psi = c\int_0^{\frac{\pi}{2}} (r_0 e^{\psi\tan\varphi})^2 d\psi = cr_0^2 \frac{1}{2\tan\varphi}(e^{\pi\tan\varphi} - 1) \tag{6-9}$$

将式(6-9) 和各个边界长度以及作用力代入式(6-7)，整理后，也可以得到普朗德尔—瑞斯纳公式的地基极限承载力的表达式，该式与用特征线法求得的极限承载力公式即式(6-2) 完全一致，即

$$\begin{aligned} p_u &= q\tan^2\left(45° + \frac{\varphi}{2}\right)e^{\pi\tan\varphi} + c\cot\varphi\left[\tan^2\left(45° + \frac{\varphi}{2}\right)e^{\pi\tan\varphi} - 1\right] \\ &= qN_q + cN_c \end{aligned}$$

对于黏性大、排水条件差的饱和黏土地基，可按 $\varphi_u = 0$ 法求极限承载力。这时，按式(6-3)，$N_q = 1.0$，N_c 为不定解，可以用数学中的罗彼塔法则求之。对式(6-4) 应用洛必达法则，得

$$\lim_{\varphi\to 0} N_c = \lim_{\varphi\to 0}\frac{\frac{d}{d\varphi}\left\{\left[\tan^2\left(45° + \frac{\varphi}{2}\right)\right]e^{\pi\tan\varphi} - 1\right\}}{\frac{d}{d\varphi}\tan\varphi} = \pi + 2 = 5.14 \tag{6-10}$$

这时，地基的极限荷载为

$$p_u = q + 5.14c \tag{6-11}$$

3. 普朗德尔—瑞斯纳公式的讨论

应该指出，普朗德尔—瑞斯纳用极限平衡理论求地基的极限承载力在理论上并不是很完善、很严格的。这种理论认为地基土由滑移边界线截然分成塑性破坏区和弹性变形区。基础以下，滑移边界线以内的土体都处于塑性极限状态。在塑性极限区内，土体各点可以沿滑移面产生无限制的变形。实际上，大量试验证明，由于基底与土的摩擦作用，因此在基础底面下存在着压密的弹性区域。弹性区域的存在对地基极限承载力的影响将在下节详述。此外，土的应力 — 应变关系并不像理想弹塑性模型所表示的那样不是理想弹性体就是理想塑性体，实际的土体是一种非线性弹塑性体。显然，用理想化的弹塑性理论不能完全反映地基土的破坏特征，更无法描述地基土从变形发展到破坏的真实过程。

该公式推导中假设为无重介质地基，从式(6-2) 中可以发现，如果对于砂土地基埋深 $d=0$，则 $p_u=0$，这显然与实际相差甚远。

此外，用极限平衡理论方法求地基的极限承载力，解题方法十分复杂，难适用于边界稍微复杂一些的问题。作为建立地基极限承载力和滑动面的基本物理概念和分析途径无疑很有作用，但对解决具体工程问题，则只能限于简单的边界条件和均匀的地基。本节所介绍的刚体平衡法是在已经通过特征线法解出滑动面的形状位置后的一种确定极限承载力的简单方法，它的前提是首先解出滑动面。

二、基础下形成刚性核时地基的极限承载力 —— 太沙基公式

实际上基础底面并不完全光滑，与地基表面之间存在着摩擦力。摩擦力阻碍直接位于基底下那部分土体的变形，使它不能处于极限平衡状态。图 6-7 所示的地基模型试验表明，在荷载作用下基础向下移动时，基底下的土体形成一个刚性核(或称弹性核)，与基础组成整体，竖直向下移动。下移的刚性核挤压两侧土体，使地基土破坏，形成滑裂线网。由于刚性核的存在，因此地基中部分土体不处于极限平衡状态。这种情况边界条件复杂，难以直接解被限平衡偏微分方程组求地基的极限承载力。这时，通常先假定刚性核和滑动面的形状，再应用极限平衡概念和隔离体的平衡条件求极限承载力的近似解。这类半理论半经验方法的公式很多，应用最广泛的是太沙基公式。

1. 刚性核和滑动面形状的确定

太沙基在分析基底上刚性核的形状时，认为基础完全粗糙，刚性核与基础成为一个整体沿竖直方向下沉，因此在刚性核的尖端 C 点处，左右两侧的曲线滑动面必定与铅垂线 CM 相切，如图 6-8(a) 所示。如果刚性核的两个侧面 AC 和 BC 也是滑动面，则按极限平衡理论，两组滑动线的交角 $\angle ACM$ 为$(90°+\varphi)$。根据几何条件，不难看出 AC 和 BC 面与基础底面的交角 $\overline{\psi}=\varphi$。但是如果基底的摩擦力不足以完全限制土体 ABC 的侧向变形，则 $\overline{\psi}$ 将介于 φ 与 $\left(45°+\dfrac{\varphi}{2}\right)$ 之间。

刚性核代替了普朗德尔解的朗肯主动区(即 Ⅰ 区)，于是地基滑动面的形状只由两个极限平衡区即朗肯被动区和对数螺线过渡区构成，如图 6-8(a) 所示。

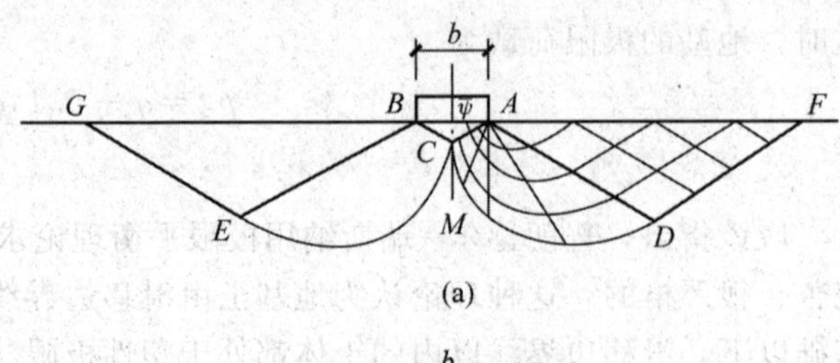

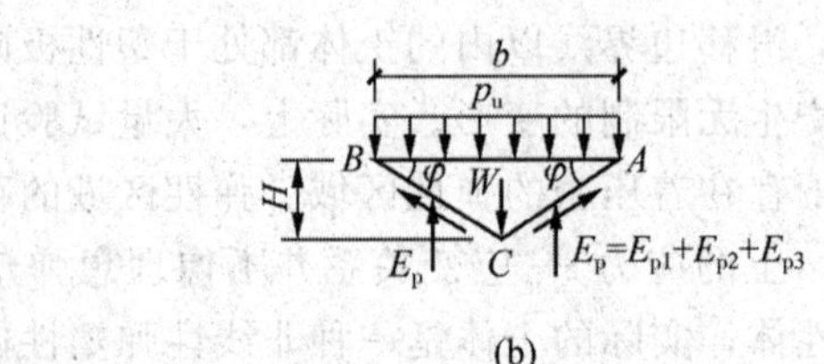

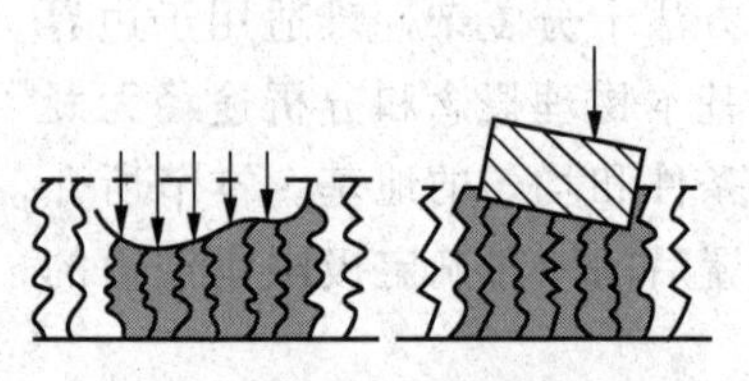

图 6-7　压板下的刚性核形状

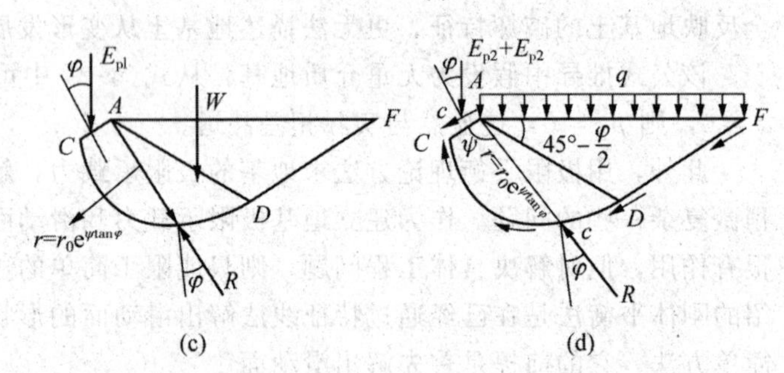

图 6-8　太沙基地基极限承载力

2. 从刚性核的静力平衡条件求地基的极限承载力

刚性核的形状确定以后，太沙基把它取为隔离体，将两个侧面 AC 和 BC 当成挡土墙的墙背。基底压应力 p_u 促使刚性核向下移动，AC 和 BC 面挤压两侧土体，直至土体破坏，这时基底的压应力就是极限承载力 p_u。根据图 6-8(b) 所示的几何条件，当 $\psi=\varphi$ 时，被动土压力 E_p 的方向必定是竖直向。E_p 求得以后，就可以根据刚性核本身的静力平衡条件求地基的极限承载力，即

$$p_u b = 2E_p = cb\tan\varphi - \frac{\gamma b^2}{4}\tan\varphi \tag{6-12}$$

式中　$\frac{\gamma b^2}{4}\tan\varphi$——刚性核的自重；

$cb\tan\varphi$——AC 和 BC 面上黏聚力的竖直分量。

因此，用式(6-12) 求极限承载力的关键在于计算刚性核两个侧面上的被动土压力 E_p。

3. 被动土压力 E_p 的确定与太沙基公式

对于浅埋基础($d\leqslant b$)，可以不考虑基础底面以上土体的抗剪强度，而把它当成基础两侧作用着均布荷载 $q=\gamma d$，因此总的被动土压力 E_p 可以看成由图 6-8(c) 中滑动土体 $CDFAC$ 的重力所产生的抗力 E_{p1} 和图 6-8(d) 中滑动面 $\overset{\frown}{CF}$ 和 $\overline{AC}$ 上的黏聚力 c 所产生的抗力 E_{p2} 及均布侧荷载 q 所产生的抗力 E_{p3} 构成。

土体中真正滑动面的形状取决于这三种抗重力共同作用的结果，但很难确切求得。太沙基为简化计算，先把地基土当成无侧荷载的无重黏性土，即 $q=0$，$c=0$，$\varphi>0$，$\gamma>$

0，求由滑动土体$CDFAC$的重力产生的土抗力E_{p1}，如图6-8(c)所示。再把地基土当成有侧荷载的无重黏性土，即$q>0$，$c>0$，$\varphi>0$，$\gamma=0$，计算黏结力c和侧荷载q所产生的土抗力E_{p2}和E_{p3}，如图6-8(d)所示。然后三者叠加起来就得到总的被动土压力E_p，即

$$E_p=E_{p1}+E_{p2}+E_{p3} \tag{6-13}$$

对于这种墙背外倾的情况，无黏性土的被动土压力可按库仑土压力理论计算，表达为

$$E_{p1}=\frac{1}{2}\gamma H^2\frac{K_{p1}}{\cos\bar{\psi}\sin\alpha} \tag{6-14}$$

无重黏性土由黏聚力c和侧荷载q引起的被动土压力分别表示为

$$E_{p2}=H\frac{cK_{p2}}{\cos\bar{\psi}\sin\alpha} \tag{6-15}$$

$$E_{p3}=H\frac{qK_{p3}}{\cos\bar{\psi}\sin\alpha} \tag{6-16}$$

式中　H—— 刚性核的竖直高度，$H=\frac{1}{2}b\tan\bar{\psi}$；

$\bar{\psi}$—— 刚性核的斜边与水平面的夹角；

α—— 刚性核的斜边与水平面夹角的外角，即$\alpha=180-\bar{\psi}$；

K_{p1}、K_{p2}、K_{p3}—— 由滑动土体重力、滑动面上黏聚力和旁侧荷载产生的被动土压力系数。

当$\bar{\psi}=\psi$时，有

$$E_p=\frac{1}{8}\gamma b^2\frac{K_{p1}}{\cos^2\varphi}\tan\varphi+\frac{b}{2}\frac{cK_{p2}}{\cos^2\varphi}\frac{qK_{p3}}{\cos^2\varphi} \tag{6-17}$$

将式(6-17)代入式(6-12)，经过整理后得

$$p_u=\frac{\gamma b}{2}\left[\frac{\tan\varphi}{2}\left(\frac{K_{p1}}{\cos^2\varphi}-1\right)\right]+c\left(\frac{K_{p2}}{\cos^2\varphi}+\tan\varphi\right)+q\frac{K_{p3}}{\cos^2\varphi}$$

$$=\frac{\gamma b}{2}N_\gamma+cN_c+qN_q \tag{6-18}$$

式(6-18)是太沙基的极限承载力公式，也是其他各类地基极限承载力计算方法的统一表达式。不同计算方法的差异表现在承载力系数N_γ、N_c、N_q的数值上。

对于太沙基公式，当取$\bar{\psi}=\varphi$时，有

$$N_\gamma=\frac{\tan\varphi}{2}\left(\frac{K_{p1}}{\cos^2\varphi}-1\right) \tag{6-19}$$

$$N_c=\frac{K_{p2}}{\cos^2\varphi}+\tan\varphi \tag{6-20}$$

$$N_q=\frac{K_{p3}}{\cos^2\varphi} \tag{6-21}$$

显然，这三个承载力系数是在不同假定的条件下推出的。太沙基经过计算分析后指出，这样处理对极限承载力所带来的误差不很大，工程上可以允许。

倾斜墙背的无黏性土被动土压力系数K_{p1}较容易用现有的土压力理论计算，而倾斜墙背的无重黏性土的被动土压力系数K_{p2}和K_{p3}则尚无现成的计算方法。但是图6-8(d)所示边界条件下的承载力系数N_q和N_c已由普朗德尔和瑞斯纳给出，可表示为

$$N_q = \frac{e^{\left(\frac{3}{2}\pi - \varphi\right)\tan\varphi}}{2\cos^2\left(45^\circ + \frac{\varphi}{2}\right)} \tag{6-22}$$

$$N_c = \cot\varphi(N_q - 1) \tag{6-23}$$

地基承载力系数 N_c、N_q 的值只取决于土的内摩擦角 φ。太沙基地基承载力系数如图 6-9 所示，可供直接查用。

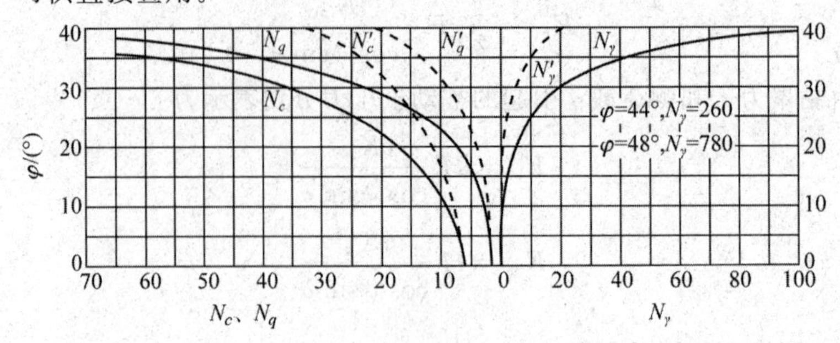

图 6-9　太沙基地基承载力系数

对于不排水条件下的饱和黏土 $\varphi_u = 0$。按式(6-22) 和式(6-23)，用洛必达法则求得

$$N_q = \frac{1}{2\left(\frac{1}{\sqrt{2}}\right)^2}$$

$$N_c = \frac{3}{2}\pi + 1 = 5.7 \tag{6-24}$$

故有

$$p_u = q + 5.7c \tag{6-25}$$

比较式(6-25) 和式(6-11)，可见形成刚性核以后，地基的极限承载力略有提高。

4. 局部剪切破坏时地基的极限承载力

上述计算地基极限承载力的太沙基公式只适用于地基土发生整体剪切破坏的情况，不适用于局部剪切破坏。由于局部剪切破坏时地基的变形量较大，承载力有所降低，因此太沙基建议仍然可以采用式(6-18) 计算极限承载力，但是要把抗剪强度指标适当折减。具体计算时可用 $\bar{c} = \frac{2}{3}c$，$\tan\bar{\varphi} = \frac{2}{3}\tan\varphi$，于是式(6-18) 变为

$$p_u = \frac{\gamma b}{2}N_\gamma' + \frac{2}{3}cN_c' + qN_q' \tag{6-26}$$

由于降低了内摩擦角 φ，因此承载力系数 N_γ'、N_q' 和 N_c' 小于相应的 N_γ、N_q 和 N_c。修改后的数值如图 6-9 中虚线所示。在使用图 6-9 时要注意，对于局部前切破坏的情况，当用 φ 时，应查图中的虚线，但若用降低后的 $\bar{\varphi}$ 时，则应查图中的实线。

三、考虑基底以上土体抗剪强度时地基的极限承载力 —— 梅耶霍夫公式

梅耶霍夫与太沙基一样，认为基础底面存在着摩擦力，基底下的土体形成刚性楔 ABC。梅耶霍夫地基极限承载力分析法如图 6-10 所示。AC 和 BC 是滑动面，底角 $\bar{\psi}$ 介于 φ 与 $\left(45^\circ + \frac{\varphi}{2}\right)$ 之间。但在推导极限承载力时，假定 $\bar{\psi} = 45^\circ + \frac{\varphi}{2}$。

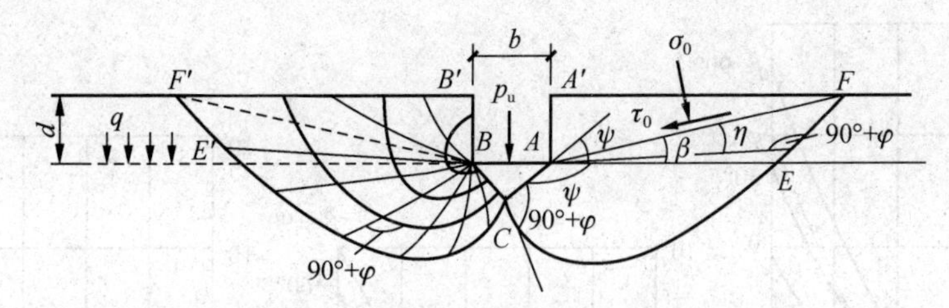

图 6-10　梅耶霍夫地基极限承载力分析法

在荷载作用下，刚性核与基础形成整体向下移动。挤压两侧土体达到破坏时，两侧土体形成对数螺线的破裂面，与太沙基不同之处在于考虑基底以上土的抗剪强度。梅耶霍夫假定破裂面延伸至地面，并在 F 和 F' 处滑出，如图 6-10 所示。F 和 F' 是自基础边缘 A、B 处引一与水平面成 β 角的斜线与地面的交点。β 角的确定方法下面将进一步说明。以 $\overline{AF}$ 和 $\overline{BF'}$ 作为等代自由表面，将 $\overline{AF}$ 和 $\overline{BF'}$ 以上的三角形土体土重及基础侧面 $\overline{AA'}$ 和 $\overline{BB'}$ 上的摩擦力表示为作用在自由表面 $\overline{AF}$ 和 $\overline{BF'}$ 上的法向应力 σ_0 和剪应力 τ_0。$\widehat{CE}$、$\widehat{CE'}$ 为对数螺线，$\widehat{FE}$、$\widehat{F'E'}$ 为对数螺线的切线。梅耶霍夫根据图 6-10 所示滑动面的形状推导出地基极限承载力的计算式，同样简化为

$$p_u = \frac{1}{2}\gamma B N_\gamma + q N_q + c N_c$$

但是式中的承载力系数 N_γ、N_c、N_q 与极限平衡理论公式或太沙基公式均有不同，它们不仅取决于土的内摩擦角 φ，而且还与 β 值有关，可从图 6-11 所示的曲线中查用。图 6-11 中曲线以 β 角为参数，β 是基础埋深和形状的函数，因此用梅耶霍夫公式求极限承载力前，必须找到确定破裂面滑出点 F 和 F' 的 β 角。β 可用迭代法计算确定，其法简述如下。

(1) 先任意假设一个 β 角，求作用于等代自由面上的法向应力 σ_0 和剪应力 τ_0，按下式计算，即

$$\sigma_0 = \frac{1}{2}\gamma_0 d\left(K_0 \sin^2\beta + \frac{K_0}{2}\tan\delta\sin^2\beta + \cos^2\beta\right) \tag{6-27}$$

$$\tau_0 = \frac{1}{2}\gamma_0 d\left(\frac{1-K_0}{2}\sin^2\beta + K_0\tan\beta\sin^2\beta\right) \tag{6-28}$$

式中　δ—— 地基土与基础侧面的摩擦角；

K_0—— 静止土压力系数；

d—— 基础埋置深度；

γ_0—— 基础底面以上土的重度。

(2) 等代自由面 $\overline{AF}$ 和 $\overline{BF'}$ 并不是滑动线，与等代自由面向下成夹角 η 的直线 $\overline{AE}$ 和 $\overline{BF'}$ 才是一根滑动线。η 角可以用作图法求得(图 6-12)。先在 σ—τ 坐标上取 E 点，其应力值为 σ_0、τ_0，E 点代表 $\overline{AF}$ 面的应力，然后在 σ 轴上找圆心 C。作应力圆，使该应力圆过 E 点并与破坏包线相切，切点为 T。切点代表该面上土的剪应力等于抗剪强度，即滑动面的位置，故圆心角 $\angle ECT = 2\eta$。

(3) 按梅耶霍夫推导，角 β 和 η 与基础埋置深度 d 的关系为

$$d = \frac{\sin\beta\cos\varphi \cdot e^{\psi\tan\varphi}}{2\sin\left(45^\circ - \frac{\varphi}{2}\right)\cos(\eta+\varphi)} \tag{6-29}$$

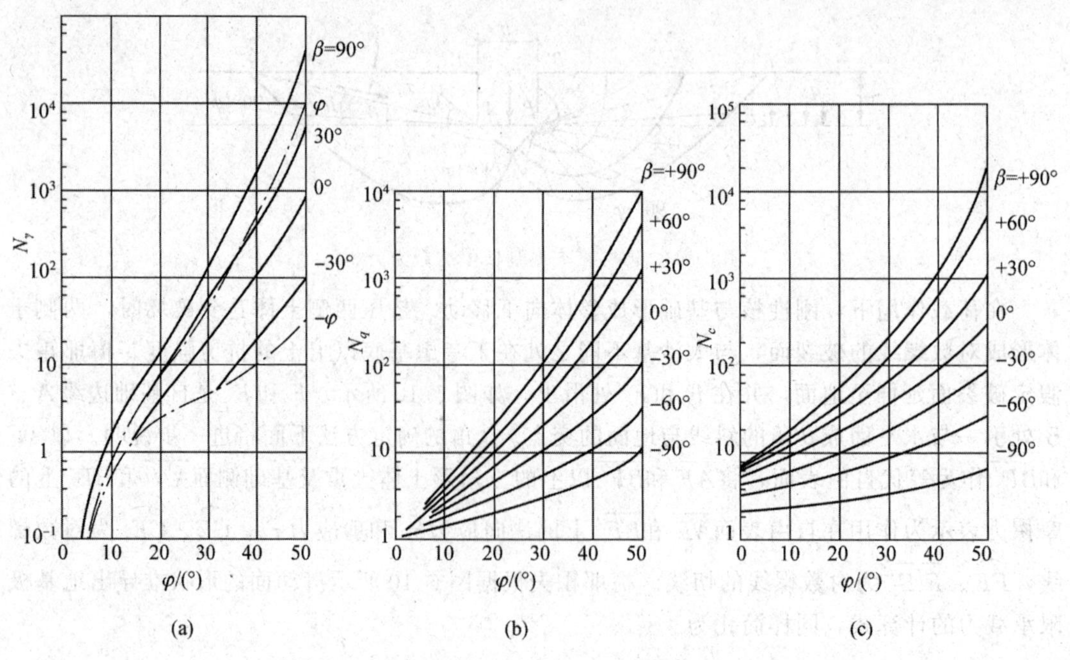

图 6-11　梅耶霍夫地基承载力系数

$$\psi=135^\circ+\beta-\eta-\frac{\varphi}{2} \tag{6-30}$$

式中　ψ——$\overline{AC}$ 和 $\overline{AE}$ 间对数螺旋滑动线的中心角，如图 6-10 所示。

根据假设的 β，由式(6-27) 和式(6-28) 求 σ_0 和 τ_0，并由应力圆求 η 角，然后代入式(6-30) 中求 ψ，再将 ψ 和 η 代入式(6-29) 中求 β，计算的 β 若与假设的 β 不一致，则要进行迭代，直至假设值与计算值相符就得 β 的真值。有关式(6-27) ～ (6-30) 的证明略过。

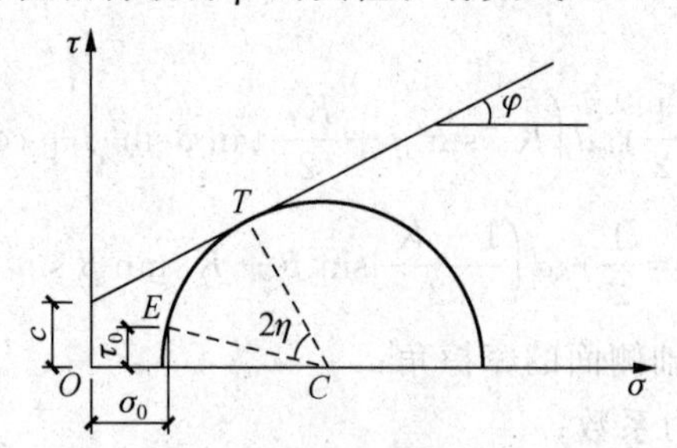

图 6-12　η 角的图解法

β 求出后，就可以从图 6-11 中查出承载力系数 N_γ、N_c、N_q，再由地基的极限承载力公式求极限承载力 p_u。

四、汉森极限承载力公式

上述的极限承载力 p_u 和承载力系数 N_γ、N_q、N_c 均按条形竖直均布荷载推导得到。汉森(Hansen J. B.) 在极限承载力上的主要贡献就是对承载力进行数项修正，包括非条形荷载的基础形状修正。埋深范围内考虑土抗剪强度的深度修正，基底有水平荷载时的荷载倾斜修正，地面有倾角 β 时的地面修正及基底有倾角 $\bar{\eta}$ 时的基底修正，每种修正均需在承载力系数 N_γ、N_q、N_c 上乘相应的修正系数。加修正后汉森的极限承载力公式为

$$p_u = \frac{1}{2}\gamma b N_\gamma s_\gamma d_\gamma i_\gamma g_\gamma b_\gamma + q N_q s_q d_q i_q g_q b_q + c N_c s_c d_c i_c g_c b_c \tag{6-31}$$

式中　N_γ、N_q、N_c——地基承载力系数，在汉森公式中取 $N_\gamma = 1.5(N_q - 1)\tan\varphi$，

$$N_q = \tan^2\left(45° + \frac{\varphi}{2}\right)e^{\pi\tan\varphi},\ N_c = (N_q - 1)\cot\varphi;$$

s_γ、s_q、s_c——相应于基础形状修正的修正系数；

d_γ、d_q、d_c——相应于考虑埋深范围内土强度的深度修正系数；

i_γ、i_q、i_c——相应于荷载倾斜的修正系数；

g_γ、g_q、g_c——相应于地面倾斜的修正系数；

b_γ、b_q、b_c——相应于基础底面倾斜的修正系数。

五、地基承载力机理及其公式的一般形式

上述的各种极限承载力公式都是根据极限平衡的基本原理推导出来的，普朗德尔—瑞斯纳公式是从理想塑性材料的极限平衡基本偏微分方程，通过特征线法直接确定滑动面形状，得到极限承载力的理论解。其他公式都是在假设滑动面的基础上，通过土体的极限平衡推导出来的，它们都可以用如下的通用公式表示，差别只在于系数的数值(如无重介质普朗德尔—瑞斯纳公式中的 $N_\gamma = 0$)，即

$$p_u = \frac{\gamma b}{2}N_\gamma + cN_c + qN_q$$

从上式中可以发现，对于条形基础，地基承载力由三部分组成，所以该式也可以表示为

$$p_u = p_{u\gamma} + p_{uc} + p_{uq} \tag{6-32}$$

1. 滑动面上的黏聚力产生的承载力 p_{nc}

在图 6-13(a) 中可以看出，对于平面应变的地基基础，滑动土体只有克服了滑动面上的黏聚阻力才可能产生滑动和破坏。在滑动面形状不变时，$bp_{uc} = bcN_c$，b 为基底宽度。因此，地基的这部分总承载力 bp_{uc} 与基底宽度成线性关系。因为滑动面的总长度与宽度 b 成正比，所以单位面积承载力 p_{uc} 是与基底宽度无关的。

但是当地基土的内摩擦角增加时，滑动面开始加深加宽，滑动面的曲线长度加大(如图 6-13(b) 中，$\varphi = 0°$ 时滑动面长度最小)，滑动面上的总黏聚阻力增加，承载力也就增加，这反映在承载力系数 N_c 随内摩擦角增加而增加(图 6-9)。

2. 由滑动土体自重产生的承载力 $p_{u\gamma}$

在图 6-13(a) 中可以看出，滑动土体的自重在滑动面上产生正应力，当 $\varphi > 0°$ 时，将会在滑动面上产生摩擦阻力，成为承载力的重要组成部分。这种摩擦阻力正比于滑动土体的体积，当滑动面形状不变时，产生的总承载力 $bp_{u\gamma} = N_\gamma b^2\gamma/2$。由于平面状态下土的体积与长度平方成正比，可见这部分总承载力 $bp_{u\gamma}$ 是 b^2 的函数，因此单位承载力 $p_{u\gamma}$ 是 b 的线性函数，如图 6-13(b)、(c) 所示。从图 6-13(b)、(c) 中可见，当内摩擦角增加时，滑动土体的体积以与长度平方成正比的关系迅速增加，所以承载力系数 N_γ 随 φ 增加的速度比另两个承载力系数快得多(图 6-9)。对于内摩擦角高的粗粒土，这部分承载力占很大比例。

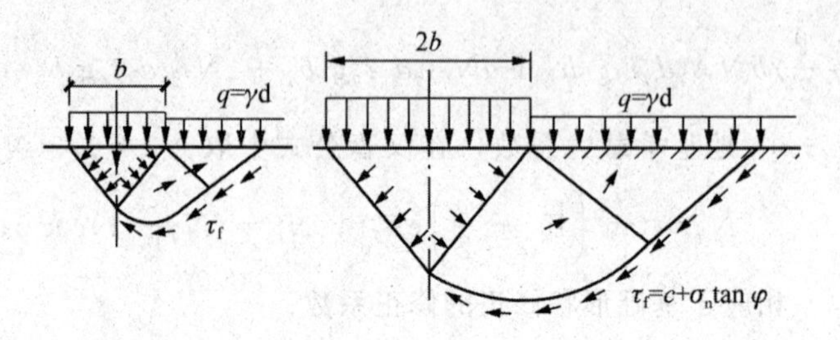

(a)基础宽度对挤出土体体积的影响

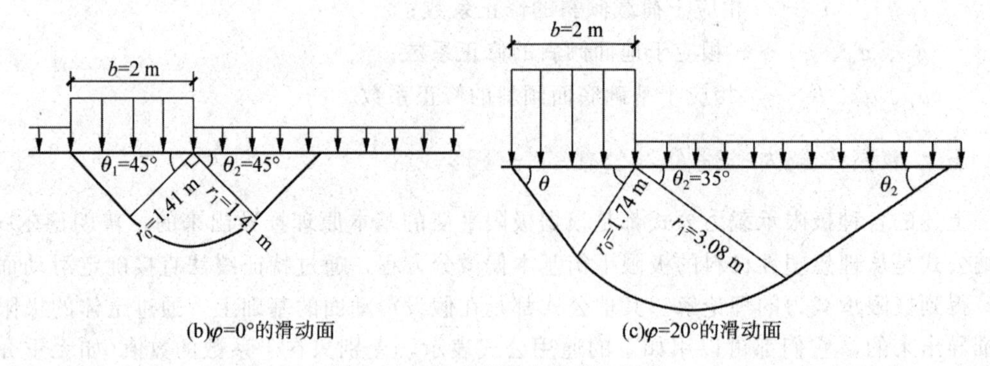

(b)φ=0°的滑动面　　(c)φ=20°的滑动面

图 6-13　地基承载力的影响因素

3. 有基底以上两侧超载产生的承载力 p_{uq}

多数承载力公式都忽略了 γd 这部分土体本身的黏聚力和摩擦力，而只是将它作为超载 $q=\gamma d$ 作用于基底以上的地面。

这样，这部分抗力有两个方面的贡献：一是它作为超载作用于与基底齐平的假想地面上，滑动土体企图隆起时，必须同时将它抬起，在图 6-13(b) 中可以看出，当 $\varphi=0°$ 时，p_u 与 γd 作用的尺度相等且图形对称，所以此时 $N_q=1.0$；二是它压在滑动土体之上，在滑动面上也会产生正应力和摩阻力，组成承载力的一部分。

这两种作用也都使这部分总承载力 bp_{uq} 与宽度 b 呈线性关系，如图 6-13(a) 所示。因此，在式(6-18) 中，N_q 项与宽度 b 无关。但当内摩擦角 φ 增加时，上述两种作用都会加强，这是由于随着 φ 增加，q 的作用长度增加，因此系数 N_q 也是 φ 的递增函数。

根据以上的分析可以看到，提高地基承载力需考虑以上三个方面的因素。其中，它们都与地基土的内摩擦角 φ 有关，因此选择好的持力层是十分重要的。

【例 6-1】条形基础宽 1.5 m，埋置深度 1.2 m，地基为均匀粉质黏土，土的重度 $\gamma=17.6\ \mathrm{kN/m^3}$，$c=15$ kPa，$\varphi=24°$。用太沙基极限承载力公式求地基的极限承载力。

解：　按题意，已知 $q=\gamma d=17.6\times1.2=21.12(\mathrm{kN/m^2})$，$c=15\ \mathrm{kN/m^2}$，$b=1.5$ m，$\varphi=24°$。用太沙基极限承载力公式求地基产生整体剪切破坏的极限承载力。按太沙基极限承载力公式，有

$$p_u=\frac{\gamma b}{2}N_\gamma+cN_c+qN_q$$

查图 6-9，得 $N_\gamma=8.0$，$N_q=12$，$N_c=23.5$。代入上式，可得

$$p_u=\frac{17.6\times1.5}{2}\times8.0+15\times23.5+21.12\times12=711.54(\mathrm{kN/m^2})$$

【例 6-2】上述例题中若基础埋深改为 3 m，地基土的物理力学特性指标为 $\gamma=$

17.6 kN/m^3，$c=8\ kN/m^2$，$\varphi=24°$，按太沙基公式求地基产生局部剪切破坏时的极限承载力。

解： 用太沙基公式计算地基极限承载力为

$$p_u=\frac{\gamma b}{2}N'_\gamma+\bar{c}N'_c+qN'_q$$

$$\bar{c}=\frac{2}{3}c=\frac{2}{3}\times 8=5.3(kN/cm^2)$$

按 $\varphi=24°$ 查图 6-9 虚线，得

$$N'_\gamma=1.5,\ N'_q=5.2,\ N'_c=14$$

代入上式，得

$$p_u=\frac{17.6}{2}\times 1.5\times 1.5+5.3\times 14+17.6\times 3\times 5.2$$
$$=19.8+74.2+274.6=369(kN/m^2)$$

也可以先求出$\bar{\varphi}$，$\tan\bar{\varphi}=\frac{2}{3}\tan\varphi$，$\bar{\varphi}=16.53°$，用$\bar{\varphi}$查图6-9实线也可得到相同的承载力系数。

第四节　地基的容许承载力

一、地基容许承载力的概念

地基极限承载力是从地基稳定的角度判断地基土体所能够承受的最大荷载。虽然地基尚未失稳，若变形太大，引起上部建筑物结构破坏或者不能正常使用也是不允许的。因此，正确的地基设计既要保证满足地基稳定性的要求，也要保证满足地基变形的要求。也就是说，要求作用在基底的压应力不超过地基的极限承载力，并且有足够的安全度，而且所引起的变形不能超过建筑物的容许变形。满足以上两项要求，地基单位面积上所能承受的荷载就称为地基在正常使用极限状态设计中的容许承载力。

显然，地基的容许承载力不仅决定于地基土的性质，而且受其他很多因素的影响。除基础宽度、基础埋置深度外，建筑物的容许沉降也起重要的作用。因此，地基的“容许承载力”与材料的“容许强度”的概念差别很大。材料的容许强度一般只决定于材料的特性。例如，钢材的容许强度(σ)很少与构件断面的大小和形状有关，而地基的容许承载力就远不只决定于地基土的特性，这是研究地基容许承载力问题时所必须建立的一个基本概念。

知识拓展

由于地基的容许承载力牵涉到建筑物的容许变形，因此要确切地确定它就很困难。一般的求法是先保证地基稳定的要求，即按极限承载力除以安全系数(通常取2～3)，或者是控制地基内极限平衡区的发展范围，或者采用某种经验数值作为初值。根据这个初值设计基础，然后再进行沉降验算，如果沉降也满足要求，则这时的基底压力就是地基的容许承载力。

二、按控制地基中极限平衡区(塑性区)发展范围的方法确定地基的容许承载力

1. 基本概念

图 6-2 中的现场载荷试验表明，基础上的荷载达到临塑荷载时，地基土中就开始出现极限平衡区。极限平衡区最先发生于基础的边侧，随着荷载的增加而继续扩展。最后，当荷载达到极限承载力时，地基产生失稳破坏。设计中往往选用临塑荷载 p_{cr} 或比临塑荷载稍大的 $p_{1/4}$ 和 $p_{1/3}$ 作为地基容许承载力的初值。

$p_{1/4}$ 和 $p_{1/3}$ 代表基础下极限平衡区发展的最大深度等于基础宽度 b 的 1/4 和 1/3 时相应的荷载。临塑荷载 p_{cr} 和临界荷载 $p_{1/4}$ 和 $p_{1/3}$ 具有以下特性。

(1) 地基即将产生或已产生局部极限平衡状态，但尚未发展成整体失稳，这时部分地基土的强度已经比较充分发挥，但距离丧失稳定仍有足够的安全系数。

(2) 地基中处于极限平衡区的范围不大，因此整个地基仍然可以近似地当成弹性半空间体，有可能近似用弹性理论计算地基中的应力，以便计算变形量。

由于这两个特点，因此 p_{cr}、$p_{1/4}$ 和 $p_{1/3}$ 常用来作为初步确定的地基容许承载力。

2. 极限平衡区(塑性区)发展范围的一般计算方法

在基底均布荷载 p 作用下，地基中是否发生极限平衡区或者极限平衡区发展的范围有多大可以按下述方法近似计算。

(1) 在地基中靠近基础底面一定范围内选定若干点，如图 6-14 中水平线和竖直线的交点所示。以 M 点为例，分别计算各点的自重应力和附加应力，叠加后为

$$\begin{cases}\overline{\sigma}_z=\sigma_z+\gamma(z+d)\\ \overline{\sigma}_x=\sigma_x+K_0\gamma(z+d)\\ \overline{\tau}_{xz}=\tau_{xz}\end{cases} \tag{6-33}$$

式中　σ_z、σ_x、τ_{xz}—— 用弹性理论计算的计算点的附加应力；

γ—— 土的重度，设地基土质均匀；

z—— 计算点在基底以下的深度；

d—— 基础的埋置深度；

K_0—— 静止土压力系数。

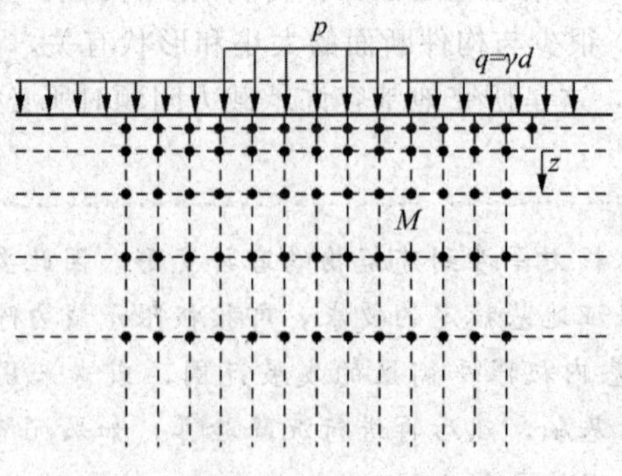

图 6-14　计算地基内极限平衡区的网点

(2) 根据式(6-33) 的应力，求各计算点的主应力，即

$$\bar{\sigma}_1=\frac{\bar{\sigma}_z+\bar{\sigma}_x}{2}+\sqrt{\left(\frac{\bar{\sigma}_z-\bar{\sigma}_x}{2}\right)^2+\bar{\tau}_{zx}^2}$$

$$\bar{\sigma}_3=\frac{\bar{\sigma}_z+\bar{\sigma}_x}{2}-\sqrt{\left(\frac{\bar{\sigma}_z-\bar{\sigma}_x}{2}\right)^2+\bar{\tau}_{zx}^2} \tag{6-34}$$

(3) 根据σ_1和σ_3，选择式(6-5)～(6-12)中任一合适的公式，判断计算点是否处于极限平衡状态。

(4) 按照处于极限平衡状态各点的分布，绘出地基内土体处于极限平衡状态区域的范围。

应该指出，用上述方法求得的极限平衡区的范围实际上是不完全正确的。首先，当土体中部分区域达到极限平衡状态以后，部分土体进入塑性状态，土中的应力分布便发生了变化，这时地基中的应力分布很复杂，是一个弹塑性混合课题，不再符合弹性理论解，而式(6-33)的附加应力却是按弹性理论求得的。其次，在计算中认为基底压力是均匀分布的，但是通常的情况是基础的刚度远大于地基土的刚度，因此基底的压力分布并非均匀，而是如第3章中所分析的那样，一般呈边缘大中间小的马鞍形分布，基底压力非均匀分布的程度直接影响到极限平衡区的发展范围。一般来说，按弹性理论计算附加应力得到的极限平衡区范围偏大，而假定基底压应力均匀分布则使计算得的极限平衡区范围偏小。虽然极限平衡区发展范围的计算方法理论上不够严格，但在实用上，由于用这种方法已积累了很多工程经验，因此目前仍然是确定地基容许承载力的一种常用方法。

3. 条形均布荷载下极限平衡区的发展和界限荷载的计算方法

(1) 极限平衡区的界线方程式和最大发展深度。

上述确定极限平衡区的一般计算方法当然也适用于各种基础形状和荷载分布的情况。但用这一方法时，需要逐点进行计算，工作量大。条形荷载属于平面问题，可以直接推导出极限平衡区的界线方程，使计算工作简化。

根据弹性力学解，条形均布荷载作用下，地基中任一点M由荷载$(p-\gamma d)$引起的主应力为

$$\begin{cases}\sigma_1=\dfrac{p-\gamma d}{\pi}(2\beta+\sin 2\beta)\\[2ex]\sigma_3=\dfrac{p-\gamma d}{\pi}(2\beta-\sin 2\beta)\end{cases} \tag{6-35}$$

式中，2β为M点与条形荷载两侧边缘连线$\overline{MA}$、$\overline{MB}$之间的夹角，用弧度表示。主应力σ_1的方向在角$\angle AMB$的角分线上(图6-15)。

若假定静止土压力系数$K_0=1$，则土自重所引起的应力各个方向均相等，因此任意点M外荷载及土的自重而产生的主应力总值为

$$\begin{cases}\bar{\sigma}_1=\dfrac{p-\gamma d}{\pi}(2\beta+\sin 2\beta)+\gamma(d+z)\\[2ex]\bar{\sigma}_3=\dfrac{p-\gamma d}{\pi}(2\beta-\sin 2\beta)+\gamma(d+z)\end{cases} \tag{6-36}$$

将式(6-36)代入极限平衡条件公式中，整理后可以得到如下表示极限平衡区界线的方程式，即

$$z=\frac{p-\gamma d}{\pi\gamma}\left(\frac{\sin 2\beta}{\sin\varphi}-2\beta\right)-c\,\frac{\cot\varphi}{\gamma}-d \tag{6-37}$$

当土的特性指标γ、c、φ已知时，式(6-37)直接表示极限平衡区边界点的深度与视角β的关系，也就决定了极限平衡区的轨迹。

在工程应用中，往往只要知道极限平衡区最大的发展深度就足够了，而不需要绘出整个区域的轨迹。因此，将式(6-37)对β求导，并令$\frac{\mathrm{d}z}{\mathrm{d}\beta}=0$，得

$$\frac{\mathrm{d}z}{\mathrm{d}\beta}=\frac{p-\gamma d}{\pi\gamma}\cdot 2\left(\frac{\cos 2\beta}{\sin\varphi}-1\right)=0$$

故

$$\cos 2\beta=\sin\varphi$$

得

$$2\beta=\frac{\pi}{2}-\varphi \tag{6-38}$$

将式(6-38)代入式(6-37)，整理后就得到极限平衡区的最大发展深度的计算公式，即

$$z_{\max}=\frac{p-\gamma d}{\gamma\pi}\left(\cot\varphi-\frac{\pi}{2}+\varphi\right)-\frac{c\cdot\cot\varphi}{\gamma}-d \tag{6-39}$$

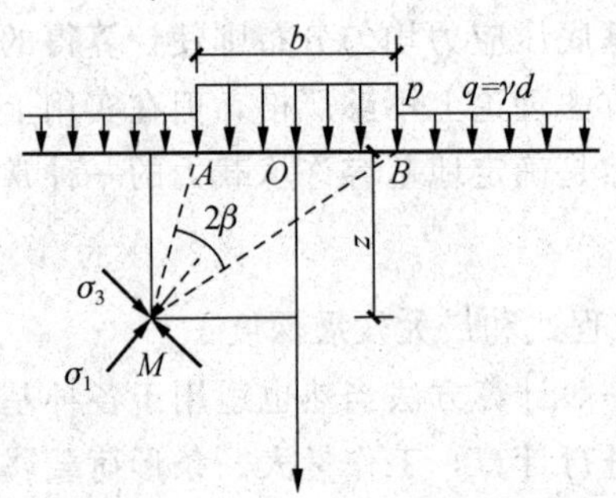

图 6-15　条形均布荷载下地基内应力的计算

(2) 临塑荷载p_{cr}和临界荷载$p_{1/4}$、$p_{1/3}$。

式(6-39)表示基底压应力p作用下，极限平衡区的最大发展深度。当$z_{\max}=0$时，由式(6-39)得到的压应力就是地基局部开始发生极限平衡，但极限平衡区尚未得到扩展时的荷载，也就是临塑荷载p_{cr}。同理，令$z_{\max}=b/4$或$z_{\max}=b/3$代入式(6-39)，整理后得到的压应力p就是相应于极限平衡区的最大发展深度为基础宽度的1/4和1/3时的荷载，称为临界荷载$p_{1/4}$和$p_{1/3}$，故

$$p_{cr}=\gamma d\left(1+\frac{\pi}{\cot\varphi-\frac{\pi}{2}+\varphi}\right)+c\left(\frac{\pi\cot\varphi}{\cot\varphi-\frac{\pi}{2}+\varphi}\right) \tag{6-40}$$

$$p_{1/4}=\gamma d\,\frac{\pi}{4\left(\cot\varphi-\frac{\pi}{2}+\varphi\right)}+\gamma d\left(1+\frac{\pi}{\cot\varphi-\frac{\pi}{2}+\varphi}\right)+c\left(\frac{\pi\cot\varphi}{\cot\varphi-\frac{\pi}{2}+\varphi}\right) \tag{6-41}$$

$$p_{1/3}=\gamma d\,\frac{\pi}{3\left(\cot\varphi-\frac{\pi}{2}+\varphi\right)}+\gamma d\left(1+\frac{\pi}{\cot\varphi-\frac{\pi}{2}+\varphi}\right)+c\left(\frac{\pi\cot\varphi}{\cot\varphi-\frac{\pi}{2}+\varphi}\right) \tag{6-42}$$

式(6-40)、式(6-41)和式(6-42)同样可以写成

$$p=\frac{1}{2}\gamma bN_{\gamma}+qN_{q}+cN_{c} \tag{6-43}$$

式中，有

$$N_{c}=\frac{\pi\cdot\cot\varphi}{\cot\varphi-\frac{\pi}{2}+\varphi}$$

$$N_{q}=1+\frac{\pi}{\cot\varphi-\frac{\pi}{2}+\varphi}=1+N_{c}\tan\varphi$$

相应于 p_{cr}、$p_{1/4}$、$p_{1/3}$ 的 N_{γ} 分别等于 0、$\frac{\pi}{2\left(\cot\varphi-\frac{\pi}{2}+\varphi\right)}$ 和 $\frac{2\pi}{3\left(\cot\varphi-\frac{\pi}{2}+\varphi\right)}$，$q=\gamma d$，可见承载力系数 N_{c}、N_{q} 和 N_{γ} 也是内摩擦角 φ 的函数。对于在基底处分层的地基，在应用上述公式计算侧面均布荷载 q 时，土的重度应采用基础底面以上土的重度，而第一项 $\frac{1}{2}\gamma bN_{\gamma}$ 中的重度则为基础下土的重度。

比较式(6-43)和地基极限承载力公式(6-18)，二者形式完全一样。公式的推导前提和计算方法不一样，承载力系数 N_{γ}、N_{q} 和 N_{c} 会有很大的差别。式(6-18)是地基的极限承载力，它表示荷载达到这一强度时，基础下的极限平衡区已形成连续并与地面贯通的滑动面，这时地基已丧失整体稳定性。而式(6-40)～(6-42)则表示地基中极限平衡区刚开始发展(临塑荷载 p_{cr})或发展范围不大(临界荷载 $p_{1/4}$ 和 $p_{1/3}$)时的荷载。显然，对于地基破坏而言，前者已经没有任何安全储备，或者说安全系数 $F_{s}=1$；而后者则有相当大的安全储备，可以作为地基容许承载力的初值。

三、按《建筑地基基础设计规范》确定地基承载力

我国《建筑地基基础设计规范》对于地基承载力的设计是基于正常使用极限状态的设计，设计中采用容许承载力。其中，确定承载力的方法有在强度试验基础上的承载力公式法、现场原位试验法和经验的方法等。这些方法确定的也是容许承载力的初值，最后还要通过沉降计算最后确定设计取值。

1. 承载力公式法

该规范给出的计算公式为

$$f_{a}=M_{b}\gamma b+M_{d}\gamma_{m}d+M_{c}c_{k} \tag{6-44}$$

式中　f_{a}—— 地基承载力的特征值；

M_{b}、M_{d}、M_{c}—— 承载力系数，可按表 6-1 取值，其中式(6-43)的承载力系数为 $p_{1/4}$ 的值；

b—— 基底宽度，大于 6 m 的按 6 m 取值，对于砂土，小于 3 m 的按 3 m 取值；

c_{k}、φ_{k}—— 基底以下 1 倍底宽 b 内的地基土内摩擦角和黏聚力标准值。

表 6-1　承载力系数表

φ_k/(°)	基础宽度系数		基础埋深系数		黏聚力系数	
	式(6-44)M_b	式(6-43)$N_\gamma/2$	式(6-44)M_d	式(6-43)N_q	式(6-44)M_c	式(6-43)N_c
0	0	0	1.00	1.00	3.14	3.14
2	0.03	0.03	1.12	1.12	3.32	3.32
4	0.06	0.06	1.25	1.25	3.51	3.51
6	0.10	0.10	1.39	1.40	3.71	3.71
8	0.14	0.14	1.55	1.55	3.93	3.93
10	0.18	0.18	1.73	1.73	4.17	4.17
12	0.23	0.23	1.94	1.94	4.42	4.42
14	0.29	0.30	2.17	2.17	4.69	4.70
16	0.36	0.36	2.43	2.43	5.00	5.00
18	0.43	0.43	2.72	2.72	5.31	5.31
20	0.51	0.50	3.06	3.10	5.66	5.66
22	0.61	0.60	3.44	3.44	6.04	6.04
24	0.80	0.70	3.87	3.87	6.45	6.45
26	1.10	0.80	4.37	4.37	6.90	6.90
28	1.40	1.00	4.93	4.93	7.40	7.40
30	1.90	1.20	5.59	5.60	7.95	7.95
32	2.60	1.40	6.35	6.35	8.55	8.55
34	3.40	1.50	7.21	7.20	9.22	9.22
36	4.20	1.80	8.25	8.25	9.97	9.97
38	5.00	2.10	9.44	9.44	10.80	10.80
40	5.80	2.50	10.84	10.84	11.73	11.73

使用式(6-44)时有如下几点值得注意。

(1)该公式与确定塑性区深度的临界荷载 $p_{1/4}$ 的公式是相似的。在表 6-1 中，当 $\varphi<20°$ 时，它与式(6-43)中 $p_{1/4}$ 的三个承载力系数数值基本相同；当 $\varphi>20°$ 时，式(6-44)的宽度系数值显著提高了。

(2)与 $p_{1/4}$ 的公式一样，该公式也是在竖向中心荷载条件下推导的，所以它适用于偏心距 e 不大的情况，要求 $e\leqslant 0.033b$。

(3)该公式采用的强度指标是基于室内三轴试验的标准值，它不同于简单的试验成果的平均值，对成果进行了统计分析，考虑了成果的离散情况。

首先要求进行 $n\geqslant 6$ 组三轴试验，然后计算试验指标的平均值 μ、标准差 σ 和变异系数 δ，即

$$\mu=\frac{\sum_{i=1}^{n}\mu_i}{n} \tag{6-45}$$

$$\sigma=\sqrt{\frac{\sum_{i=1}^{n}\mu_i^2-(n\mu)_2}{n-1}} \tag{6-46}$$

$$\delta=\frac{\sigma}{\mu} \tag{6-47}$$

再计算内摩擦角和黏聚力的统计修正系数 ψ_φ 和 ψ_c，即

$$\psi_\varphi=1-\left(\frac{1.704}{\sqrt{n}}+\frac{4.678}{n^2}\right)\delta_\varphi \tag{6-48}$$

$$\psi_c = 1 - \left(\frac{1.704}{\sqrt{n}} + \frac{4.678}{n^2}\right)\delta_c \tag{6-49}$$

最后计算强度指标的标准值，即

$$\varphi_k = \psi_\varphi \varphi_m$$
$$c_k = \psi_c c_m \tag{6-50}$$

式中　φ_m、c_m——内摩擦角和黏聚力的试验平均值；

δ_φ、δ_c——内摩擦角和黏聚力的试验变异系数。

2. 现场原位试验法

现场原位试验确定承载力的方法有浅层和深层平板载荷试验、标准贯入试验、静力触探试验和旁压仪试验等。其中，最常用的是浅层平板载荷试验。首先通过试验测得荷载—沉降曲线（p—s 曲线），确定承载力的特征值的初值 f_{ak}，它可以取为曲线的比例界限（相当于临塑荷载或者极限承载力的一半）。当试验的极限荷载 p_u 小于比例界限的 2 倍时，可取 $f_{ak} = p_u/2$；当没有做到极限荷载时，取试验最大荷载的一半。

在对具体基础工程进行设计时，对于从载荷试验或者按经验值确定的承载力 f_{ak}，还应当计入基础的深度和宽度的影响，即

$$f_a = f_{ak} + \eta_b \gamma (b - 3) + \eta_d \gamma_m (d - 0.5) \tag{6-51}$$

式中　f_a——修正后的地基承载力特征值；

η_b、η_d——基础的宽度和深度承载力修正系数，可按表 6-2 取值；

γ——基底以下土的加权平均重度，潜水位以下取浮重度；

γ_m——基底以上土的加权平均重度，潜水位以下取浮重度；

b——基底宽度（m），$b < 3$ m 时按 $b = 3$ m 取值，$b > 6$ m 时按 $b = 6$ m 取值；

d——基础埋置深度，一般自室外地面标高算起，在填方整平地区可按填方地面标高算起，但填方在上部结构施工后完成时按天然地面算起，对于地下室，采用整体性的基础（如箱型基础和筏形基础）时可按室外地面算起，采用独立或条形基础时应从室内地面算起。

表 6-2　承载力修正系数表

土的类别		η_b	η_d
淤泥和淤泥质土		0	1.0
人工填土 e 或 I_L 大于或等于 0.85 的黏性土		0	1.0
红黏土	含水比 $\alpha_w > 0.8$	0	1.2
	含水比 $\alpha_w \leqslant 0.8$	0.15	1.4
大面积压实填土	压实系数大于 0.95，黏粒含量 $\rho_c \geqslant 10\%$ 的粉土	0	1.5
	最大干密度大于 2.1 g/cm^3 的级配砂石	0	2.0
粉土	黏粒含量 $\rho_c \geqslant 10\%$	0.3	1.5
	黏粒含量 $\rho_c < 10\%$	0.5	2.0
e 及 I_L 均小于或等于 0.85 的黏性土		0.3	1.6
粉砂、细砂（不包括很湿与饱和时的稍密状态）		2.0	3.0
中砂、粗砂、砾砂和碎石土		3.0	4.4

知识拓展

具体工程可通过载荷试验或其他原位试验，按经验取值和公式计算综合确定，然后进行沉降计算，有时还要验算软弱下卧层地基承载力。

【例 6-3】均匀黏性土地基上条形基础的宽度 $b=2.0\ \text{m}$，基础埋置深度 $d=1.5\ \text{m}$，地下水位在基底高程处。地基土的比重 $G_s=2.70$，孔隙比 $e=0.70$，水位以上的饱和度为 $S_r=80\%$，土的强度指标 $c=10\ \text{kPa}$，$\varphi=20°$。求地基的临塑荷载 p_{cr} 和临界荷载 $p_{1/4}$、$p_{1/3}$，用规范的承载力公式计算承载力特征值 f_a，并与太沙基的极限承载力 p_u 进行比较。

解： (1) 求土的天然重度 γ、饱和重度 γ_{sat} 和浮重度 γ'(图 6-16)：

$$\gamma_{sat}=10\times(2.7+0.7)/1.7=20(\text{kN/m}^3),\ \gamma'=10\ \text{kN/m}^3$$

$$\gamma=10\times(2.7+0.7\times0.8)/1.7=19.2(\text{kN/ m}^3)$$

(2) 计算式(6-43) 中的各系数：

$$N_c=\frac{\pi\cot\varphi}{\cot\varphi-\pi/2+\varphi}=\frac{3.14\times\cot 20°}{\cot 20°-\pi/2+20\pi/180}=\frac{8.635}{1.528}=5.65$$

$$N_q=1+\frac{\pi}{\cot\varphi-\varphi/2+\gamma}=1+\frac{3.14}{1.528}=3.05$$

$$N_{\gamma 1/4}=\frac{1}{2}\frac{\pi}{\cot\varphi-\varphi/2+\gamma}=\frac{1}{2}\times2.06=1.03$$

$$N_{\gamma 1/3}=\frac{2}{3}\frac{\pi}{\cot\varphi-\varphi/2+\gamma}=\frac{2}{3}\times2.06=1.37$$

(3) 计算 p_{cr}、$p_{1/4}$、$p_{1/3}$：

$$p_{cr}=\gamma_0 dN_q+cN_c=19.2\times1.5\times3.05+10\times5.65$$
$$=144.3(\text{kPa})$$

$$p_{1/4}=\frac{1}{2}\gamma_1 bN_{\gamma 1/4}+\gamma_0 dN_q+cN_c=\frac{1}{2}10\times2\times1.03+$$
$$19.2\times1.5\times3.05+10\times5.65=154.6(\text{kPa})$$

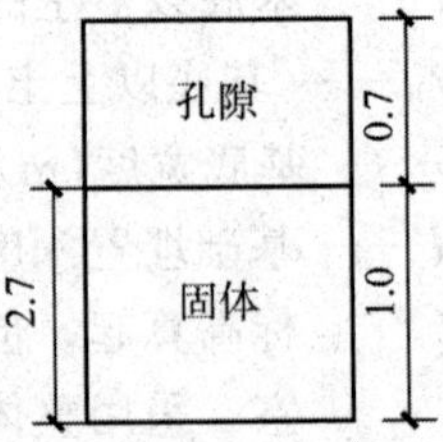

$$p_{1/3}=\frac{1}{2}\gamma_1 bN_{\gamma 1/3}+\gamma_0 dN_q+cN_c=\frac{1}{2}\times10\times2\times1.37+$$
$$19.2\times1.5\times3.05+10\times5.65=158.0(\text{kPa})$$

孔隙 0.7
固体 1.0
2.7
单位：mm

图 6-16 例题 6-3 图

(4) 用规范的公式计算：

$$f_a=M_b\gamma b+M_d\gamma_m d+M_c c_k$$

通过 $\varphi=20°$ 分别查表 6-1 中的三个系数 $M_b=0.51$，$M_d=3.06$，$M_c=5.66$，有

$$f_a=M_b\gamma b+M_d\gamma_m d+M_c c_k=0.51\times10\times2+3.06\times19.2\times1.5+5.66\times10$$
$$=154.9(\text{kPa})$$

可见，它等于 $p_{1/4}$。

(5) 计算太沙基极限承载力 p_u：

$$p_u=\frac{1}{2}\gamma_1 bN_\gamma+\gamma_0 dN_q+cN_c$$

通过 $\varphi=20°$ 分别查图 6-9 中的三个系数 $N_y=4.5$，$N_q=7$，$N_c=17$，有

$$p_u=\frac{1}{2}\gamma_1 bN_\gamma+\gamma_0 dN_q+cN_c=\frac{1}{2}\times10\times2\times4.5+19.2\times1.5\times7+10\times17$$
$$=416.6(\text{kPa})$$

与极限承载力比较，用规范公式计算，相当于安全系数 $F_s=416.6/154.6=2.69$。

【例 6-4】地基土为中密的中砂，重度 $\gamma=16.7\ \text{kN/m}^3$，条形基础的宽度 $b=2.0$ m，基础埋置深度 1.2 m，通过现场平板载荷试验得到极限为承载力 $p_u=420$ kPa，求该基础的地基承载力特征值 f_a。

(1) 根据载荷试验的极限承载力求其特征值的初值：

$$f_{ak}=p_u/2=420/2=210(\text{kPa})$$

(2) 经深度和宽度修正，查表 6-2 得系数 $\eta_b=3.0$，$\eta_d=4.4$。

(3) 计算承载力特征值：

$$f_a=f_{ak}+\eta_b\gamma(b-3)+\eta_d\gamma_m(d-0.5)=210+4.4\times16.7\times(1.2-0.5)=210+51.4=261.4(\text{kPa})$$

当 $b<3$ m 时，按 $b=3$ m 取值。

思考题

1. 试根据式(6-18) 和图 6-13 分析：

(1) 基础宽度 b、基础埋深 d 和黏聚力 c 对承载力影响的机理，三个极限承载力系数与内摩擦角 φ 的关系；

(2) 砂土地基为什么埋深不宜太浅；

(3) 为什么基础的宽度增加，地基的极限承载力会增加。

2. 如图 6-17 所示，条形基础受中心竖向荷载作用，基础宽度 2.4 m，埋深 2 m，地下水位上、下土的重度分别为 18.4 kN/m³ 和 19.2 kN/m³，内摩擦角 9＝20°，黏聚力 $c=8$ kPa，试用太沙基公式比较地基整体剪切破坏和局部剪切破坏时的极限承载力。

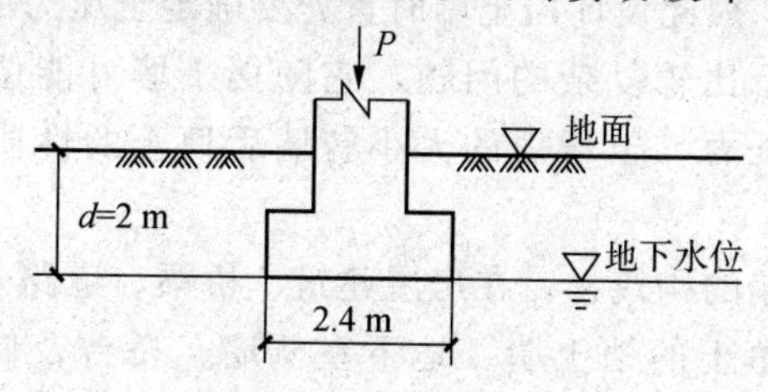

图 6-17　思考题 2 图

第七章　土压力与边坡的稳定性

土体作用在挡土墙、板桩墙、桥台等挡土结构物上的侧压力称为土压力，它随挡土墙可能位移的方向分为主动土压力、被动土压力和静止土压力。土压力的大小与墙后填土的性质、墙背倾斜方向等因素有关。朗肯土压力理论是根据半空间的应力状态和土单元体(土中一点)的极限平衡条件而得出的土压力古典理论之一。库仑土压力理论是以整个滑动土体上力系的平衡条件来求解主动、被动土压力计算的理论公式。

知识拓展

土质边坡简称土坡，可分为砂性土边坡和黏性土边坡。造成边坡失稳的主要原因包括边坡设计参数的失误(坡过陡或坡角过大)、坡顶超载、渗流及坡脚受到切割。分析边坡稳定性分析方法有整体圆弧滑动法、毕晓普条分法、费伦纽斯条分法、简布条分法和传递系数法等。

第一节　概　述

土压力通常是指挡土墙后的填土因自重或外荷载作用对墙背产生的侧压力。由于土压力是挡土墙的主要外荷载，因此设计挡土墙时首先要确定土压力的性质、大小、方向和作用点。土压力的计算是一个比较复杂的问题，它随挡土墙可能位移的方向分为主动土压力、被动土压力和静止土压力。土压力的大小与墙后填土的性质、墙背倾斜方向等因素有关。

挡土墙是防止土体坍塌的构筑物，在房屋建筑、桥梁、道路及水利等工程中得到广泛应用，如支撑建筑物周围填土的挡土墙、地下室侧墙、桥台及储藏粒状材料的挡墙等，大、中桥两岸引道路堤的两侧挡土墙(可少占土地和减少引道路堤的土方量)等，还有深基坑开挖支护墙及隧道、水闸、驳岸等构筑物的挡土墙等。挡土墙设计包括结构类型选择、构造设施及计算。由于挡土墙侧作用着土压力，因此计算中抗倾覆和抗滑移稳定性验算是十分重要的。通常绕墙趾点倾覆，但当地基软弱时，墙趾可能陷入土中，力矩中心点则向内移动。通常沿基础底面滑动，但当地基软弱时，滑动可能发生在地基持力层之中，即挡土墙连同地基一起滑动。

任何材料当所受到的应力或应变达到一定值时，将会产生屈服或破坏。土体是一种由固、液、气组合的散体材料，在受到外界因素的影响时会产生拉破坏或剪切破坏。土体是一种不抗拉材料，在受到拉应力后会发生开裂，而这种开裂导致土体颗粒重新组合，形成新的“连续性”土体。土体的破坏是从局部的拉裂或剪切开始，最后形成连续的剪切面，一般情况下认为在边坡稳定分析中按剪切破坏形式来判别边坡是否稳定。边坡稳定分析是岩土工程实践和研究领域的主要课题之一。边坡按其材料组成分为岩质边坡、土质边坡和过渡型边坡。岩质边坡的稳定性主要受结构面控制。土质边坡简称土坡，可分为砂性土边坡

和黏性土边坡。砂性土边坡分析起来简单，而黏性土边坡相对较为复杂。土坡工程中常采用极限平衡法。所谓过渡型边坡，是指岩石和土混杂，可能土层下存在卧岩层等情况，这种分析起来也较复杂。土坡按其形成的原因有天然土坡和人工土坡，前者是在自然应力的作用下形成的，若无其他外部扰动基本保持稳定，形成时间相对较长，人工土坡则是通过填方或挖方形成的，时间相对较短，一般来说需要分析其稳定性。简单土质边坡主要组成元素如图 7-1 所示。

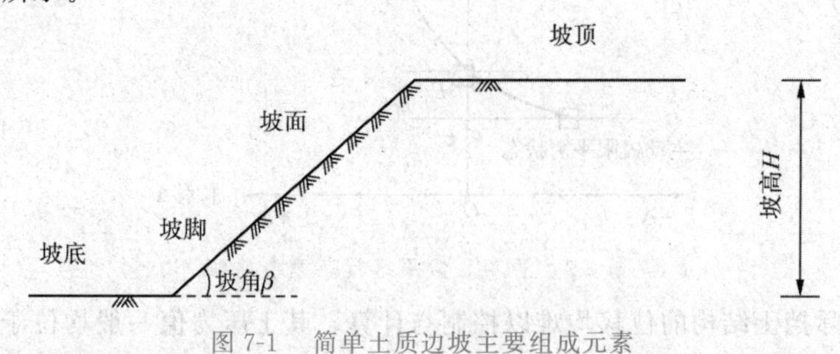

图 7-1　简单土质边坡主要组成元素

造成边坡失稳的主要原因包括边坡设计参数的失误(坡过陡或坡角过大)、坡顶超载、渗流及坡脚受到切割。目前判别边坡稳定的方法主要有超载法和折减法。超载法实际上是加大推力，但传统的推力是竖向施加，在增加下滑力的同时也增加了抗滑力，造成力学概念不明确。而强度折减法则是通过降低土体的强度参数从而使边坡达到极限平衡，力学概念明确，在实际工程中使用广泛。毕晓普(Bishop) 关于边坡稳定安全系数的定义正好反映了这一点，即将强度参数 c 和 φ 进行如下方式的折减：c/K，$\tan\varphi/K$。其中，K 为安全系数。对于土质边坡稳定分析来说，常见的边坡为黏性土边坡，这是本章的主要研究对象。在边坡稳定分析中，主要分析方法有基于上限分析的稳定因数图解法和条分法。

第二节　挡土墙侧的土压力

一、基本概念

土体作用在挡土墙、板桩墙、桥台等挡土结构物上的侧压力称为土压力，其影响因素包括挡土结构物的形式、刚度、表面粗糙度、位移方向、墙后土体的地表形态、土的物理力学性质、地基的刚度及墙后填土的施工方法等。

按挡土结构相对墙后土体的位移方向(平动或转动) 和墙后土体所处的应力状态，土压力可分为以下三类。

(1) 静止土压力。无位移 k_0 状态。当挡土墙静止不动，土体处于弹性平衡状态时，土对墙的压力称为静止土压力。例如，上部结构建起的地下室外墙，其总压力和分布力分别用 E_0 和 σ_0。

(2) 主动土压力。离开土体的位移，当挡土墙向离开土体方向偏移至土体达到极限平衡状态时，作用在墙上的土压力称为主动土压力。例如，挡土墙的总压力和分布力分别用 E_a 和 σ_a 表示。

(3) 被动土压力。对着土体的位移，当挡土墙向土体方向偏移至土体达到极限平衡状态时，作用在挡土墙上的土压力称为被动土压力。例如，在基坑中向土中顶入地下结构的反力墙、基坑中承受支撑的钢板桩等，其总压力和分布力分别用 E_p 和 σ_p 表示。

由于 E_a 与 E_p 是两种极限平衡状态，因此其大小关系如图 7-2 所示，即

$$E_a < E_0 < E_p \tag{7-1}$$

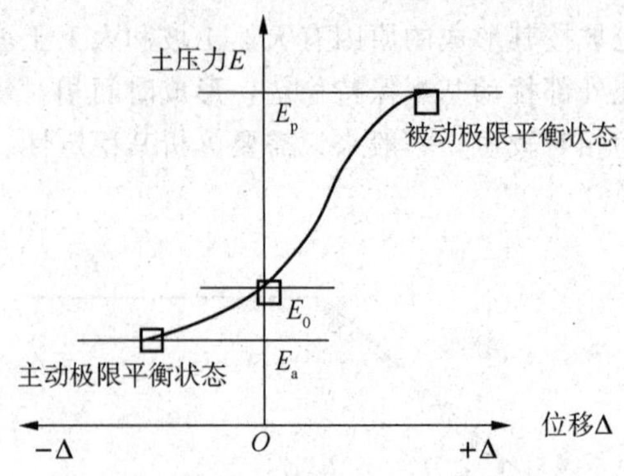

图 7-2　两种极限平衡状态大小关系

工程上实际挡土结构的位移均难以控制与计算，其土压力值一般均位于这三种特殊土压力之间。

知识拓展

挡土墙计算均属平面应变问题，故在土压力计算中均取一延长米的墙长度，土压力单位为 kN/m，而土压力强度单位则为 kPa。土压力的计算理论主要有古典的朗肯(Rankine，1857)和库仑理论。两种古典土压力理论把土体视为刚塑性体，按照极限平衡理论求解其方程。自从库仑理论发表以来，人们先后进行过多次多种的挡土墙模型实验、原型观测和理论研究。

二、静止土压力

静止土压力处于 k_0 状态，即挡土结构物墙背离墙顶 z 处的应力状态为

$$\sigma_z = \gamma z，\sigma_h = k_0 \gamma z \tag{7-2}$$

其沿墙背的静止土压力(图 7-3)为

$$\sigma_0 = k_0 \gamma z \tag{7-3}$$

式中　k_0——静止土压力系数，它可由土的泊松比求出，也可取

$$k_0 = 1 - \sin\varphi \tag{7-4}$$

其值大小约为

$$k_0 = 0.20 \sim 0.40(\text{砂土})$$

$$k_0 = 0.40 \sim 0.80(\text{黏性土})$$

墙背合力为

$$E_0 = \frac{1}{2}\gamma H^2 k_0 (\text{kN/m}) \tag{7-5}$$

作用点离墙底距离为

$$X = \frac{1}{3}H$$

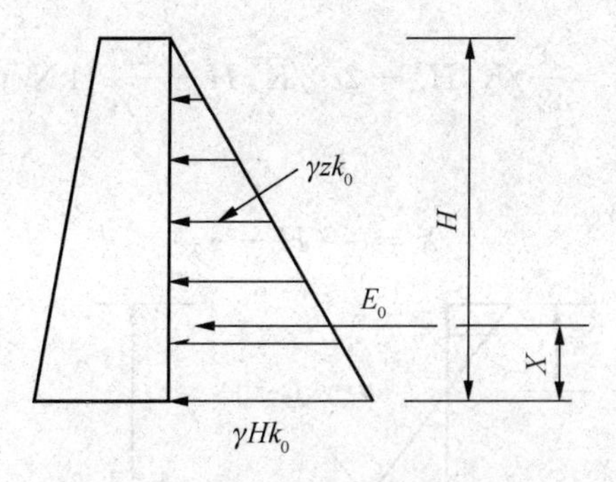

图 7-3　静止土压力分布示意图

第三节　土压力计算

一、朗肯土压力计算

朗肯土压力理论是根据半空间的应力状态和土单元体（土中一点）的极限平衡条件得出的土压力古典理论之一。

1. 基本假设

挡土结构墙背垂直、光滑，挡土结构物刚性，挡土结构物墙后填土为均质刚塑性半无限体，挡土结构物墙后填土面水平，墙高 H 以下的土体状态及位移与其上一致。

朗肯主动极限状态为

$$\sigma_2 = \gamma z = \sigma_1 ,\ \sigma_x = \sigma_a = \sigma_3$$

朗肯被动极限状态为

$$\sigma_z = \gamma z = \sigma_3 ,\ \sigma_x = \sigma_p = \sigma_1$$

2. 主动土压力

(1) 黏性土的主动土压力。由极限平衡条件得

$$\sigma_a = \sigma_3 = \gamma z \tan^2\left(45° - \frac{\varphi}{2}\right) - 2\cot\left(45° - \frac{\varphi}{2}\right)$$

令 $K_a = \tan^2\left(45° - \frac{\varphi}{2}\right)$，称为主动土压力系数，则有

$$\sigma_a = \gamma z K_a - 2c\sqrt{K_a} \tag{7-6}$$

其分布示意图如图 7-4 所示，在 z_0 深度范围以内，主动土压力为负值，表示当墙离开墙后填土时，受到填土的拉力，而土是不能受拉的，因此认为在此范围内土压力为 0。可由下式求出 z_0，即

$$\gamma z_0 K_a - 2c\sqrt{K_a} = 0$$

$$z_0 = \frac{2c}{\gamma\sqrt{K_a}} \tag{7-7}$$

其合力为

$$E_a = \int_{z_0}^{H} \sigma_a \mathrm{d}z = \int_{z_0}^{H} (\gamma z K_a - 2c\sqrt{K_a})\mathrm{d}z$$

整理后可写为

$$E_a=\frac{1}{2}\gamma K_a H^2-2c\sqrt{K_a}H+\frac{2c^2}{\gamma}(\text{kN/m}) \tag{7-8}$$

作用点离墙底的距离为

$$X=\frac{1}{3}(H-z_0) \tag{7-9}$$

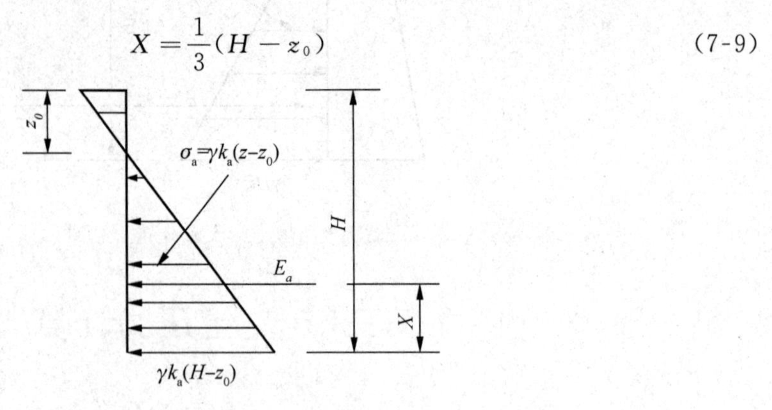

图 7-4　主动土压力分布示意图

(2) 无黏性土的主动土压力为

$$\sigma_a=\sigma_3=\gamma z\tan^2\left(45°-\frac{\varphi}{2}\right)$$

即

$$\sigma_a=\gamma z K_a \tag{7-10}$$

其合力为

$$E_a=\frac{1}{2}\gamma K_a H^2(\text{kN/m}) \tag{7-11}$$

离墙底的距离为

$$X=\frac{1}{3}H$$

3. 被动土压力

(1) 黏性土的被动土压力。由极限平衡条件，有

$$\sigma_p=\sigma_1$$

$$\sigma_p=\gamma z\tan^2\left(45°+\frac{\varphi}{2}\right)+2\cot\left(45°+\frac{\varphi}{2}\right)$$

令 $K_p=\tan^2\left(45°+\frac{\varphi}{2}\right)$，称为被动土压力系数，则有

$$\sigma_p=\gamma z K_p+2c\sqrt{K_p} \tag{7-12}$$

其分布示意图如图 7-5 所示，其合力为

$$E_p=\frac{1}{2}\gamma H^2 K_p+2cH\sqrt{K_p}(\text{kN/m}) \tag{7-13}$$

合力作用点可由矩形图与三角形图分别对墙底取矩求得，即

$$E_{p1}\frac{H}{2}+E_{p2}\frac{H}{3}=E_p c$$

$$X=\frac{cH+\frac{\gamma H^2}{6}\sqrt{K_p}}{2c+\frac{\gamma H}{2}\sqrt{K_p}} \tag{7-14}$$

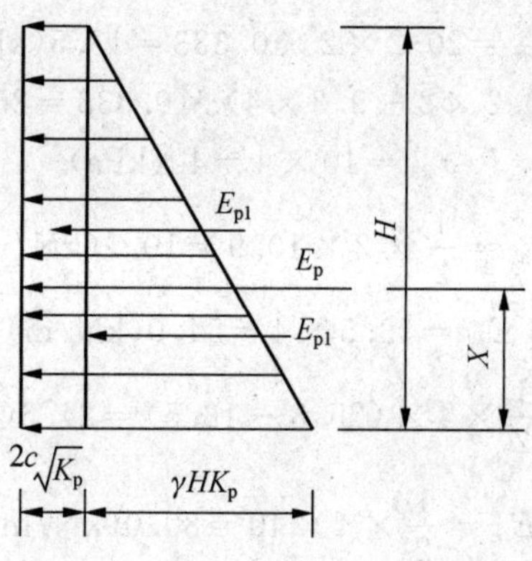

图 7-5　被动土压力分布示意图

(2) 无黏性土的被动土压力为

$$E_p = \frac{1}{2}\gamma H^2 K_p \tag{7-15}$$

$$X = \frac{1}{3}H \tag{7-16}$$

4. 朗肯理论的推广

工程实际中的土层是有地下水的，土是成层的，一般在填土面上还有施工荷载。根据上述假定，朗肯理论是不适用的。但是，运用从墙后填土的某一点直接用极限平衡方程求解的方法，可以直接考虑这些问题。但这一概念与朗肯的假定条件是有区别的，下面通过算例来说明上面这些问题。

【例 7-1】某挡土墙墙背垂直、光滑，填土面水平，墙高 6 m，墙后填土为同一类型的土，地下水位在离墙顶 2 m 处，其示意图如图 7-6 所示，求作用在墙背上的总水平压力。

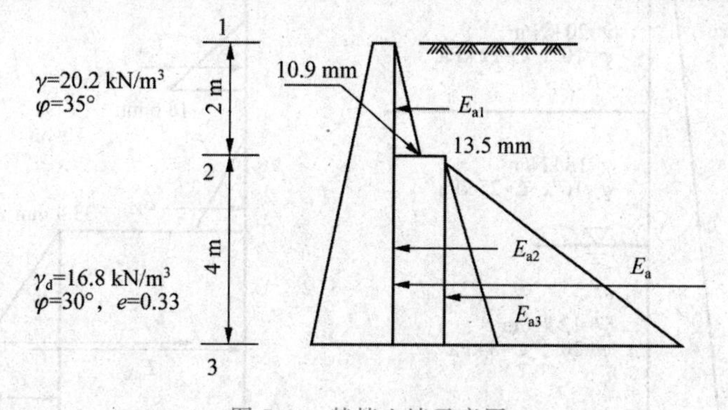

图 7-6　某挡土墙示意图

解：　根据题意对挡土墙受力分析，其条件符合朗肯理论，得

$$K_{a1} = \tan^2\left(45° - \frac{35°}{2}\right) = 0.271$$

$$K_{a2} = \tan^2\left(45° - \frac{30°}{2}\right) = 0.333$$

$$\gamma = \gamma_d - \frac{\gamma_w}{1+e} = 16.8 - \frac{10}{1+0.33} = 9.3(\text{kN/m}^3)$$

$$\sigma_{a1} = 0$$

$$O_{a2上} = 20.2 \times 2 \times 0.271 = 10.9(\text{kPa})$$

$$\sigma_{a2下} = 20.2 \times 2 \times 0.333 = 13.5(\text{kPa})$$

$$\sigma_{a3} = (20.2 \times 2 + 9.3 \times 4) \times 0.333 = 25.8(\text{kPa})$$

$$\sigma_{w3} = 10 \times 4 = 40(\text{kPa})$$

$$E_{a1} = \frac{1}{2} \times 2 \times 10.9 = 10.9(\text{kN/m})$$

$$E_{a2} = 13.5 \times 4 = 54.0(\text{kN/m})$$

$$E_{a3} = \frac{1}{2} \times 4 \times (25.8 - 13.5) = 24.6(\text{kN/m})$$

$$E_{w} = \frac{1}{2} \times 4 \times 40 = 80.0(\text{kN/m})$$

$$E = E_a + E_w = (10.9 + 54.0 + 24.6) + 80.0 = 169.5(\text{kN/m})$$

合力作用点为

$$10.9 \times \left(\frac{1}{3} \times 2 + 4\right) + 54.0 \times 2 + 24.6 \times 4/3 + 80.0 \times 4/3 = 169.5X$$

$$X = 1.76\ \text{m}$$

工程上，当考虑墙后地下水难以排干或山洪暴发使得墙上泄水孔堵塞时，常做这样的验算。但这绝不意味着墙身可不设泄水孔，因为墙后地基经长期水泡将使其强度降低，产生破坏，这一现象在工程实际中屡见不鲜。

【例 7-2】某挡土墙墙背垂直、光滑，墙高 7 m，填土面水平。填土表面作用有大面积均布荷载 $q = 15$ kPa，地下水位处于第三层土顶面，其示意图如图 7-7 所示。试求墙背总土压力与水压力。

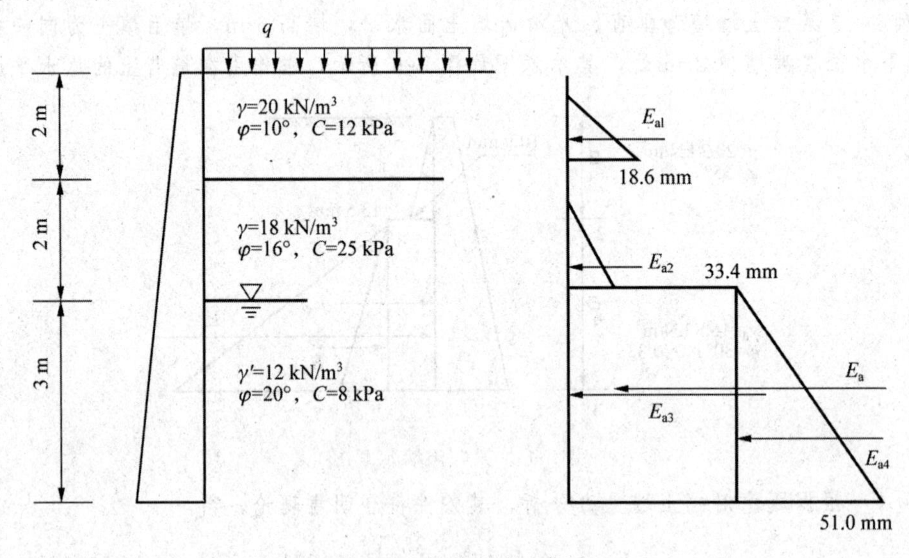

图 7-7　某挡土墙示意图

解：(1) 其条件符合朗肯假定，各层土的主动土压力系数为

$$K_{a1} = \tan^2\left(45° - \frac{10°}{2}\right) = 0.704$$

$$K_{a2} = \tan^2\left(45° - \frac{16°}{2}\right) = 0.568$$

$$K_{a3}=\tan^2\left(45°-\frac{20°}{2}\right)=0.490$$

(2) 在开裂深度处小主应力(主动土压力)为0，即

$$0=(15+20\times z_{01})\times 0.704-2\times 12\sqrt{0.704}$$

$$z_{01}=\frac{2\times 12}{20\times\sqrt{0.704}}-\frac{15}{20}=0.68(\mathrm{m})$$

在第二层土顶面，可算出主动土压力仍然为负值，故有

$$0=(15+20\times 2+18\times z_{02})\times 0.568-2\times 25\sqrt{0.568}$$

$$z_{02}=\frac{2\times 25}{18\times\sqrt{0.568}}-\frac{15+20\times 2}{18}=0.63(\mathrm{m})$$

$$\sigma_{aB上}=(15+20\times 2)\times 0.704-2\times 12\times\sqrt{0.704}=18.6(\mathrm{kPa})$$

$$\sigma_{aC上}=(15+20\times 2+18\times 2)\times 0.568-2\times 25\times\sqrt{0.568}=14.0(\mathrm{kPa})$$

$$\sigma_{aC下}=(15+20\times 2+18\times 2)\times 0.490-2\times 8\times\sqrt{0.490}=33.4(\mathrm{kPa})$$

$$\sigma_{aD}=(15+20\times 2+18\times 2+18\times 3)\times 0.490-2\times 8\times\sqrt{0.490}=51.0(\mathrm{kPa})$$

主动土压力合力为

$$E_{a1}=\frac{1}{2}\times(2-0.68)\times 18.6=12.28(\mathrm{kN/m})$$

$$E_{a2}=\frac{1}{2}\times(2-0.63)\times 14.0=9.59(\mathrm{kN/m})$$

$$E_{a3}=3\times 33.4=100.2(\mathrm{kN/m})$$

$$E_{a4}=\frac{1}{2}\times 3\times(51.0-33.4)=26.4(\mathrm{kN/m})$$

$$E_a=12.28+9.59+100.2+26.4=148.47(\mathrm{kN/m})$$

主动土压力合力作用点为

$$X_1=\frac{1}{3}\times(2-0.68)+2+3=5.44(\mathrm{m})$$

$$X_2=\frac{1}{3}\times(2-0.63)+3=3.46(\mathrm{m})$$

$$X_3=\frac{1}{2}\times 3=1.5(\mathrm{m})$$

$$X_4=\frac{1}{3}\times 3=1.0(\mathrm{m})$$

$$X=(12.28\times 5.44+9.59\times 3.46+100.2\times 1.5+26.4\times 1.0)/148.4$$
$$=1.86(\mathrm{m})$$

总水压力为

$$P_w=\frac{1}{2}\times 10\times 3^2=45(\mathrm{kN/m})$$

二、库仑土压力计算

上述朗肯土压力理论是根据半空间的应力状态和土单元体的极限平衡条件而得出的土压力古典理论之一。另一种土压力古典理论就是库仑土压力理论，它是以整个滑动土体上

力系的平衡条件来求解主动、被动土压力计算的理论公式的。

朗肯理论虽然概念清晰、简单，应用也方便，但是它的应用条件也非常苛刻。工程上很难满足其假设条件。因此，在工程实践中要继续了解库仑土压力理论及我国规范方法。

1. 基本假设

库仑在1776年总结了大量的工程实践经验后，根据挡土墙的具体情况，提出了较为符合当时实际情况的土压力计算理论。虽然这一方法的计算结果中被动土压力计算值与实际情况相差较大，但这一方法对于挡土墙的设计计算具有较好的实用性。库仑理论所要求的条件比朗肯理论更符合实际情况。

知识拓展

库仑土压力理论是根据墙后土体处于极限平衡状态并形成一滑动楔体时，从楔体的静力平衡条件得出的土压力计算理论，其基本假设如下。

(1) 墙后填土是理想的散粒体(黏聚力 $c=0$)。

(2) 滑动破坏面为一平面。

(3) 滑动土楔体视为刚体。

2. 求解方法

对于图7-8所示的挡土墙，已知墙背倾斜角为α，填土面倾斜角为β，若挡土墙在填土压力作用下背离填土向外移动，则当墙后土体达到主动极限平衡状态时，土体中将产生滑动面AB及BC。通过取此滑动体ABC作为脱离体，求出不同的滑动面BC所对应的滑动体对墙背的作用力的极值，即要求主动土压力E_a。同样，也可用此方法求出被动土压力E_p。

3. 主动土压力

沿挡土墙长度方向取一单位长度的墙进行分析，当土压力作用迫使墙体向前位移或绕墙前趾转动时，位移或转动达到一定数值，墙后土体达到极限平衡状态，产生滑动面BC，滑动土体ABC有下滑的趋势。取土体ABC作为脱离体，它所受重力灰、滑动面上的作用力及挡土墙对它的作用力方向如图7-9所示。墙对它的作用力就是主动土压力的反作用力。在极限平衡状态，三个力组成封闭三角形。

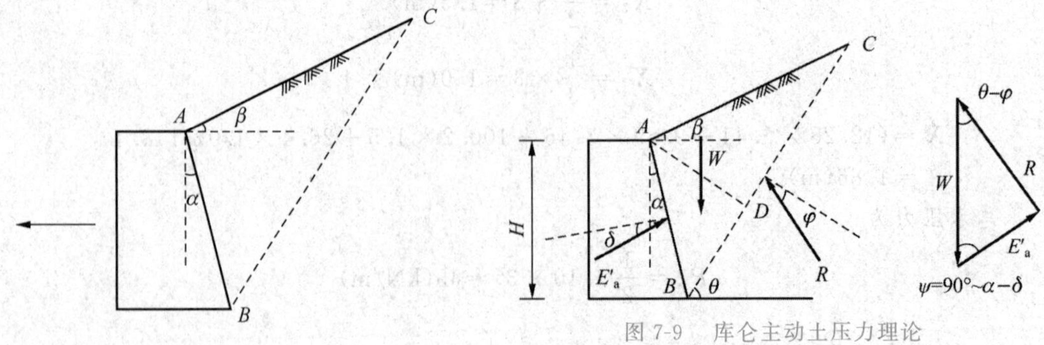

图7-8　某挡土墙示意图

图7-9　库仑主动土压力理论

图7-9中，δ为墙背与土的摩擦角称为外摩擦角；φ为土的内摩擦角。

滑动土体的重力为

$$W=\gamma\times\frac{1}{2}BC\times AD \tag{7-17}$$

由正弦定律知

$$BC=AB\times\frac{\sin(90^\circ-\alpha+\beta)}{\sin(\theta-\beta)} \tag{7-18}$$

即

$$BC=\frac{H}{\cos\alpha}\frac{\sin(90^\circ-\alpha+\beta)}{\sin(\theta-\beta)} \tag{7-19}$$

$$=\frac{H\cos(\alpha+\beta)}{\cos\alpha\sin(\theta-\beta)}$$

在直角$\triangle ADB$中，有

$$AD=AB\times\cos(\theta-\alpha)=H\frac{\cos(\theta-\alpha)}{\cos\alpha} \tag{7-20}$$

于是有

$$W=\frac{\gamma H^2}{2}\frac{\cos(\alpha-\beta)\cos(\theta-\alpha)}{\cos^2\alpha\sin(\theta-\beta)} \tag{7-21}$$

在力封闭三角形中，E_a与W的关系由正弦定律给出，即

$$E_a=W\frac{\sin(\theta-\varphi)}{\sin[180^\circ-(\theta-\varphi+\psi)]} \tag{7-22}$$

$$=W\frac{\sin(\theta-\varphi)}{\sin(\theta-\varphi+\psi)}$$

将W的表达式代入上式，得

$$E_a=\frac{\gamma H^2}{2}\frac{\cos(\alpha-\beta)\cos(\theta-\alpha)\sin(\theta-\varphi)}{\cos^2\alpha\sin(\theta-\beta)\sin(\varphi-\varphi+\psi)} \tag{7-23}$$

显然，上式中对不同的θ角有不同的土压力表达式。令$\frac{\mathrm{d}E_a}{d\theta}=0$，求出$\theta_{cr}$，它所对应的$E_a$极大值即

$$E_a=\frac{\gamma H^2}{2}\frac{\cos^2(\varphi-\alpha)}{\cos^2\alpha\cos(\alpha+\delta)\left[1+\sqrt{\frac{\sin(\varphi+\delta)\sin(\varphi-\beta)}{\cos(\alpha+\delta)\cos(\alpha-\beta)}}\right]^2} \tag{7-24}$$

即

$$E_a=\frac{\gamma H^2}{2}K_a \tag{7-25}$$

式中　K_a——库仑主动土压力系数。

若$\alpha=\beta=\delta=0$，即墙背垂直、填土面水平和墙背光滑，则不难证明上式与朗肯理论完全一致。

库仑土压力强度为

$$\sigma_a=\frac{\mathrm{d}E_a}{\mathrm{d}z}=\gamma zK_a \tag{7-26}$$

其作用方向与墙背法线夹角为δ，作用点距墙底$H/3$(图7-10)。

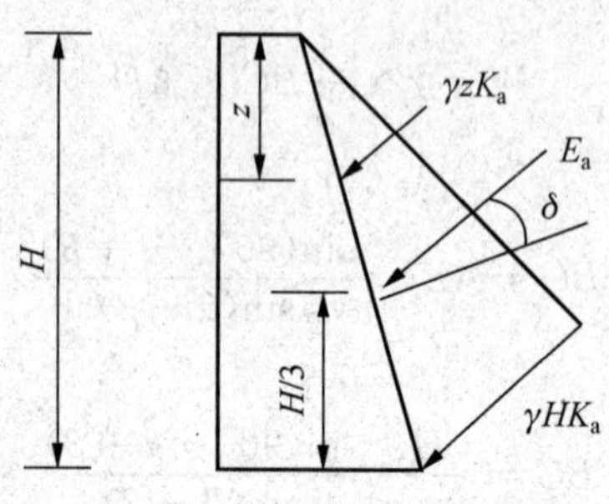

图 7-10　库仑主动土压力强度分布

4. 被动土压力

挡土结构物前面受到推力，迫使挡土结构压向填土。当其位移或转角达到一定数值时，墙后土体将产生滑动面 BC，土体 ABC 在墙推力作用下将沿 BC 面向上滑动。此时，运用类似求主动土压力的方法也可求出墙背倾斜、粗糙、墙后填土为无黏性土、填土表面倾斜的挡土结构上的被动土压力 E_p 值。

库仑被动土压力状态如图 7-11 所示，在力封闭三角形中运用正弦定律，得

$$E_p = W\frac{\sin(\theta+\varphi)}{\sin(180°-\theta-\varphi-\psi)} \tag{7-27}$$

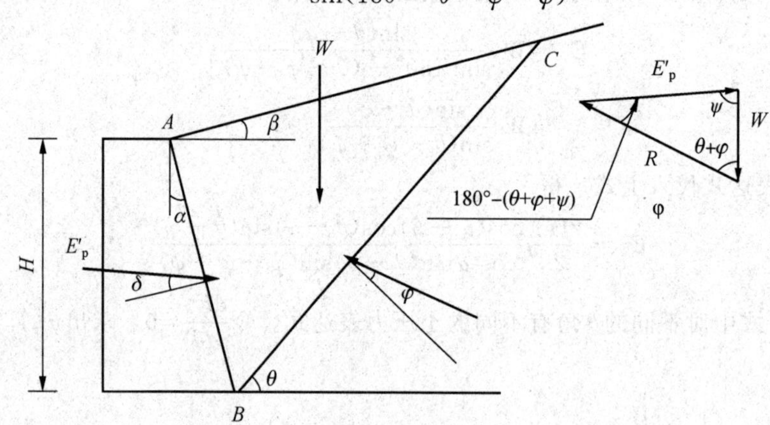

图 7-11　库仑被动土压力状态

令 $\dfrac{dE_p}{d\theta}=0$，同样可求得被动土压力的极小值，即

$$E_p = \frac{1}{2}\gamma H^2\frac{\cos^2(\varphi+\alpha)}{\cos^2\alpha\cos(\alpha-\delta)\left[1-\sqrt{\dfrac{\sin(\varphi+\delta)\sin(\varphi+\beta)}{\cos(\alpha-\delta)\cos(\alpha-\beta)}}\right]^2} \tag{7-28}$$

$$=\frac{\gamma H^2}{2}K_p \tag{7-29}$$

式中　K_p—— 库仑被动土压力系数，其土压力分布如图 7-12 所示。

若 $\alpha=\beta=\delta=0$，则上式可简化为

$$E_p = \frac{\gamma H^2}{2}\tan^2\left(45°+\frac{\varphi}{2}\right) \tag{7-30}$$

与朗肯公式一致。沿墙背被动土压力强度为

$$\sigma_p = \frac{dE_p}{dz} = \gamma z K_p \tag{7-31}$$

呈三角形分布，合力与墙背法线成夹角 $\delta H/3$ 处。

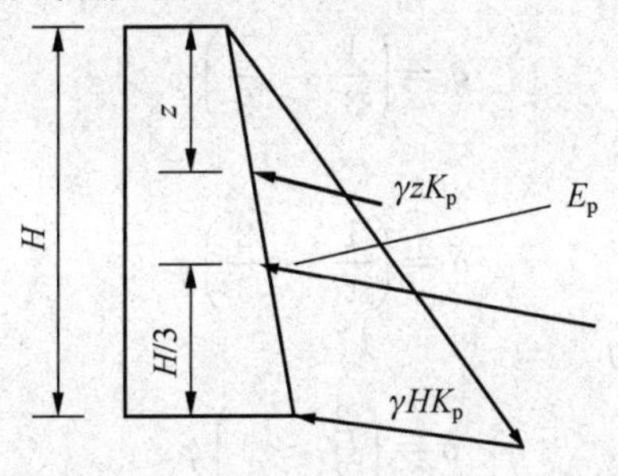

图 7-12　库仑被动土压力分布

三、朗肯理论与库仑理论的比较

朗肯理论和库仑理论分别根据不同的假设，以不同的分析方法计算土压力，只有在最简单的情况下($\alpha=0$，$\beta=0$，$\delta=0$)用这两种古典理论计算结果才相同，否则将得出不同的结果。朗肯土压力理论应用半空间中的应力状态和极限平衡理论的概念比较明确，公式简单，便于记忆，对于黏性土和无黏性土都可以用该公式直接计算，故在工程中得到广泛应用。但为使墙后的应力状态符合半空间的应力状态，必须假设墙背是直立、光滑的，墙后填土面是水平的。由于该理论忽略了墙背与填土之间摩擦影响，因此计算的主动土压力增大，而计算的被动土压力偏小。朗肯理论可推广用于非均质填土及有地下水情况，也可用于填土面上有均布荷载(超载)的几种情况(其中也有墙背倾斜和墙后填土面倾斜的情况)。

库仑土压力理论根据墙后滑动土楔的静力平衡条件推导出计算公式，考虑了墙背与土之间的摩擦力，并可用于墙背倾斜、填土面倾斜情况。但由于该理论假设填土是无黏性土，因此不能用库仑理论的原始公式直接计算黏性土的土压力。库仑理论假设墙后填土破坏时，破坏面是一平面，而实际上却是一曲面。实验证明，在计算主动土压力时，只有当墙背的斜度不大，墙背与填土间的摩擦角较小时，破坏面才接近于一平面，因此计算结果与按曲线滑动面计算的有出入。在通常情况下，这种偏差在计算主动土压力时约为 2% ～ 10%，可以认为已满足实际工程所要求的精度。但在计算被动土压力时，由于破坏面接近于对数螺线，因此计算结果误差较大，有时可达 2 ～ 3 倍，甚至更大。库仑理论可以用图解法也可以用数解法。用图解法时，填土表面可以是任何形状，可以有任意分布的荷载(超载)，还可以推广用于黏性土、粉土填料及有地下水的情况；用数解法时，也可以推广用于黏性土、粉土填料及墙后有限填土(有较陡峻的稳定岩石坡面)的情况。

第四节　土压力理论的应用

库仑理论假定滑动面为平面，而实际的滑动面为一曲面，因此导致 $E_{p计} > E_{p实}$，$E_{a计} < E_{a实}$；而朗肯理论则由于假定墙背光滑，因此 $E_{p计} < E_{p实}$，$E_{a计} > E_{a实}$。

库仑理论几乎不能计算黏性土的情况，等值内摩擦角法误差也较大。墙背外摩擦角的取值直接影响到土压力的大小，其经验数值如下。

墙背平滑、排水不良时为

$$\delta=\left(0\sim\frac{1}{3}\right)\varphi$$

墙背粗糙、排水良好时为

$$\delta=\left(\frac{1}{3}\sim\frac{1}{2}\right)\varphi$$

墙背很粗糙、排水良好时为

$$\delta=\left(\frac{1}{2}\sim\frac{2}{3}\right)\varphi$$

墙背与填土间不可能滑动时为

$$\delta=\left(\frac{2}{3}\sim 1\right)\varphi$$

分析与思考：

(1) 分析土压力理论和库仑土压力理论计算方法和适用条件。

(2) 静止土压力的墙背填土处于哪一种平衡状态？与主动、被动土压力状态有何不同？

(3) 挡土墙墙后为什么要做好排水设施？地下水对挡土墙的稳定性有何影响？

【例 7-3】某重力式挡土墙墙高 4 m，$\alpha=\beta=0$，粉质黏土作填料，要求 $\gamma_d\geqslant 16.5\ \text{kN/m}^3$，相当于 $\gamma=19\ \text{kN/m}^3$，$c=10$ kPa，$\varphi=15°$，求土压力大小。

解：(1) 用朗肯理论求土压力为

$$K_a=\tan^2\left(45°-\frac{15°}{2}\right)=0.59$$

$$z_0=\frac{2\times10}{9\times\sqrt{0.59}}=1.37(\text{m})$$

$$E_a=\frac{1}{2}\times(19\times4\times0.59-2\times10\times\sqrt{0.59})\times(4-1.37)=38.8(\text{kN/m})$$

(2) 用库仑理论求土压力。

取 $\varphi=35°$，$\delta=\varphi/2=17.5°$，则有

$$K_a=\frac{\cos^2 35°}{\cos 17.5°\left[1+\sqrt{\frac{\sin(35°+17.5°)\sin 35°}{\cos 17.5°}}\right]^2}=0.25$$

$$E_a=\frac{1}{2}\times19\times4^2\times0.25=38(\text{kN/m})$$

取 $\varphi=30°$，$\delta=\varphi/2=15°$，则有

$$K_a=0.30$$

$$E_a=\frac{1}{2}\times19\times4^2\times0.30=45.6(\text{kN/m})$$

φ 减小，则 E_a 增大。

(3) 按《建筑地基基础设计规范》方法计算。

按粉质黏土查表得

$$K_a=0.24$$

$$E_a=\frac{1}{2}\times19\times4^2\times0.24=36.5(\text{kN/m})$$

【例 7-4】某挡土墙，墙背垂直，填土面水平，墙后按力学性质分为三层土，每层土的厚度及物理力学指标如图 7-13 所示，土面上作用着满布的均匀荷载 $q=50$ kPa，地下水位

在第三层土的层面上。试用朗肯理论计算作用在墙背 AB 上的主动土压力 p_a 及作用在墙背上的水平压力 p_w。

解： 土层和土层的分界面编号如图 7-13 所示，首先计算各土层的参数。

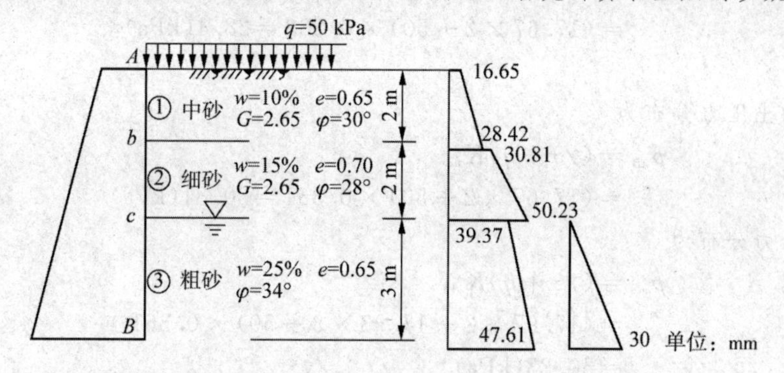

图 7-13　某挡土墙示意图

土层①为中砂，由已知条件可知该土层符合朗肯理论，即

$$\gamma_1 = \frac{\gamma_s(1+w)}{1+e} = \frac{G_s\gamma_w(1+w)}{1+e}$$

$$= \frac{2.65\times10\times(1+10\%)}{1+0.65} = 17.67(\text{kPa})$$

$$K_{a1} = \tan^2\left(45° - \frac{\varphi}{2}\right) = \tan^2\left(45° - \frac{30°}{2}\right) = 0.333$$

土层②为细砂，由已知条件可知该土层符合朗肯理论，即

$$\gamma_2 = \frac{\gamma_s(1+w)}{1+e} = \frac{G_s\gamma_w(1+w)}{1+e}$$

$$= \frac{2.65\times10\times(1+15\%)}{1+0.7} = 17.93(\text{kPa})$$

$$K_{a2} = \tan^2\left(45° - \frac{\varphi}{2}\right) = \tan^2\left(45° - \frac{28°}{2}\right) = 0.361$$

土层③为粗砂，由已知条件可知该土层符合朗肯理论。因为 $S_r = 1$，所以

$$G_s = \frac{S_r e}{w} = \frac{1\times0.65}{0.25} = 2.6$$

$$\gamma_{sat} = \gamma = \frac{\gamma_s(1+w)}{1+e} = \frac{G_s\gamma_w(1+w)}{1+e}$$

$$= \frac{2.6\times10\times(1+25\%)}{1+0.65} = 19.70(\text{kPa})$$

$$\gamma_3 = \gamma' = \gamma_{sat} - \gamma_w = 19.7 - 10 = 9.7$$

$$K_{a3} = \tan^2\left(45° - \frac{\varphi}{2}\right) = \tan^2\left(45° - \frac{34°}{2}\right) = 0.283$$

注：土层③位于水下，故饱和度 $S_r = 100\%$。

计算各土层的土压力分布如下。

土层①：

上表面的土压力分布为

$$p_{aA} = (\gamma z + q)K_{a1}$$

$$=(0+50)\times 0.333=16.65(\text{kPa})$$

下表面的土压力分布为

$$p_{aB}=(\gamma z+q)K_{a1}$$
$$=(17.67\times 2+50)\times 0.333=28.4(\text{kPa})$$

土层②：

上表面的土压力分布为

$$p_{aB}=(\gamma z+q)K_{a2}$$
$$=(17.67\times 2+50)\times 0.361=30.81(\text{kPa})$$

下表面的土压力分布为

$$p_{aC}=(\gamma z+q)K_{A2}$$
$$=(17.67\times 2+17.93\times 3+50)\times 0.361$$
$$=50.23(\text{kPa})$$

土层③：

上表面的土压力分布为

$$p_{aC}=(\gamma z+q)K_{a3}$$
$$=(17.67\times 2+17.93\times 3+50)\times 0.283$$
$$=39.37(\text{kPa})$$

墙趾处的土压力分布为

$$p_{aB}=p_{ac}+\gamma_3 zk_{a3}$$
$$=39.37+9.7\times 30.283=47.61(\text{kPa})$$

水压力的分布为三角形，在 c 点处为 0，B 点处为 $p_{wB}=\gamma_w z=10\times 3=30(\text{kPa})$。

第五节　边坡的稳定性

一、整体圆弧滑动法分析边坡稳定性

在进行边坡稳定分析之前，需要确定边坡的滑动模式。土坡的滑动模式有多种，根据滑动的诱因，可分为推动式滑坡和牵引式滑坡。推动式滑坡是因为坡顶超载或地震等因素而导致下滑力大于抗滑力而失稳；牵引式滑坡主要是因为坡脚受到切割导致抗滑力减小而破坏。按滑动面的类型，可分为圆弧形滑动、折线滑动、组合滑动，滑动面类型与土层的强度参数、土层分布和外界条件等因素有关(图 7-14)。

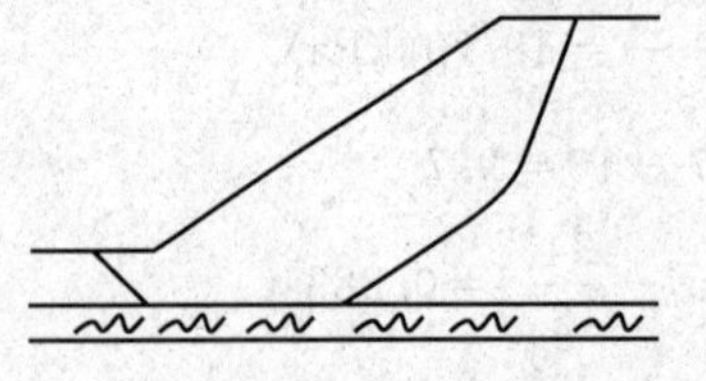
(a)下伏软弱土层的滑动面形式

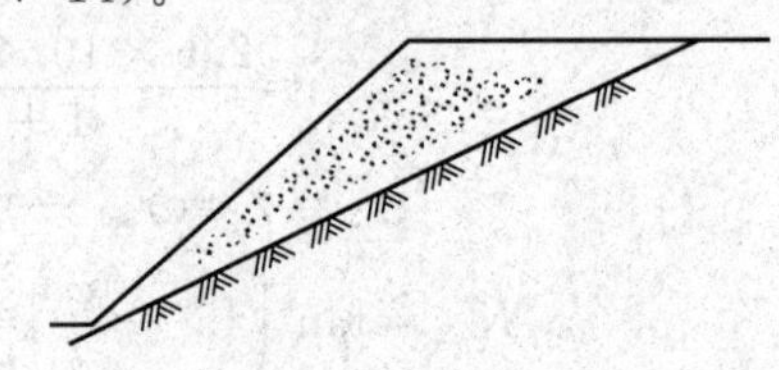
(n)下伏硬层的滑动面形式

图 7-14　黏性土边坡的滑动

对于砂性土边坡来说，稳定分析较为简单，其滑动模式一般为平面破坏(图 7-15)。

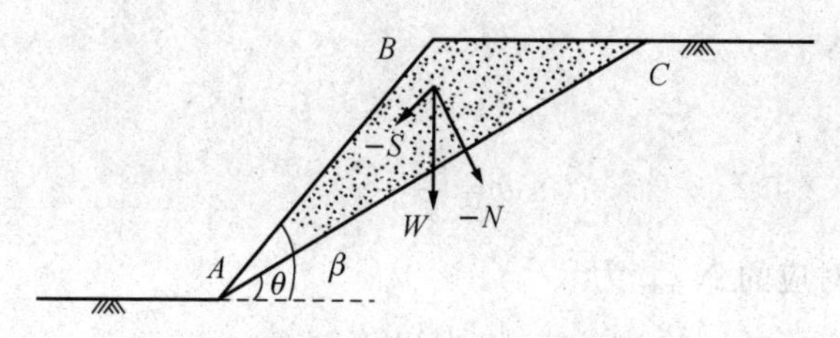

图 7-15　砂性土边坡稳定分析

取单位长度土坡，按平面应变问题考虑。已知滑动体的重力W，作用在滑动体上的支撑力$N=W\cos\theta$，作用在滑动面上的平均正应力$\sigma=\dfrac{N}{AC}=\dfrac{W\cos\alpha}{AC}$。已知重力$W$对应的下滑分力$S=W\sin\alpha$，剪应力$\tau=\dfrac{S}{AC}=\dfrac{W\sin\alpha}{AC}$。

边坡稳定安全系数为

$$K=\frac{\tau_f}{\tau}=\frac{\sigma\tan\varphi}{\tau}=\frac{\sigma\tan\varphi}{\tan\theta}$$

显然，当$\theta=\beta$时，安全系数K最小，即稳定安全系数$K=\dfrac{\tan\varphi}{\tan\beta}$。

对于黏性土边坡来说，当土性特殊(如膨胀土等)或下卧硬层时，可能出现类似砂性土边坡的楔体破坏类型，此时可按砂性土边坡破坏模式进行分析(图 7-16)。

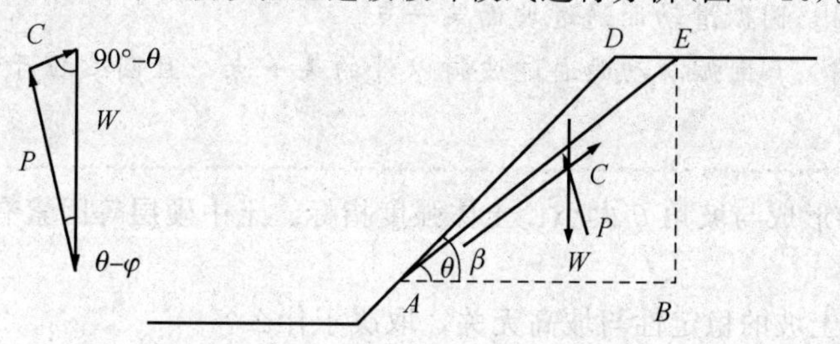

图 7-16　黏性土边坡滑动受力分析

将滑动看作平面应变模式，边坡倾角为β。设滑动面为AE，其倾角为θ，ACD即滑动体，其高度为H，滑面AE长L，受力情况如图 7-16 所示。

土层的重度为γ，抗剪强度参数为C，φ已知，设滑动体ACD的重力为W，经过几何变换可得

$$W=\frac{1}{2}\gamma HL\csc\beta\sin(\beta-\theta)$$

AE面上黏聚力引起的抗滑力为

$$C=cL$$

土楔上受到的力有法向反力和摩擦力分量的合力P、黏聚力C、重力W三个力组成平衡力三角形，由正弦定理可得

$$\frac{W}{\sin[180^\circ-(90^\circ-\theta+\theta-\varphi)]}=\frac{cL}{\sin(\theta-\varphi)}$$

从而可得出临界高度为

$$H=\frac{c}{\gamma}\frac{2\sin\beta\cos\varphi}{\sin(\beta-\theta)\sin(\theta-\varphi)}=\frac{c}{\gamma}N_s \tag{7-32}$$

令$\frac{dN_s}{d\theta}=0$，可得

$$\theta=\frac{\beta+\varphi}{2}$$

得到最危险滑动面所对应的N_{smin}为

$$N_{smin}=\frac{4\sin\beta\cos\varphi}{1-\cos(\beta-\varphi)} \tag{7-33}$$

可得土坡的临界高度为

$$H_{cr}=\frac{c}{\gamma}N_{smin} \tag{7-34}$$

对于均质黏性土简单土坡(即土坡上下两个面水平，坡面为平面)来说，滑动面接近于圆弧形。由于剪切破坏的滑动面大多为一曲面，因此一般在坡顶首先出现张力裂缝，然后沿某一曲面产生整体滑动。此外，滑动体沿纵向也有一定范围，并且也是曲面。为简化，进行稳定性分析时往往假设滑动面为圆弧面，并按平面应变问题处理。

知识拓展

圆弧滑动面形式一般有以下三种。

(1) 坡脚圆。圆弧滑动面通过坡脚。

(2) 坡面圆。圆弧滑动面通过坡面某一点。

(3) 中点圆。f 圆弧滑动面通过坡脚以外的某一点，且圆心位于坡面的竖直中线上。

上述三种圆的形成与坡角β大小、土体强度指标、土中硬层等因素有关(图 7-17)。

分析与思考：

(1) 无黏性土土坡的稳定性与坡高无关，取决于什么？

(2) 当坡面有顺坡渗流作用时，无黏性土土坡的稳定安全系数将发生什么变化？

(3) 圆弧滑动法最危险滑弧如何确定？

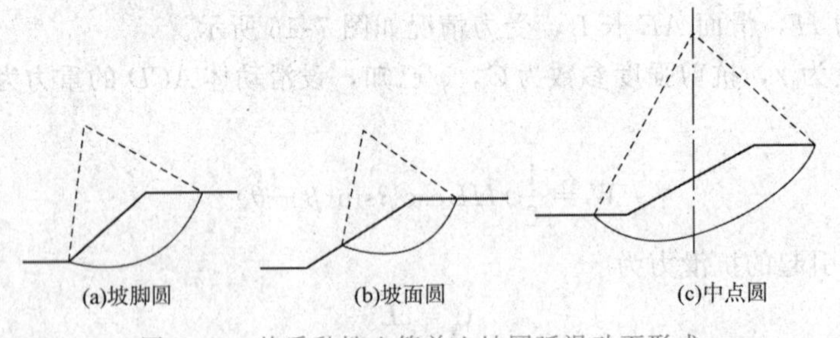

图 7-17　均质黏性土简单土坡圆弧滑动面形式

二、费伦纽斯条分法

费伦纽斯(Fellenius)条分法是边坡稳定分析条分法中的最简单的一种方法，由于此法最先在瑞典使用，因此又称瑞典条分法。该方法首先由彼特森(K. E. Petterson)提出，而后费伦纽斯、泰勒(D. W. Taylor)进一步发展了这种方法。

实际工程中土坡轮廓形状比较复杂，由多层土构成，$\varphi>0$，有时还存在某些特殊外力(如渗流力、地震作用等)，此时滑弧上各区段土的抗剪强度各不相同，并与各点法向应

力有关。为此，常将滑动土体分成若干条块，分析每一条块上的作用力，然后利用每一土条上的力和力矩的静力平衡条件，求出安全系数表达式，其统称为条分法，可用于圆弧或非圆弧滑动面情况。

费伦纽斯法是针对平面(应变）问题，假定滑动面为圆弧面(从空间观点来看为圆柱面)。

根据实际观察，对于比较均质的土质边坡，其滑裂面近似为圆弧面，因此费伦纽斯条分法可以较好地解决这类问题。一般来说，条分法在实际计算中要做一定的假设，其具体假设如下。

(1) 假定问题为平面应变问题。

(2) 假定危险滑动面(即剪切面) 为圆弧面。

(3) 假定抗剪强度全部得到发挥。

(4) 不考虑各分条之间的作用力。

费伦纽斯法采用力矩平衡的方法，即安全系数 K，可表示为

$$K=\frac{M_r}{M_s}$$

式中　M_r—— 剪切面所能提供的抗滑力矩；

M_s—— 滑动力矩，滑动中心为圆弧面的圆心。

在计算之前将土坡滑动部分划分为若干土条，一般来说划分 8 根土条即可满足计算精度要求。考虑简单受力情况，作用在第 $i(i=1，2，\cdots，n)$ 根土条上的力有重力 M_i、土条底面的支撑力 $4N_i$、剪切力 S_i(图 7-18)。在后面讲述的普遍条分法中，除前述这些力外，还有作用在土条侧面的剪切力 T 和推力 E_i。

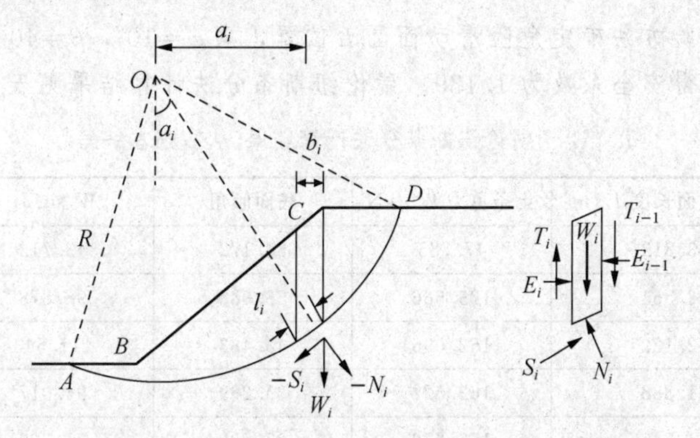

图 7-18　土条受力情况

根据力平衡条件，可得

$$N_i=W_i\cos\alpha_i，\ S_i=W_i\sin\alpha_i$$

于是滑动面上的抗剪强度为

$$\begin{aligned}\tau_{fi}&=\sigma_i\tan\varphi_i+c_i\\&=\frac{1}{l_i}(N_i\tan\varphi_i+c_il_i)\\&=\frac{1}{l_i}(W_i\cos\alpha_i\tan\varphi_i+c_il_i)\end{aligned}\tag{7-35}$$

式中　l_i—— 土条底面的长度，$l_i=b_i/\cos\alpha_i$。

可得抗滑力矩为

$$M_{ri}=\tau_{fi}l_iR=(W_i\cos\alpha_i\tan\varphi_i+c_il_i)R \tag{7-36}$$

滑动力矩为

$$M_{si}=T_iR=W_i\sin\alpha_iR=W_ix \tag{7-37}$$

土坡安全系数为

$$K=\frac{\sum M_{ri}}{\sum M_{si}}=\frac{\sum(W_i\cos\alpha_i\tan\varphi_i+c_il_i)}{\sum W_i\sin\alpha_i} \tag{7-38}$$

由此可见，在最后的计算公式中，圆弧滑动面半径被约掉。

对于均质土坡，有

$$K=\frac{\tan\varphi\sum(W_i\cos\alpha_i+cL)}{\sum W_i\sin\alpha_i} \tag{7-39}$$

式中　L——滑动面长度。

费伦纽斯条分法在计算时首先需要确定滑动面，然后确定滑动体，接着对滑动体进行条分。对每根分条按所处土层计算其重力 W_i，土条底面倾角 α_i、土条底面长度 l_i，根据土条底面所在土层确定其强度参数指标，最后利用计算公式计算安全系数。由于事先不知道危险滑动面的位置(实际上这也是边坡稳定分析的关键问题)，因此需要试算多个滑动面。

【例 7-5】已知某土坡高度 $H=10$ m，坡角 $\beta=40°$。土的物理力学参数：重度 $\gamma=17.8$ h/m^3，黏聚力 $c=21.2$ kPa，内摩擦角 $\varphi=10°$。试用费伦纽斯条分法确定土的安全系数。

根据泰勒的经验方法确定危险滑动面圆心位置，当 $\varphi=10°$，$\beta=40°$ 时，可得 $\varphi=33°$，$\theta=41°$，经计算可得安全系数为 1.139。费伦纽斯条分法计算结果见表 7-1。

表 7-1　费伦纽斯条分法计算结果(从右到左编号)

土条编号	土条底面长度 l_i/m	土条重力 W_i/kN	底面倾角	$W_i\sin\alpha_i$	$W_i\cos\alpha_i$
1	3.812	47.785	66.172	43.712	19.305
2	2.564	123.666	53.088	98.878	74.272
3	2.122	162.096	43.483	111.543	117.614
4	1.886	162.822	35.269	94.017	132.936
5	1.741	153.476	27.838	71.669	135.715
6	1.648	137.261	20.894	48.953	128.235
7	1.589	115.266	14.263	28.399	111.713
8	1.554	88.115	7.825	11.996	87.294
9	1.540	56.146	1.486	1.456	56.128
10	1.545	19.493	−4.835	−1.643	19.424
合计	20.001	合计		508.981	882.634
安全系数	$K=\frac{\tan\varphi\sum(W_i\cos\alpha_i+cL)}{\sum W_i\sin\alpha_i}=\frac{882.634\times\tan 10°+212\times 20.001}{508.981}=1.139$				

三、毕晓普条分法

费伦纽斯条分法作为条分法计算中的最简单形式在工程中得到广泛应用，但实践表明，该方法计算出的安全系数偏低。实际上，土体是一种松散的聚合体，若不考虑土条之间的作用力，肯定无法满足土条的稳定，即土条无法自稳。随着边坡稳定分析理论与实践的发展，如何考虑土条间的作用力成为边坡稳定分析的发展方向之一，并形成了一些较为成熟并便于工程应用的分析方法，毕晓普条分法就是其中的代表性方法之一。

毕晓普条分法在分析土坡稳定时认为土条之间的作用力不可忽略，土条之间的相互作用力包括土条两侧的竖向剪切力和土条之间的推力，并做如下假设。

(1) 滑动面为圆弧面。

(2) 滑动面上的剪切力做了具体规定。

(3) 土条之间的剪切力忽略不计(简化毕晓普法)。

取第 i 根土条进行分析，作用在其上的力如图 7-18 所示，在土条受力中不考虑土条之间的竖向剪切力。

根据土条 i 的竖向力平衡条件可得

$$W_i - X_i + X_{i+1} - S_i \sin\alpha_i - N_i \cos\alpha_i = 0 \tag{7-40}$$

于是可以得到

$$N_i \cos\alpha_i = W_i - (X_i - X_{i+1}) - S_i \sin\alpha_i \tag{7-41}$$

假定土坡稳定安全系数为 K，则土条底面的极限抗剪强度只发挥了一部分，即切向力为

$$S_i = \tau_{fi} l_1 = \frac{1}{K}(\sigma_i \tan\varphi_i + c_i) l_i = \frac{1}{K}(N_i \tan\varphi_i + c_i l_i) \tag{7-42}$$

从而可知

$$N_i = \frac{W_i - (X_i - X_{i+1}) - \frac{1}{K} c_i l_i \sin\alpha_i}{\cos\alpha_i + \frac{1}{K}\tan\varphi_i \sin\alpha_i} \tag{7-43}$$

于是得出土坡稳定的安全系数为

$$K = \frac{\sum M_{ri}}{\sum M_{si}} = \frac{\sum (N_i \tan\varphi_i + c_i l_i)}{\sum W_i \sin\alpha_i} = \frac{\sum \frac{[W_i - (X_i - X_{i+1})]\tan\varphi_i + c_i l_i \cos\alpha_i}{\cos\alpha_i + \frac{1}{K}\tan\varphi_i \sin\alpha_i}}{\sum W_i \sin\alpha_i} \tag{7-44}$$

若令 $m_{ai} = \cos_{ai} + \frac{1}{K}\tan\varphi_i \sin\alpha_i$，并忽略土条两侧的剪切力，则可得安全系数 K 的新形式为

$$K = \frac{\sum \frac{W_i \tan\varphi_i + c_i l_i \cos\alpha_i}{m_{ai}}}{\sum W_i \sin\alpha_i} \tag{7-45}$$

对于匀质土坡，有

$$K=\frac{\sum\frac{W_i\tan\varphi_i+cl_i\cos\alpha_i}{m_{ai}}}{\sum W_i\sin\alpha_i} \tag{7-46}$$

与费伦纽斯条分法一样，对于给定的滑动面对滑动体进行分条，确定土条参数(含几何尺寸、物理参数等)。首先假定一个安全系数K_0，代入式(7-46)得出安全系数K，若K与假设的K_0很相近，则说明得出的为合理的安全系数；若二者差别较大，即用得出的新安全系数再进行计算，又得出另一安全系数，再进行比较，一般经过3～4次循环之后即可求得合理安全系数。

【例7-6】某土坡的已知条件同例6-5，在实际计算中要选取多个滑动面进行试算，以确定危险滑动面和对应的安全系数，其计算结果见表7-2和表7-3。

表7-2 毕晓普条分法计算结果一

土条编号	土条底面长度 l_i/m	土条重力 W_i/kN	底面倾角 α_i/(°)	$W_i\sin\alpha_i$	$W_i\tan\alpha_i$
1	3.812	47.785	66.172	43.712	8.426
2	2.564	123.666	53.088	98.878	21.806
3	2.122	162.096	43.483	111.543	28.582
4	1.886	162.822	35.269	94.017	28.710
5	1.741	153.476	27.838	71.669	27.062
6	1.648	137.261	20.894	48.953	24.203
7	1.589	115.266	14.263	28.399	20.324
8	1.554	88.115	7.825	11.996	15.537
9	1.540	56.146	1.486	1.456	9.900
10	1.545	19.493	−4.835	−1.643	−3.437
合计	20.001	—	—	508.980	—

表7-3 毕晓普条分法计算结果二

土条编号	m_{ai}			$\frac{1}{m_{ai}(W_i\tan\varphi+c_il_i\cos\alpha_i)}$		
	$K=1.00$	$K=1.145$	$K=1.162$	$K=1.00$	$K=1.145$	$K=1.162$
1	0.982	0.983	0.984	36.759	36.689	36.682
2	1.004	1.004	1.004	42.366	42.390	42.393
3	1.015	1.012	1.011	47.484	47.627	47.641
4	1.013	1.007	1.007	52.310	52.596	52.624
5	0.997	0.989	0.988	57.012	57.471	57.516
6	0.967	0.956	0.955	61.769	62.444	62.510
7	0.918	0.905	0.904	66.817	67.769	67.864
8	0.847	0.832	0.830	72.294	73.631	73.764
9	0.742	0.724	0.722	73.426	75.240	75.421
10	0.565	0.545	0.543	72.655	75.383	75.659

四、土坡稳定分析的简布条分法

费伦纽斯条分法和毕晓普条分法均是基于圆弧滑动面假设而提出的计算公式。为扩大这两种方法的应用范围，有些学者尝试将其应用于非圆弧滑动面计算中，但缺乏力学意义

上的合理性。针对实际工程中常遇到非圆弧滑动面的问题，简布(Janbu)于1954年提出了普遍条分法的概念，其主要特点在于：其并不假定土条竖直分界面上剪切力T的大小、分布形式，而是假定土条分界面上推力作用点的位置，认为大致在土条侧面高度的下1/3位置处，具体位置的变化与土体强度特性和土条所处位置有关。当黏聚力$c=0$时，可取E的作用点位于土条侧面高度的下1/3位置处；当$c>0$时，则在被动区，位置稍高于1/3位置处，主动区则稍低于1/3位置处，从而可得推力线分布图。

在简布条分法中，可以完全考虑土条的力学平衡条件，因此又可将其称为普遍条分法，取滑动体中的一个分条进行分析(图7-19)。

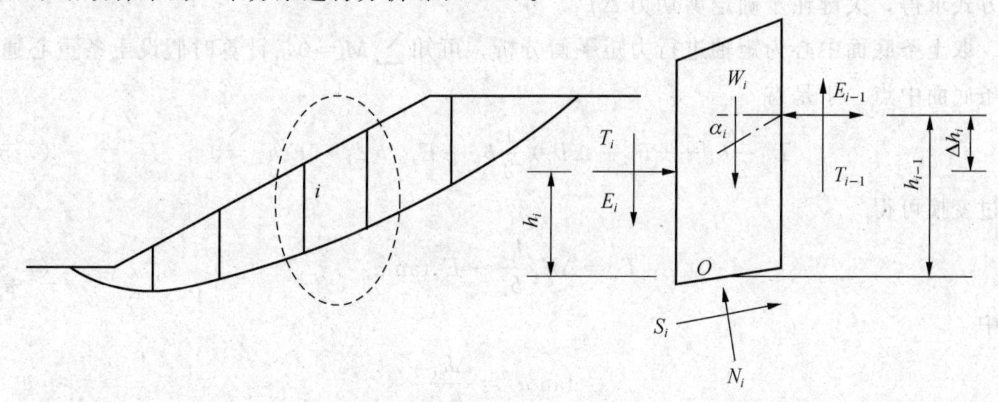

图7-19　简布条分法分析

根据图7-19所示土条，建立土条两个方向的力平衡条件，并建立力矩平衡方程。

$\sum F_x=0$：

$$E_i-E_{i-1}+N_i\sin\alpha_i-S_i\cos\alpha_i=0$$

$\sum F_x=0$：

$$W_i+T_i-T_{i-1}-N_i\cos\alpha_i-S_i\sin\alpha_i=0$$

并记$\Delta E_i=E_{i-1}-E_i$，$\Delta T_i=T_{i-1}-T_i$，于是可得

$$\Delta E_i=N_i\sin\alpha_i-S_i\cos\alpha_i \tag{7-47}$$

$$N_i=(W_i+\Delta T_i)\sec\alpha_i-S_i\tan\alpha_i \tag{7-48}$$

从而可得

$$\Delta E_i=(W_i+\Delta T_i)\tan\alpha_i-S_i\sec\alpha_i \tag{7-49}$$

根据简布法的假设，可知

$$S_i=\frac{1}{K}(N_i\tan\varphi_i+c_il_i) \tag{7-50}$$

从而有

$$S_i=\frac{1}{K}[(W_i+\Delta T_i)\tan\varphi_i+c_ib_i]\frac{1}{m_{ai}} \tag{7-51}$$

其中

$$m_{ai}=\cos\alpha_i+\frac{1}{K}\tan\varphi_i\sin\alpha_i$$

从而有

$$\Delta E_i=(W_i+\Delta T_i)\tan\alpha_i-\frac{1}{K}[(W_i+\Delta T_i)\tan\varphi_i+c_ib_i]\frac{1}{m_{ai}\cos\alpha_i} \tag{7-52}$$

令

$$A_i=[(W_i+\Delta T_i)\tan\varphi_i+c_ib_i]\frac{1}{m_{ai}\cos\alpha_i},\ B_i=(W_i+\Delta T_i)\tan\alpha_i$$

对于整个土坡来说，有$\sum\Delta E_i=0$，于是有

$$K=\frac{\sum A_i}{\sum B_i}$$

该式中安全系数K和土条两侧剪切力的差值ΔT_i未知，其中安全系数K可以通过迭代方式求得，关键在于确定剪切力ΔT_i。

取土条底面中心为矩轴进行力矩平衡分析，可知$\sum M=0$，计算时假设土条重心通过土条底面中点，于是有

$$T_i\frac{1}{2}b_i+(T_i+\Delta T_i)\frac{1}{2}b_i+E_{i-1}h_{i-1}-E_ih_i=0 \tag{7-53}$$

经过变换可得

$$T_i=\Delta E_i\frac{h_i}{b_i}-E_i\tan\alpha_i \tag{7-54}$$

其中

$$\tan\alpha_i=\frac{\Delta h_i}{b_i}$$

式中　α_i—— 推力(压力)线倾角。

式(7-54)中，E_i和ΔE_i未知，实际上ΔE_i可由E_i求出，此时问题归结到求解推力E_i。由前述可知，E_i和T_i存在互相耦合的关系，在计算时需要解耦。显然，水平推力存在明显的规律性，在滑坡入口处和出口处均为0，在计算时首先假定T_i为0，计算出安全系数K后，然后得出ΔE_i，从而计算出ΔT_i，再计算安全系数，该过程只能通过迭代完成。

简布条分法在计算时，首先假设土条间竖向剪切力为0，此时安全系数计算公式变为

$$K=\frac{A_i}{B_i}=\frac{\sum_{i=1}^{n}[(W_i+\Delta T_i)\tan\varphi_i+c_ib_i]\frac{1}{m_{ai}\cos\alpha_i}}{\sum_{i=1}^{n}(W_i+\Delta T_i)\tan\alpha_i} \tag{7-55}$$

简布法安全系数计算公式与毕晓普公式类似。考虑土条间的竖向剪切力进行计算，首先用不考虑剪切力时得出的安全系数K_0求出ΔE_i和E_i值(此时A_i和B_i用不考虑竖向剪切力的情况下得出的值计算)，然后求出ΔT_i和T_i值，并假定一个试算安全系数K_0计算m_{ai}(计算方便起见，可采用按毕晓普法得出的安全系数)，考虑ΔT_i影响求得A_i和B_i，从而求得新的安全系数K_1，若K_1和K_0相差不大，可停止试算，从而得出最终的安全系数，否则进行下一次迭代。

知识拓展

简布条分法在计算时第一步不考虑土条间剪切力的情况下与简化毕晓普法类似，但在考虑剪切力情况下即第二步迭代时其收敛性对于安全系数较为敏感，如何选择合适的安全系数需要有一定的计算经验，在计算机编程时更需要考虑这一问题，有兴趣者可参考相关文献。

五、传递系数法

传递系数法又称剩余推力法或不平衡推力传递法。作为纳入建筑规范的一种方法，它在我国水利、交通和铁道部门滑坡稳定分析中得到了广泛的应用。该法将滑动体分成条块进行分析。该法简单实用，可考虑复杂形状的滑动面，可获得任意形状滑动面在复杂荷载作用下的滑坡推力。

该方法同样利用毕晓普关于滑动面抗剪力大小的定义，并假定条块间推力方向与上条块滑动面平行，即规定了土块之间剪切力与推力的比值。

传递系数法受力分析如图 7-20 所示，假设土坡沿竖直方向划分为 n 个条块，安全系数为 K，以第 i 个条块为研究对象进行受力分析。沿土块底面方向和垂直底面方向列出力平衡条件有

$$F_i - F_{i-1}\cos(\alpha_{i-1}-\alpha_i) - W_i\sin\alpha_i + S_i = 0 \tag{7-56}$$

$$N_i - W_i\cos\alpha_i - F_{i-1}\sin(\alpha_{i-1}-\alpha_i) = 0 \tag{7-57}$$

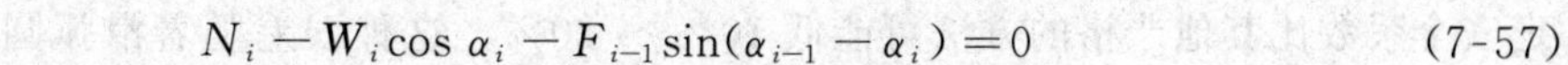

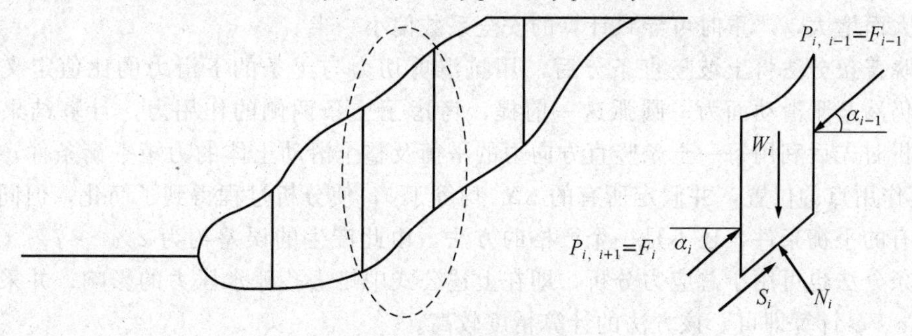

图 7-20　传递系数法受力分析

根据毕晓普关于剪切力的定义有

$$S_i = \frac{c_i l_i + N_i \tan\varphi_i}{K} \tag{7-58}$$

从而可知

$$F_i = W_i\sin\alpha_i - \frac{c_i l_i + W_i\cos\alpha_i}{K} + F_{i-1}\psi_{i-1} \tag{7-59}$$

其中

$$\psi_{i-1} = \cos(\alpha_{i-1}-\alpha_i) - \frac{\tan\varphi_i}{K}\sin(\alpha_{i-1}-\alpha_i) \tag{7-60}$$

由此可以看出，土块 i 左侧的推力由三部分组成：土块自重产生的下滑力、土块底面的抗滑力及上一条块推力的影响。

可见，在进行计算之前，需要假定一个安全系数 K 进行试算，根据最后一个条块 n 左侧不平衡推力 F_n 的大小来判断是否得出了合理的安全系数。若 F_n 很小，则表明所取安全系数合理，一般来说在计算时选择三个以上不同的安全系数进行计算，计算出相应的 F_n。若 F_n 分布在大于 0，小于 0 的范围，则绘制出 F_n 与 K 的曲线，并可用插入法求出 $F_n=0$ 对应的 K 值，否则需要调整 K 的大小以满足 F_n 的分布范围。一般来说，采用这种方法需要经过多次试算。随着计算机的发展，通过编制相应的程序不难实现对 K 的求解。

该方法在计算时能考虑土块侧面的剪力，计算也简单，因此在我国铁道、水利、交通工程中得到广泛应用。在计算时应当注意到由于土块间推力方向固定，因此可能导致土块

侧面剪切力超过抗剪强度，即

$$E = P\cos\alpha，T = P\sin\alpha \tag{7-61}$$

土块侧面的剪切力应满足 $T \leqslant \dfrac{cH + E\tan\varphi}{K}$。显然，当 α 较大时，可能超过抗剪强度。一般来说，只有在前面几个土块出现这种情况(因 α 较大)。

六、各种方法的比较

整体圆弧滑动法安全系数用抗滑力矩与滑动力矩的比值定义，具体计算时仍存在诸多困难。1972 年，费伦纽斯在此基础上提出费伦纽斯法(瑞典条分法)，又称简单条分法，将圆弧滑动土体竖直条分后，忽略土条之间的作用力进行计算求得整体圆弧滑动安全系数。此方法计算简单，但由于其忽略土条之间作用力，因此计算的安全系数偏小。

费伦纽斯条分法因为忽略了土条两侧作用力，不能满足所有的平衡条件，故计算的稳定安全系数比其他严格的方法可能低 10% ～ 20%，这种误差随着滑弧圆心角和孔隙水应力的增大而增大，严重时可导致计算的安全系数偏小一半。

毕晓普条分法将土坡竖直条分后，用抗滑剪切力与土条的下滑力的比值定义安全系数，其仍然基于滑动面为一圆弧这一前提，考虑了土条两侧的作用力，计算结果比较合理。分析时先后利用每一土条竖直方向力的平衡及整个滑动土体的力矩平衡条件，避开了 E_i 及其作用点的位置，并假定所有的 ΔX_i 均等于 0，使分析过程得到了简化，但同样不能满足所有的平衡条件，还不是一个严格的方法，由此产生的误差约为 2% ～ 7%。同时，毕晓普条分法也可用于总应力分析，即在上述公式中略去孔隙水压力的影响，并采用总应力强度 c、φ 计算即可。该方法的计算精度较高。

简布条分法又称非圆弧滑动法，滑动面为任意曲线。将土坡竖直条分后，也用抗滑剪切力与土条的下滑力的比值定义安全系数，假定滑动面上的切向力等于滑动面上土所发挥的抗剪强度，且土条两侧法向力的作用点位于土条底面以上 1/3 高度处，亦可应用于圆弧滑动面。

知识拓展

公路规范提供的方法以费伦纽斯的简单条分法为基础，也采用抗剪力与下滑力的比值定义安全系数，但不考虑土条间的作用力，得到的稳定安全系数偏安全。

第六节　边坡稳定性的影响因素

前面在边坡稳定分析时，主要考虑的是除考虑土条(块)自身外的重力。实际工程作用在边坡上的荷载可能较为复杂，如边坡顶面超载，包括集中荷载和分布荷载；边坡中存在地下水作用，为提高边坡稳定性而采取的各种抗滑措施；地震荷载、爆破作用、交通荷载等动荷载；边坡的施工过程等因素。

一、地下水因素

实践表明，地下水对边坡稳定具有决定性的影响。对边坡失稳的统计调查发现，大约 80% 的边坡事故是由水的因素引起的，因此分析地下水及其运动对边坡稳定的影响具有重要的意义。

地下水对边坡稳定的影响可分成以下几种情况。

(1) 边坡部分或全部浸入静水中。

(2) 边坡中有稳定渗流。

(3) 边坡中有不稳定渗流。

(4) 坡顶开裂时裂缝充水(图 7-21)。

这里以条分法为例进行分析，取滑动体中一条块进行分析，并列出除土条相互之间作用力外的主要外力(图 7-22)。

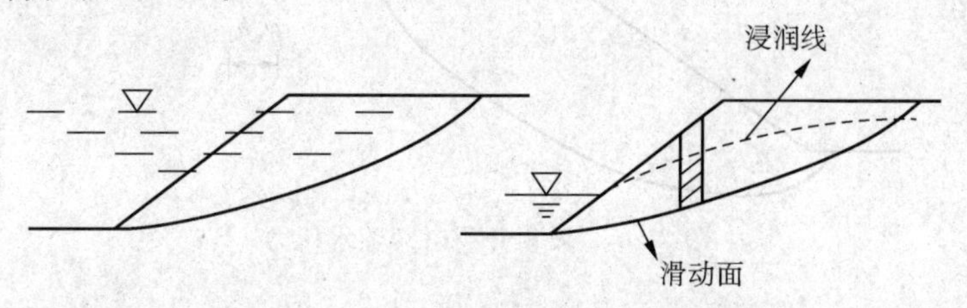

图 7-21　考虑地下水作用的边坡稳定分析

如图 7-22(a) 所示中，将土条与浸入到土条中的水看作一个整体分析，作用在土条侧面的水压力有 W_1 和 W_2，作用在土条底面的水压力为 U，显然水压力均垂直于作用面。在分析时根据渗流流网做出水流的等势线，从而可得出三个水压力数值。土条重力由两个部分组成：浸润线以上的土体重力 W_A 和浸润线以下的土体重力 W_B。前者按土体的天然重度计算，后者则用饱和重度计算。

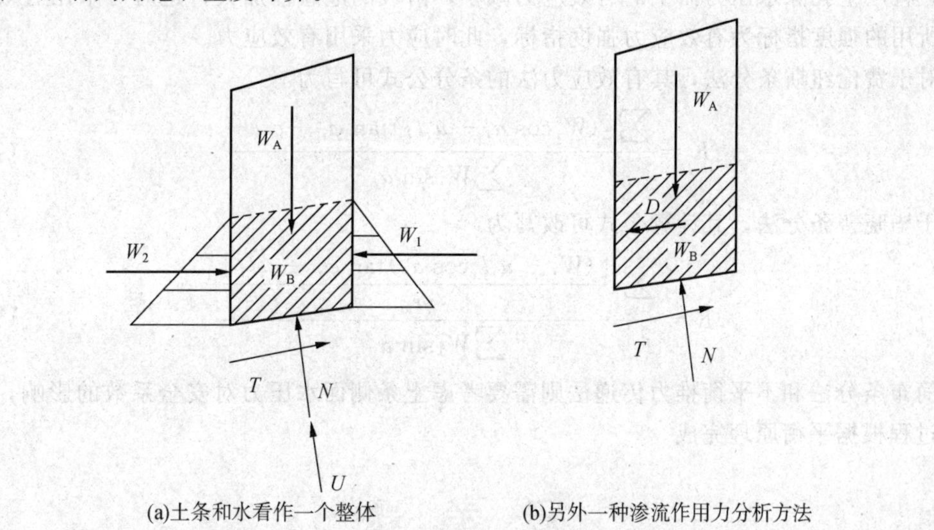

图 7-22　渗流对土条作用力的两种分析方法 8

图 7-22(b) 所示为另外一种计算渗流作用力的方法。土条重力计算同样分为以下两部分：浸润线以上和以下。前者与图 7-20(a) 相同，后者在计算时则按浮容重(有效重度)γ'计算，而特别将渗流作用力单独提出来，即渗流作用力 D，又称动水力，即

$$D = G_d A = \gamma_w I A \tag{7-62}$$

式中　G_D—— 作用在单位体积土体上的动水力(kN/m³)；

γ_w—— 水的容重(kN/m³)；

A—— 土条位于浸润下部分的面积(m²)；

I—— 在浸润下范围内水头梯度平均值，可近似假设为浸润线两端连线斜率。

对于边坡浸在水中的情况，显然有W_1和W_2完全相等而抵消，在土条底部存在静水压力U，显然该情况为渗流计算的一个特例。

地表土在长期外界因素作用下存在或多或少的裂隙，当裂隙张开并且深度较大时可能在裂隙中存在一定的积水，形成静水压力而造成下滑力的增加，此时须考虑裂隙水对边坡稳定的影响(图 7-23)。

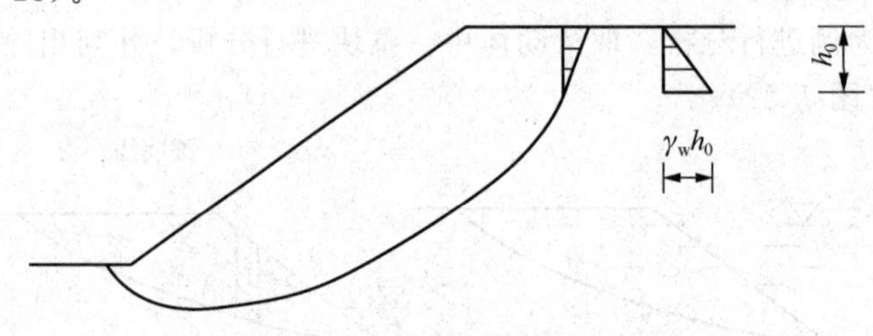

图 7-23　坡顶开裂时裂隙水压力

此时，坡顶裂隙积水产生的静水压力为$F_w=\frac{1}{2}\gamma_w h_0^2$，起着一个推力的作用，不利于边坡稳定，在进行边坡稳定分析时需要加以考虑。

二、施工过程因素

土坡用饱和黏性土填筑或因降雨等因素导致土坡处于饱和状态，若孔隙水来不及及时排出，将产生孔隙水压力而土的有效应力减小，滑坡的危险性加大，这时可采用有效应力法，所用的强度指标为有效应力强度指标，此时应力采用有效应力。

对于费伦纽斯条分法，其有效应力法的条分公式可写为

$$K=\frac{\sum[(W_i\cos\alpha_i-u_i l_i)\tan\varphi_i+c'_i l_i]}{\sum W_i\sin\alpha_i}\tag{7-63}$$

而对于毕晓普条分法，其计算公式可改写为

$$K=\frac{\sum\frac{[(W_i-u_i l_i\cos\alpha_i)\tan\varphi_i+c'_i l_i]}{m_{\alpha i}}}{\sum W_i\sin\alpha_i}\tag{7-64}$$

简布条分法和不平衡推力传递法则需要考虑土条侧面水压力对安全系数的影响，具体推导过程根据平衡原理完成。

思　考　题

1. 砂性土边坡和黏性土边坡破坏方式有何不同？二者在何种情况下可采用相同的滑动模式？
2. 在黏性土边坡稳定分析时，所要解决的主要问题有哪些？
3. 简布普遍条分法的计算过程与费伦纽斯法和毕晓普法有何不同？
4. 在坡顶开裂和存在渗流时如何计算边坡稳定？
5. 采用总应力法和有效应力法如何计算土坡稳定？
6. 对费伦纽斯条分法、毕晓普法、简布法和传递系数法进行比较，条分法的最大优点在哪里？

第八章 地基与基础

第一节 地基与基础概述

一、地基与基础的概念

任何结构物都建造在一定的地层上，结构物的全部荷载都由它下面的地层来承担。受结构物影响的那一部分地层称为地基，结构物与地基接触的部分称为基础。

地基与基础受到各种荷载后，其本身将产生附加的应力和变形。为保证结构物的使用与安全，地基与基础必须具有足够的强度和稳定性，变形也应在允许范围内。根据地层变化情况、上部结构要求、荷载特点和施工技术水平，可采用不同类型的地基和基础。

地基根据其是否经过加固处理，可分为天然地基和人工地基两大类。凡在未加固过的天然土层上直接修筑基础的地基，称为天然地基。天然地基是最简单而经济的地基，因此在一般情况下应尽量采用天然地基。天然地层土质过于软弱或有不良工程地质问题时，需经过人工加固处理后才能修筑基础，这种经过加固处理后的地基称为人工地基。

基础是建筑物底部一个承上传下的结构。它是建筑物的关键部位，一旦出现问题也不易补救。因此，要求设计、施工时认真对待基础工程，做到精心设计、精心施工，一定按设计和施工规范要求把好质量关。

二、基础的类型

常用的基础根据其结构形式和施工方法分为以下几种类型。

1. 明挖基础

采用露天敞坑放坡开挖，在遇地下水位较高或松软地层放坡开挖有困难时，使用支撑或喷射混凝土护壁来保证基坑开挖，然后在整平的岩土地基上砌筑基础，这种基础称为明挖基础，如图 8-1 所示。明挖基础基坑开挖深度不大，多为浅基础。由于地基土的强度比基础圬工的强度低，因此为适应地基的承载力，基底的平面尺寸都需要扩大，使基底产生的最大应力不超过持力层的容许承载力。明挖基础又常称为扩大基础。

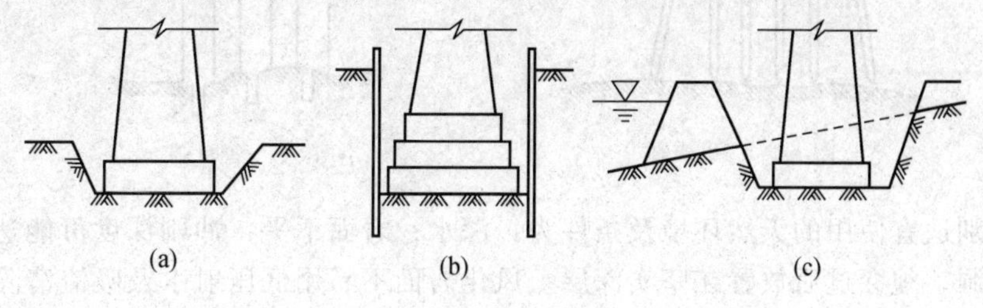

图 8-1 明挖基础

2. 桩基础

当地基上部土层松软、承载力较低或河床冲刷深度较大，须将基础埋置较深时，如果采用明挖基础，则基坑太深，土方开挖数量大，施工也很不方便，在这种情况下，常采用桩基础或沉井基础。

桩基础是设于土中的桩，将承台和上部结构的荷载传到深层土中的一种基础形式，如图 8-2 所示。桩基础是指将刚度、强度较高，并具有一定长度的杆形构件——桩，打入或设置在较松软的土基中，在桩头上建造墩台底板。这样，基底土的接触应力将由刚度、强度较大的桩顶承担绝大部分，并逐渐通过桩身全长周边与土层间的摩阻力，将荷载传递到土的深部。若在桩尖处的土有相当的强度，则亦将提供一定的支承反力。

3. 管柱基础

通常将采用大直径预制管桩的桩基础称为管柱基础，如图 8-3 所示。管柱基础实质上是桩基础的一种分支和演化类型。管柱的共同特征是：采用大直径管形构造，下沉前为预制的薄壳圆柱形管节，不可能没有连接接头，以减少运输和吊装的困难；在下沉过程中，它们轮廓尺寸较大，自重有限，强度不高，不耐锤击，通常用振动法下沉，多辅以射水，同时在管内出土，以减少下沉中土的阻力；它们就位后要发挥柱的作用，因此内部多填充混凝土，底部钻岩锚固，通常有钢筋骨架加强，在结构体系上是高、低承台的立柱。此外，通常不考虑土对柱身的侧压力和摩阻力。

知识拓展

管柱适用于建造水中的高、低承台基础，它的施工难度和使用范围一般介于桩基和深水沉井之间。管柱和大直径桩(一般常用到 1.4 m 直径，钻挖孔桩可以更大)不仅是尺寸大小的差别，还能用较小的振动力代替较大的打击力，辅以射水、吸泥下沉到很深土层。当在岩盘中锚固以后，允许冲刷线直到岩面，此时仍有一定的刚度和强度。它的薄壁既能方便下沉，又能作为保护层，使填芯具有强大的承载力和耐久性。

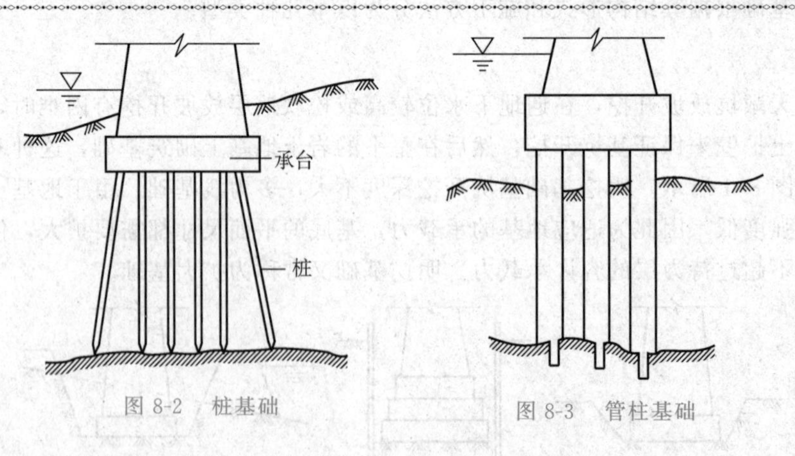

图 8-2　桩基础　　图 8-3　管柱基础

管柱特别适宜使用的天然环境及条件为：深水；岩面不平；冲刷深度可能达到岩面；岩面下有溶洞，须穿过后放置在坚实深层；风化岩面不易用低压射水及吸渣清除，因此将达不到嵌固和支承条件；采用高、低承台构造有显著优点，但必须有足够的强度和刚度，如大跨度梁下的支墩；河床有很厚的砂质覆盖层。

不适宜采用管柱的自然条件为：黏土覆盖层厚；岩面埋藏极深；岩体破碎。

管柱基础的缺点：机具设备性能要求很高，用电量大；钻岩进度不快。但近年发展了大直径旋转中钻岩机，情况已有了较大的改善。

4. 沉井基础

沉井基础一般是在墩位所在的地面上或筑岛面上建造的井筒状结构物，如图 8-4 所示。其通过在井孔内取土，借助自重的作用，克服土对井壁的摩擦力而沉入土中。当第一节（底节）井筒快没入土中时，再接筑第二节（中间节）井筒，这样一直接筑、下沉至设计位置（最后接筑的一节沉井通常称为顶节），然后再经封底、井内填充、修筑顶盖，即成为墩台的沉井基础。

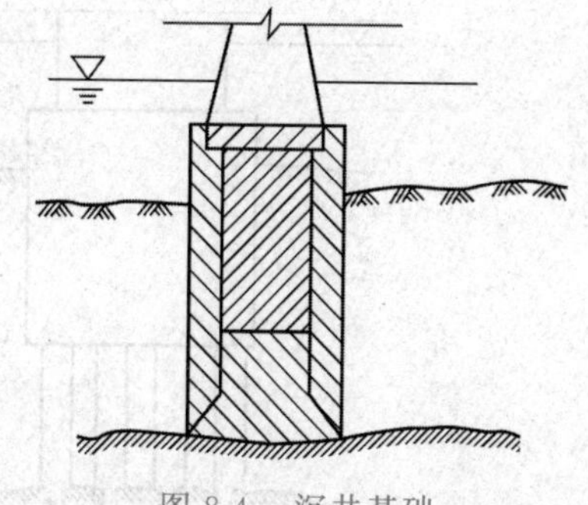

图 8-4 沉井基础

沉井是深埋和深水基础的常用形式，既宜于水上施工，也便于陆上工作。它既是施工过程中的中介临时结构，又是完成基础内直接传力的组成部分。

5. 气压沉箱基础

气压沉箱基础是近似于沉井的一种深水基础形式，如图 8-5 所示。当深水中桥墩墩址有透水性很强的覆盖层或岩面裸露无法排水，覆盖层内存有遗留的外来障碍物，覆盖层含有胶结的大小卵石或漂石以及基底岩面十分不平整时，若采用沉井基础，将造成排水下沉或水下出土清基困难，此时气压沉箱基础就成为可以考虑的一种改进方案。气压沉箱构造是在沉井刃脚以上适当高度处设置一层密闭的顶盖板，顶盖以下为工作室，以上为类似于沉井的内墙、外壁，有时为实体圬工，顶盖板中开有空洞，安置有钢升降井筒，直出水面，井筒上端为气闸，压缩空气经气闸、井筒输入工作室。当压力相当于刃脚处水头时，工作室内的积水就全部被排出，工人可以进入工作室。在有压的情况下挖掘泥土，通过升降井筒提升，并经气闸运出。气闸为钢板制成的气密高压容器，有两道闸门，侧门通向大气，只能向室内开；底门（单室气闸）或另一侧门（多室气闸）只能向室外开，通向升降井筒。井筒、气闸内气压加大到等于工作室的气压时，可以打开底门或侧门进出工作室，而与大气隔绝。当底门或另一侧门紧闭时，气闸内压力可以降低到与外界大气相通，打开闸门，容许气闸和外界互相进出。控制气闸内的气压，就能按要求排水或进出人员、器材及弃土斗车，提供在工作室内工作、出土的下沉条件。压气只是沉箱下沉的手段，沉箱到位后工作室内填充混凝土，此时沉箱与沉井有相同的受力状态和功能，因此国内外亦习惯称沉井为“开口沉箱”。气压沉箱基础需要施工者在高压空气中工作，不仅效率不高，而且对身体有害（易引起沉箱病），因此逐渐为其他类型基础所取代。

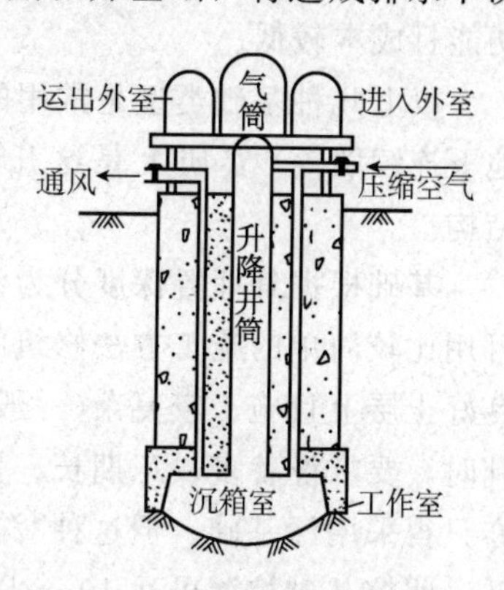

图 8-5 气压沉箱基础

6. 综合复式基础

综合复式基础多为几种基础类型简单组合的结构，其中较为常见的有以下几种。

(1) 沉井加管柱。在已下沉到位的沉井井孔中继续下沉管柱直到岩层，以适应很厚的软弱覆盖层和减少承重管柱的自由长度(图 8-6)。

(2) 气压沉箱加基桩。在墩位先用送桩将基桩打入江底土层，然后下沉沉箱直到挖掘露出桩头，再切断整修基桩，在工作室内灌注混凝土，将上、下两种基础连成一体，使深层软土有效承重(图 8-7)。

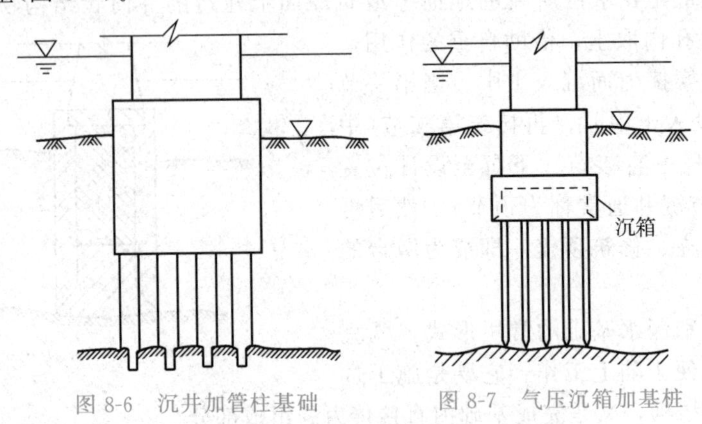

图 8-6　沉井加管柱基础　　图 8-7　气压沉箱加基桩

(3) 沉井加钻挖孔桩。当土层中含有大颗粒的卵石，不易穿透时，可先将沉井下沉到最大可能深度，然后在井壁的预留孔内钻挖成桩，直到持力深层。

(4) 钟形墩座加基桩。浅水中的公路桥梁采用板墙式或单排多柱式桥墩墩身时，为避免分散的基桩排列，减少一般桩基底板的工程量，可用钟形墩座，下加基桩，以发挥结构功能且成本较低。

以上几种基础类型是常用的桥梁基础类型，除此之外的其他基础类型(如锁口管柱、地下连续墙等) 实质上是这几种常用基础类型的演化，从而发展形成了有特色的基础结构。

基础根据其埋置深度分为浅基础和深基础。将埋置深度较浅(一般在数米以内)，一般可用比较简单的施工方法修筑的基础称为浅基础；将浅层土质不良，需将基础置于较深的良好土层上且施工较复杂(一般要用特殊的施工方法和设备) 的基础称为深基础。采用深基础时，要求设备多、工期长、费用高，施工也较困难，但在浅基础不能满足设计要求时，亦只得采用深基础。但这种“深”“浅”的划分不是绝对的，有时地质条件较好且地下水位较低，明挖基础挖深可达 10 m 以上；反之，当地质条件较差且有水不宜明挖时，也有埋深不足 5 m 的沉井基础。

知识拓展

基础根据其结构特征分为平基和桩基。平基的基底一般为一平面(修筑在倾斜岩面上的基础底面可做成台阶状)。工程界常把平基按基底的埋置深度大致分为浅平基和深平基两类。浅平基一般是在露天开挖的基坑内修筑，以此法施工的基础多为明挖基础；深平基则通常采用特殊施工方法，如沉井、沉箱等。

基础又可根据其施工作业和场地布置分为以下类型。

(1) 陆上基础。平面位置及场地安排可以方便地自由择优进行，但进入土体应有围护土壁的措施，深到地下水面时则有水下施工的工艺和结构要求。

（2）浅水基础。在水较浅的情况下，采用人工填土筑岛、围堰内抽水、轻便栈桥或以上方法的结合，以便在水上开辟工作场地的基础类型。

（3）深水基础。一般指水较深，浅水基础施工的方法难以使用，而必须使用施工驳船、浮式机械、自浮结构等组成工作平台，提供施工场地及条件，才能进行工作的基础类型。

此外，基础还可根据其建筑材料，分为石砌基础、混凝土（包括片石混凝土）基础、钢筋混凝土基础、预应力混凝土基础和钢基础等类型。

桥梁基础的结构强度需满足施工过程和永久运行两个阶段的要求。从结构力学考虑，基础构件材料强度须能承受外部荷载的作用；从岩土力学考虑，基础结构传来的各项作用力也应不超过岩土的局部和整体支承能力。

知识拓展

通常，在进行建筑物设计时，有三种地基基础设计方案可供比选，即天然地基上的浅基础、天然地基上的深基础及人工地基上的浅基础。原则上应先考虑天然地基上的浅平基是否可行，因为其施工简单、造价低。

第二节　基础的设计原则

一、桥梁墩台基础设计的原始依据及步骤

1. 桥址水文

（1）根据有代表性年份自年初至年底的水位高程曲线，设计水中墩台及基础时，可通过计算确定：应采用的最高设计水位；通航水位，即本河段通行最大船舶时的容许最高水位；可能遭遇的最低水位；施工期间内可能遇到的最高水位和最低水位及它们可能延续的时间。

（2）根据桥轴线附近的历年河床冲淤变化图、河床地质断面图、河段平面等深线图、邻近桥址水文站历年的水文观测记录，通过计算或辅以水工试验，得出各墩位的各种冲刷深度。

（3）由估算或水工模拟试验，得出施工各阶段桥位相应的冲刷深度和可能产生的河底地形变化。

（4）结合气象资料，决定设计冰厚、流冰水位及时间。

2. 桥址地质

（1）利用河床地质平面图研究桥址附近的地质构造。

（2）利用墩台纵横地质剖面图及岩芯柱状图资料，了解墩位台址处岩面高差、岩面平整程度、各层岩土物理性能、地下水升降情况及永久冻结层标高等。

3. 技术要求

（1）衔接线路的平面图及纵断面图。

（2）拟建的上部结构概况。

（3）各种荷载的大小、方位与着力点。

从以上原始资料，可以确定以下设计计算数据。当资料不足，不能取得所需的全部数据时，可结合经验选定相应的数据。

(1) 根据航行水位加净空或最高水位加泄洪要求，决定最低的梁底标高。

(2) 根据上部结构及引桥、引道布置，决定适合的轨底标高或路面标高。

(3) 根据上部结构支座布置及最高水位高程，决定墩台顶标高(一般不允许受浪、潮侵袭，墩台顶帽以上应留出 0.5 ～ 1.0 m 的干燥地带)。

(4) 根据最低水位决定重型墩台的基础顶面标高，或墩身与底板等的分界线，墩身扩大部分一般不露出水面，应低于最低水位 0.5 m。若采用高桩承台等轻型结构，低水位将决定防护设施范围，保证万一发生流冰、船只撞墩时的墩身安全。

(5) 根据冲刷线或地面高程，决定基础底面标高。基础顶面不宜高出最低水位，当地面高于最低水位且不受冲刷时，则不宜高出地面。基础底面应在最大冲刷线以下一定深度及冻结线以下一定深度。

(6) 根据地质条件和地基承载力，决定深平基础的底面高程或桩类基础的贯入深度。

(7) 陆上基础不受水文影响，但有桥下通行净空要求时，应满足通行要求。

(8) 根据荷载及施工条件，决定基础结构形式、尺寸及采用的施工方法。但是条件与结构问题是互为因果的，将通过方案比选、反复研讨来择优选用。

(9) 在基础形式、轮廓尺寸选定后，可以按结构力学与岩土力学原则进行内力分析计算并绘制详图。

二、桥梁墩台基础的设计原则

桥梁基础的设计应保证基础具有足够的强度、稳定性和耐久性。

在确定基础的埋置深度、选定基础的类型、确定基础的相关尺寸时，应满足以下要求。

(1) 基础截面应力不得超过基础本身的强度。

(2) 基础底面应力不得超过地基土的强度(指直接和基底相接触的那层土，即持力层的强度)。但当基底下不远处尚有软弱下卧层时，还应检算此软弱下卧层的强度。

(3) 基础不得过分倾斜，即应检算基底合力的偏心距，使其小于容许值。

(4) 基础不得倾倒及滑动，即应检算其倾覆和滑动稳定性。

(5) 基础要耐久、可靠，这主要靠建筑材料和埋置深度来保证。

(6) 必要时检算基础的沉降或沉降差，因为过大的沉降或沉降差会影响结构物的正常使用，甚至破坏上部结构。要特别注意那些对沉降差特别敏感的超静定结构，如连续梁、拱桥等。当墩身很高时，需要检算墩、台顶的水平位移。

(7) 当墩、台修筑在较陡的土坡上或桥台筑于软土上且台后填土较高时，还应检算墩、台连同土坡或路基沿滑动弧面的滑动稳定性。

(8) 经济是工程问题的核心，而就地取材是减少经济开支的一种重要手段。

此外，还应注意不良地质问题，设计桥梁基础时应注意以下几点。

(1) 当桥址存在断层或岩溶、不均匀地层内埋藏有局部软弱土层、岩面倾斜或起伏不平等不良地质现象时，应加强工程地质勘探。

(2) 墩台基础位置应避开断层、滑坡、挤压破碎带、溶洞、黄土陷穴与暗洞或局部软弱地基等不良地段。

(3) 基础不应设置在软硬不均匀的地基上。

(4) 在岩面起伏不平、倾斜且抽水困难的地基上，不宜采用明挖基础。

三、基础类型的方案比选

基础工程的造价在全桥造价中占有相当大的相对密度，故对于基础的设计和施工要予以特别的重视。一般情况下，满足以上要求的基础方案不止一个，因此需要从技术、经济和施工方法等方面综合比较，择优选用。在选择基础结构形式时，应遵循的原则是先从浅基础考虑，因埋置浅可明挖基坑，施工既简便又快捷，质量也容易保证。如果有水且很深时，水抽不干则无法施工，此时才考虑桩基础或沉井基础等深基础。

第三节　基础上的荷载

在检算基础是否符合设计要求时，必须先计算作用于基底上的合力，此合力由作用于基底以上的各种荷载组成。

荷载可分为主要荷载、附加荷载和特殊荷载三类。

一、主要荷载

主要荷载包括恒载和活载两部分。

1. 恒载

(1) 结构自重。如桥跨自重(包括梁部结构、线路材料、人行道等)、墩台自重、基础及基顶上覆土自重等。

知识拓展

检算基底应力和偏心时，一般按常水位(包括地表水或地下水)考虑，计算基础台阶顶面至一般冲刷线的土重；检算稳定时，应按设计洪水频率水位(高水位)考虑，计算基础台阶顶面至局部冲刷线的土重。

(2) 水浮力。在河中的墩台，其基底下的持力层若为透水性土时，则基础要承受向上的水浮力，水浮力大小可由结构浸水部分的体积求出。《铁路桥涵设计基本规范》(TB 10002.1—2005) 关于水浮力的考虑规定如下：位于碎石类土、砂类土、黏砂土等透水地基上的墩台，当检算稳定时，应考虑设计频率水位的浮力；当计算基底压力或偏心时，则考虑常水位的浮力。检算墩台身截面或检算位于黏土上的基础，以及检算岩石上(破碎、裂隙严重者除外)的基础且基础混凝土与岩石接触良好时，均不考虑水浮力。位于砂黏土和其他地基上的墩台，不能肯定持力层是否透水时，应分别按透水和不透水两种情况检算，取其不利者。

(3) 土压力。桥台承受台后填土土压力、锥体填土土压力及台后滑动土楔(又称破坏棱体) 上活载所引起的土压力(简称活载土压力)。台后填土土压力和锥体填土土压力可按库仑楔体极限平衡理论推导的主动土压力计算。活载土压力的计算是将活载压力强度 q(kPa) 换算成与填土重度相同的当量均布土层，也就是将均布活载 q 换算成等效厚度为 $h_{活}$ ($h_{活}=q/\gamma$) 的土体进行计算。

在计算滑动稳定时，墩台前侧不受冲刷部分土的侧压力，可按静止土压力计算。

(4) 预加应力。预加应力是相对于预应力结构而言的。

(5) 混凝土收缩和徐变的影响。对于刚架、拱等超静定结构，以及预应力混凝土结构、结合梁等，应考虑混凝土收缩和徐变的影响，而涵洞可不考虑。

2. 活载

列车活载虽然不像恒载那样，时刻作用于桥梁结构，但车辆通行是建造桥梁的目的，故活载与恒载一样，并列为主要荷载，它包括以下几种。

(1) 列车重力。铁路列车竖向静活载必须采用中华人民共和国铁路标准活载，即中—活载。中—活载图式如图 8-8 所示。

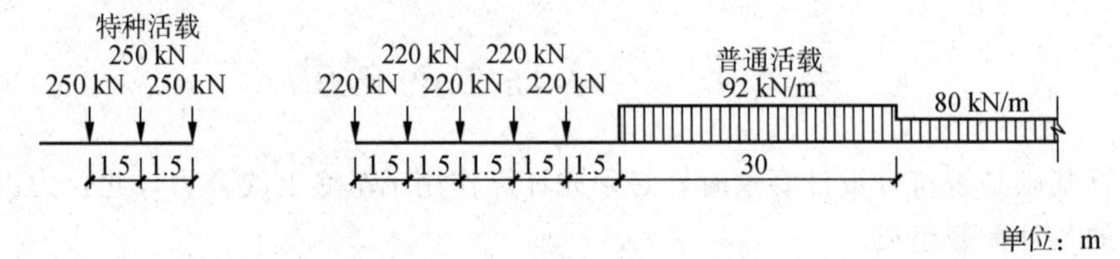

图 8-8　中—活载图式

加载时可由计算图式中任意截取或采用特种活载，均以产生最不利情况为准。一般可能产生最不利情况的列车位置有如下几种：在检算纵向(顺桥方向)时为二孔满载(水平力即制动力最大，而竖向合力接近最大、二孔重载(墩上的竖向合力最大，而水平力可能最大)、一孔重载(水平力最大，且支座反力最大)、一孔轻载(水平力最大，而支点反力最小)；在检算横向(横桥方向)时为二孔满载(产生大水平力，如风力或列车横向摇摆力和最大竖向合力)、二孔空车(产生大水平力和小竖向合力)、桥上无车(产生更大风水平力和更小竖向力)。

总之，列车位置的截取标准是：水平力要最大；检算基底压力者竖向合力要最大；检算偏心、倾覆稳定、滑动稳定者，竖向合力要最小。

空车的竖向活载按 10 kN/m 计算。

(2) 离心力。列车在曲线上行驶时，要产生离心力。离心力为作用于轨顶以上 2 m 高处的横向水平力，其值等于竖向静活载(不包括冲击力)乘离心率 C，C 值按下式计算，但不大于 15%，即

$$C=\frac{v^2}{127R} \tag{8-1}$$

式中　v——设计行车速度(km/h)；

R——曲线半径(m)。

(3) 列车竖向动力作用。列车竖向活载包括列车竖向动力作用时，该列车竖向活载等于列车竖向静活载乘以动力系数$(1+\mu)$，其动力系数的计算见《铁路桥涵设计基本规范》(TB 10002.1—2005)。

钢筋混凝土、混凝土、石砌的桥跨结构及涵洞、刚架桥，其顶上填土厚度 $h\geqslant 1$ m(从轨底算起)时，不计列车竖向动力作用。

支座的动力系数计算公式与相应的桥跨结构计算公式相同。

(4) 列车活载所产生的土压力。列车静活载在桥台背后破坏棱体上引起的侧向土压力应按列车静活载换算为当量均布土层厚度计算。

(5) 人行道荷载。铁路桥梁上的人行道以通行巡道和维修人员为主，有时需放置钢轨、轨枕和工具等。

设计主梁时，人行道的竖向静活载不与列车活载同时计算。

二、附加荷载

附加荷载是指非经常性作用的荷载，多为水平向，有以下几种。

1. 制动力或牵引力

制动力或牵引力是按竖向静活载的10% 计算的纵向水平力，但二者作用方向相反。当与离心力或冲击力同时并计时，则应改按7% 计算。其作用点在轨顶上2 m处，但计算墩台时移至支座中心处，计算台顶活载的制动力或牵引力时移至轨底，因移动作用点而产生的竖向力不予考虑。采用特种活载时，不计制动力或牵引力。

简支梁传到墩台上的纵向水平力数值应按下列规定计算。

(1) 固定支座为全孔制动力或牵引力的100%。

(2) 滑动支座或不设支座为全孔制动力或牵引力的50%。

(3) 滚动支座为全孔制动力或牵引力的25%。

(4) 采用板式橡胶支座而不分固定支座与活动支座时，各为全孔的50%。当分设固定支座与活动支座时，固定支座为全孔的100%；当两支座为等厚时，为全孔的50%；当两支座为不等厚时，按支座纵向抗剪刚度分配计算。

在一个桥墩上安设固定支座及活动支座时，应按上述数值相加。但对于不等跨梁，则不应大于其中较大跨的固定支座的纵向水平力。对于等跨梁，不应大于其中一跨的固定支座的纵向水平力。

2. 风力

作用于桥梁上的风力等于风荷载强度乘以受风面积。风荷载强度及受风面积应按下列规定计算。

(1) 作用在桥梁上的风荷载强度 W 按下式计算：

$$W = K_1 K_2 K_3 W_0 \tag{8-2}$$

式中　W—— 风荷载强度(Pa)；

W_0—— 基本风压值(Pa)，$W_0 = \frac{1}{1.6}v^2$，系按平坦空旷地面，距地面20 m高，频率1/100的10 min平均最大风速 v(m/s)计算确定，一般情况下，W_0 可按《铁路桥涵设计基本规范》“全国基本风压分布图”，并通过实地调查核实后采用；

K_1—— 风载体形系数，见表8-1，其他构件为1.3；

K_2—— 风压高度变化系数，见表8-2，风压随离地面或常水位的高度而异，除特别高墩个别计算外，为简化计算，全桥均取轨顶高度处的风压值；

K_3—— 地形、地理条件系数，见表8-3。

表 8-1 桥墩风载体形系数 K_1

截面形状	长宽比值	体形系数
圆形截面	—	0.8
与风向平行的正方形截面	—	1.4
短边迎风的矩形截面（b 为短边，l 为长边，下同）	$l/b \leqslant 1.5$	1.2
	$l/b > 1.5$	0.9
长边迎风的矩形截面	$l/b \leqslant 1.5$	1.4
	$l/b > 1.5$	1.3
短边迎风的圆端形截面	$l/b \geqslant 1.5$	0.3
长边迎风的圆端形截面	$l/b \leqslant 1.5$	0.8
	$l/b > 1.5$	1.1

表 8-2 风压高度变化系数 K_2

离地面或常水位高度 /m	≤20	30	40	50	60	70	80	90	100
K_2	1.00	1.13	1.22	1.30	1.37	1.42	1.47	1.52	1.56

表 8-3 地形、地理条件系数 K_3

地形、地理情况	K_3
一般平坦空旷地区	1.0
城市林区盆地和有障碍物挡风时	0.85～0.90
山岭、峡谷、垭口、风口区、湖面和水库	1.15～1.30
特殊风口区	按实际调查或观测资料计算

(2) 桥上有车时，风荷载强度采用 $0.8W$，且不大于 1 250 Pa；桥上无车时，按 W 计算。

(3) 作用在桥梁上的风力等于单位风压 W 乘以受风面积。

横向风力的受风面积应按结构理论轮廓面积乘以系数计算，见表 8-4。

表 8-4 横向受风面积系数表

受风面积	系数
钢桁梁及钢塔架	0.4
钢拱两弦间的面积	0.5
桁拱下弦与系杆间的面积或上弦与桥面系间的面积	0.2
整片的桥跨结构	1.0

列车横向受风面积按 3 m 高的长方带计算，其作用点在轨顶以上 2 m 高度处。

纵向风力与横向风力计算方法相同。对于列车、桥面系和各类上承梁，所受的纵向风力不予计算；对于下承桁梁和塔架，应按其所受横向风荷载强度的 40% 计算。

标准设计的风压强度，有车时 $W=800K_1K_2$，且不大于 1 250 Pa；无车

时$W=1\ 400K_1K_2$。

3. 列车横向摇摆力

列车横向摇摆力为一均匀分布的横向力，作用在轨顶面处，其值可按 5.5 kN/m 计算。空车时，不考虑列车的横向摇摆力，也不与离心力、风力同时计算。

4. 流水压力

作用于桥墩上的流水压力为

$$P=KA\frac{\gamma}{2g_n}v^2 \tag{8-3}$$

式中　P——流水压力(kN)；

A——桥墩阻水面积(m^2)，通常计算至一般冲刷线处；

γ——水的重度，一般采用 10 kN/m^3；

g_n——标准自由落体加速度(m/s^2)；

v——计算时采用的流速(m/s)，检算稳定性时采用设计频率水位的流速，计算基底应力或基底偏心时，采用常水位的流速；

K——桥墩形状系数，见表 8-5。

表 8-5　桥墩形状系数表

截面形状	方形	长边平行于水流的矩形	圆形	尖端形	圆端形
K	1.47	1.33	0.73	0.67	0.60

流水压力的分布假定为倒三角形，其合力的着力点位于水位线以下 1/3 水深处。

5. 冰压力

流水压力、冰压力不同时计算，二者也不与制动力或牵引力同时计算。位于有冰的河流或水库中的桥墩台应根据当地冰的具体条件及墩台的结构形式，考虑河流流冰产生的动压力、风和水流作用于大面积冰层产生的静压力等冰荷载的作用。

6. 温度变化的影响

温度变化的影响对于刚架、拱桥等超静定结构是需要考虑的。

7. 冻胀力

严寒地区桥梁基础位于冻胀、强冻胀土中时，将受到切向冻胀力的作用，其计算及检算见《铁路桥涵设计基本规范》附录 G。

三、特殊荷载

特殊荷载指某些出现概率极小的荷载(如船只或排筏撞击力、地震力及仅在某一段时间才出现的荷载)，如施工荷载。

施工荷载是指结构物在就地建造或安装时，还应考虑作用在其上的荷载(包括自重、人群、架桥机、风载、吊机或其他机具的荷载及拱桥建造过程中承受的单侧推力等)。在构件制造、运送、装吊时亦应考虑作用于构件上的临时荷载。计算施工荷载时，可视具体情况，分别采用各自有关的安全系数。

以上各种荷载并不同时全部作用在结构物上，对结构物的强度、刚度或稳定性的影响也不相同。在桥梁设计中，应对每一项要求选取导致结构物出现最不利情况的荷载进行检算，称为最不利荷载组合。例如，当检算桥墩基底要求的承载力时，应选取导致桥墩基底产生最大应力的各项荷载组合起来进行计算；当检算基底稳定性时，则应选取导致桥墩承受最大水平力而竖向力为最小的各项荷载组合。不同要求的最不利荷载组合一般不能直接判断出来，须选取可能出现的不同荷载组合，通过计算确定。在进行荷载组合时，应注意以下原则。

(1) 只考虑主力(主要荷载) 加附加力(附加荷载) 或主力加特殊力(特殊荷载)，不考虑主力加附加力加特殊力这种组合方式，因为它们同时出现的概率非常小。

(2) 主力与附加力组合时，只考虑主力与一个方向(顺桥向或横桥向) 的附加力相组合。

(3) 对某一检算项目，应选取相应的最不利荷载组合。最不利荷载组合可依该检算项目的检算公式做分析和选取。

第四节　基础的埋置深度

基础的埋置深度是指基础底面至天然地面(无冲刷时) 或局部冲刷线(有冲刷时) 的距离，如图 8-9 所示。

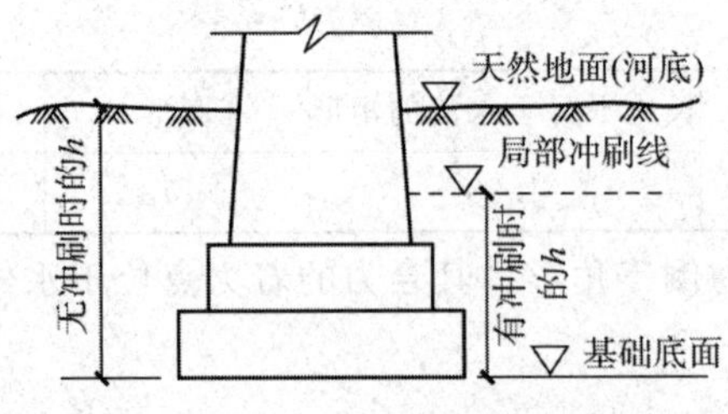

图 8-9　基础埋置深度

确定基础的埋置深度是基础设计的一个重要环节，它既关系到建筑物在建成后的稳固问题，也关系到基础类型的选择、施工方法和施工期限的确定。

确定基础的埋置深度主要从两方面考虑：一是从保证持力层不受外界破坏因素的影响考虑，基础埋深最小不得小于按各种破坏因素而定的最小埋深(最小埋深见后述)；二是从满足各项力学检算的要求考虑，在最小埋深以下的各土层中找一埋得比较浅、压缩性较低、强度较高的土层(允许承载力较大的土层) 作为持力层。在地基比较复杂的情况下，可作为持力层的不止一个，需经技术、经济、施工等方面的综合比较，选出一个最佳方案。最小埋深应考虑以下各项要求。

(1) 确保持力层稳定的最小埋深。地表土层受气候、湿度变化的影响及雨水的冲蚀会产生风化作用。另外，动植物多在地表层内活动生长，也会破坏地表土层的结构。因此，地表土层的性质不稳定时，不宜作为持力层。为保证持力层的稳定，《铁路桥涵设计基本规范》规定，在无冲刷处或设有铺砌防冲时，基础底面埋置深度应在地面以下不小于 2 m，特殊困难情况下不小于 1 m。

(2) 水流对河床的冲刷作用。在有水流的河床上修建墩台，必须考虑洪水对河床的冲刷作用。建桥以后，桥下的过水断面积一般会比建桥前的减小。为排泄同样大小的流量，桥下水流速度势必增大，致使桥下产生冲刷。这种因为建桥而引起的在桥下河床全宽范围内的普遍冲刷称为桥下一般冲刷；因为桥墩阻水而引起的水流冲刷和涡流作用在桥墩周围

形成的河床局部变形称为局部冲刷。为防止墩台基底下的土层被水流冲刷掏空，致使墩台倒塌，《铁路桥涵设计基本规范》规定，有冲刷处的墩台基底，应在最大冲刷（一般冲刷和局部冲刷之和）线以下不小于下列安全值：对于一般桥梁，安全值为 2 m 加冲刷总深度的 10％；对于技术复杂、修复困难或重要的特大桥（或大桥），安全值为 3 m 加冲刷总深度的 10％（表 8-6）。

表 8-6　基底埋置安全值

冲刷总深度 /m			0	5	10	15	20
安全值 /m	一般桥梁		2.0	2.5	3.0	3.5	4.0
	特大桥（或大桥）属于技术复杂、修复困难或重要者	设计频率流量	3.0	3.5	4.0	4.5	5.0
		检算频率流量	1.5	1.8	2.0	2.3	2.5

注：冲刷总深度为自河床面算起的一般冲刷深度与局部冲刷深度之和。

对于抗冲刷性能强的岩石上的基础，可不考虑上述规定；对于抗冲刷性能较差的岩石，应根据冲刷的具体情况确定基底埋置深度。

(3) 在寒冷地区，应考虑地基土季节性冻胀对基础的影响。土在冻结和解冻时，其结构性质发生变化。冻结时土隆起，冻胀力甚大；而解冻时土沉陷，致使建于其上的结构物遭到破坏。为避免这些危害，《铁路桥涵设计基本规范》规定：除不冻胀土外，对于冻胀、强冻胀和特强冻胀土，基底埋置深度应在冻结线以下不小于 0.25 m；对于弱冻胀土，基底埋置深度应不小于冻结深度。

不冻胀土与冻胀性土的划分及冻胀性土的冻胀严重程度（分弱冻胀、冻胀、强冻胀、特强冻胀四种）的具体划分见表 8-7。

表 8-7　季节性冻土的冻胀等级

土的名称	冻前天然含水量 w/％	冻结期间地下水位低于冻结线的最小距离 h_{w}/m	平均冻胀率 η/％	冻胀等级及类别
粉黏粒质量≤15％的粗颗粒土（包括碎石土、砾砂、粗砂、中砂，以下同），或粉黏粒质量≤10％的细砂	不考虑	不考虑	$\eta \leqslant 1$	Ⅰ级不冻胀
粉黏粒质量＞15％的粗颗粒土，或粉黏粒质量＞10％的细砂	$w \leqslant 12$	＞1.0		
粉砂	$12 < w \leqslant 14$	＞1.0		
粉土	$w \leqslant 19$	＞1.5		
黏性土	$w \leqslant w_{\mathrm{P}} + 2$	＞2.0		

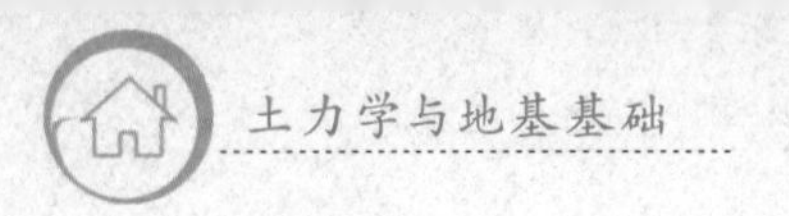

续表

土的名称	冻前天然含水量 w/%	冻结期间地下水位低于冻结线的最小距离 h_w/m	平均冻胀率 η/%	冻胀等级及类别
粉黏粒质量＞15%的粗颗粒土，或粉黏粒质量＞10%的细砂	$w \leqslant 12$	$\leqslant 1.0$	$1 < \eta \leqslant 3.5$	Ⅱ级弱冻胀
	$12 < w \leqslant 19$	> 1.0		
粉砂	$w \leqslant 14$	$\leqslant 1.0$		
	$14 < w \leqslant 19$	> 1.0		
粉土	$w \leqslant 19$	$\leqslant 1.5$		
	$12 < w \leqslant 22$	> 1.5		
黏性土	$w \leqslant w_P + 2$	$\geqslant 2.0$		
	$w_P + 2 < w \leqslant w_P + 5$	> 2.0		
粉黏粒质量＞15%的粗颗粒土，或粉黏粒质量＞10%的细砂	$12 < w \leqslant 18$	$\leqslant 1.0$	$3.5 < \eta \leqslant 6$	Ⅲ级冻胀
	$w > 18$	> 0.5		
粉砂	$14 < w \leqslant 19$	$\leqslant 1.0$		
	$19 < w \leqslant 23$	> 1.0		
粉土	$19 < w \leqslant 22$	$\leqslant 1.5$		
	$22 < w \leqslant 26$	> 1.5		
黏性土	$w_P + 2 < w \leqslant w_P + 5$	$\leqslant 2.0$		
	$w_P + 5 < w \leqslant w_P + 9$	> 2.0		
粉黏粒质量＞15%的粗颗粒土，或粉黏粒质量＞10%的细砂	$w > 18$	$\leqslant 0.5$	$6 < \eta \leqslant 12$	Ⅳ级强冻胀
粉砂	$19 < w \leqslant 23$	$\leqslant 1.0$		
粉土	$22 < 1 \leqslant 26$	$\leqslant 1.5$		
	$26 < w \leqslant 30$	> 1.5		
黏性土	$w_P + 5 < w \leqslant w_P + 9$	$\leqslant 2.0$		
	$w_P + 9 < w \leqslant w_P + 15$	> 2.0		
粉砂	$w > 23$	不考虑	$\eta > 12$	Ⅴ级特强冻胀
粉土	$26 < w \leqslant 30$	$\leqslant 1.5$		
	$w > 30$	不考虑		
黏性土	$w_P + 9 < w \leqslant w_P + 15$	$\leqslant 2.0$		
	$w_P > w_P + 15$	不考虑		

注：① 平均冻胀率为地表冻胀量与冻层厚度减地表冻胀量之比。

② w_P 为塑限含水量，碎石土及砂土的天然含水量界限为该两类土的中间值，含粉黏粒少的粗颗粒土比表列数值小，细砂、粉砂比表列数值大。

③ 盐渍化冻土不在表列。

④ 塑性指数大于22，冻胀性降低一级。

⑤ 碎石类土当充填物大于全部质量的40%时，其冻胀性按充填物土的类别判定。

修建在冻胀性土壤区的涵洞，其出入口和自两端洞口向内各 2 m 范围内的基底埋置最小深度与上述规定相同。涵洞中间部分的基底埋深可根据地区经验确定。严寒地区，当涵洞中间部分的埋深与洞口埋深相差较大时，其连接处应设置过渡段。冻结较深的地区，也可将基底至冻结线下 0.25 m 处的地基土换填为粗颗粒土(包括碎石土、砾砂、粗砂、中砂，但其中粉黏粒含量应小于或等于 15%，或粒径小于 0.1 mm 的颗粒应小于或等于 25%)。

冻结线即当地最大冻结深度线。土的标准冻结深度是指地表无积雪和草皮覆盖时，多年实测最大冻深的平均值。我国北方各地的冻结深度大致如下：满洲里 2.6 m、齐齐哈尔 2.4 m、佳木斯和哈尔滨 2.2 m、牡丹江 2.0 m、长春 1.7 m、沈阳 1.2 m、锦州 1.1 m、太原 1.0 m、北京 0.8 ～ 1.0 m、大连 0.7 m、天津 0.5 ～ 0.7 m、济南 0.5 m。

多年冻土地区桥涵基底的埋置深度应符合下列规定。

(1) 按保持冻结原则进行设计时，基础和桩基承台座板底面位于稳定人为上限以下的最小埋置深度应符合表 8-8 中的要求。桩身位于稳定人为上限以下的最小深度(不论土质)不应小于 4 m。

表 8-8　基础和桩基承台座板底面位于稳定人为上限以下的最小埋置深度

基础类型	地基土质	位于稳定人为上限以下的最小埋置深度
桥梁明挖基础	多冰、富冰或饱冰冻土	1.0
涵洞出入口明挖基础	多冰、富冰或饱冰冻土	0.25
承台座板底面	多冰、富冰或饱冰冻土	不应小于 0.25

(2) 按容许融化原则进行设计时，基础埋深应满足地基沉降方面的要求。当季节活动层为冻胀性土时，还应避免冻胀的危害。

满足上述规定所确定的基础埋深称为最小埋深。合适的持力层应在最小埋深以下的各土层中寻找。

在覆盖土层较薄的岩石地基中，可不受最小埋深的限制，将基础修建在清除风化层后的新鲜岩面上。当遇岩石风化层很厚，难以全部清除时，则其埋置深度应视岩石的风化程度及其相应的地基容许承载力来确定。对于风化严重和抗冲刷性能较差的岩石，应按具体情况适当加大埋置深度。当基岩表面倾斜时，应避免将基础的一部分置于岩层上而另一部分置于土层上，以防基础因不均匀沉降而倾斜或破裂。当基岩面倾斜较大时，基底可做成台阶形。

墩台明挖基础顶面不宜高出最低水位，当地面高于最低水位且不受冲刷时，则不宜高出地面。

思　考　题

1. 什么是地基？地基分为哪几类？
2. 什么是天然地基？什么是人工地基？
3. 什么是基础？常用的桥梁基础有哪几种？
4. 什么是浅基础？什么是深基础？

第九章 天然地基上浅基础设计

第一节 概 述

建(构）筑物的设计和施工中，地基和基础占有很重要的地位，它对建(构）筑物的安全和正常使用有很大的影响。地基基础设计必须根据建(构）筑物的用途和安全等级、建筑布置和上部结构类型，充分考虑建筑场地和地基的工程地质条件，结合施工条件和环境保护等要求，合理选择地基基础方案，因地制宜，精心设计，力求基础工程安全可靠、经济合理和施工方便，以确保建(构）筑物的安全和正常使用。

地基可分为天然地基与人工地基。直接放置基础的天然土层称为天然地基。若天然地基土质过于软弱或有不良的工程地质问题，需要经过人工加固或处理后才能修筑基础，则这种地基称为人工地基。天然地基上的基础，由于埋置深度不同，因此采用的施工方法、基础结构形式和设计计算方法也不相同，根据埋置深度可以分为浅基础和深基础两类。当基础的埋置深度小于基础的最小宽度时，称为浅基础。浅基础埋入地层深度较浅(一般小于 5 m)，设计计算时可以忽略基础侧面土体对基础的影响，基础结构形式和施工方法也较简单，造价也较低，是建(构）筑物最常用的基础类型。

一、地基基础设计等级

建(构）筑物的安全和正常使用，不仅取决于上部结构的安全储备，还要求地基基础有一定的安全度。因为地基基础是隐蔽工程，所以无论地基或基础哪一方面出现问题或发生破坏，都很难修复，轻者影响使用，重者导致建(构）筑物破坏，甚至酿成灾害。因此，地基基础设计在建(构）筑物设计中举足轻重。根据地基复杂程度，建筑物规模和功能、特征，以及因地基问题而可能造成建筑物破坏或影响正常使用的程度，《建筑地基基础设计规范》将地基基础设计分为三个设计等级，设计时应根据具体情况选用，见表 9-1。

知识拓展

《公路桥涵地基与基础设计规范》(JTG D63—2007）中虽然没有明确地在基础设计中划分建(构）筑物安全等级，但在实际应用中是根据公路等级与桥涵跨径分类相结合的原则来区分建(构）筑物等级的。

表 9-1　地基基础设计等级

设计等级	建筑和地基类型
甲级	重要的工业与民用建筑 30 层以上体型复杂的高层建筑，层数相差超过 10 层的高低层连成一体的建筑物，大面积的多层地下建筑物(如地下车库、商场、运动场等)，对地基变形有特殊要求的建筑物，复杂地质条件下的坡上建筑物(包括高边坡)，对原有工程影响较大的新建建筑物，场地和地基条件复杂的一般建筑物，位于复杂地质条件及软土地区的二层及二层以上地下室的基坑工程
乙级	除甲级、丙级外的工业与民用建筑物
丙级	场地和场基条件简单、荷载分布均匀的七层及七层以下民用建筑及一般工业建筑物，次要的轻型建筑物

二、地基基础设计规定

地基基础工程设计的目的是设计一个安全、经济和可行的地基与基础，保证上部结构物的安全和正常使用。因此，地基基础工程的基本设计原则如下。

(1) 地基设计应具有足够的强度，满足地基承载力的要求。

(2) 地基与基础的变形满足建筑物正常使用的允许要求。

(3) 地基与基础的整体稳定性有足够保证。

(4) 基础本身有足够的强度、刚度和耐久性。

地基与基础方案的确定主要取决于地基土层的工程地质与水文地质条件、上部结构类型与荷载条件、使用要求、材料与施工技术等因素。基础方案应做不同方案的比较，选择较为适宜与合理的设计方案与施工方案。

《建筑地基基础设计规范》规定，地基基础的设计与计算应满足承载力极限状态和正常使用极限状态的要求。根据建筑物地基基础设计等级及长期荷载作用下地基变形对上部结构的影响程度，地基基础设计应符合如下规定。

(1) 所有建筑物的地基计算均应满足承载力计算的有关规定。

(2) 设计等级为甲级、乙级的建筑物均应按地基变形设计。

(3) 建筑物情况和地基条件复杂的丙级建筑物地基还应做变形验算，以保证建筑物不因地基沉降影响正常使用。

(4) 对经常受水平荷载作用的高层建筑、高耸结构和挡土墙等，以及建造在斜坡上或边坡附近的建筑物和构筑物，还应验算其稳定性。

(5) 基坑工程应进行稳定性验算。

(6) 当地下水埋藏较浅，建筑地下室或地下构筑物存在上浮问题时，还应进行抗浮验算。

三、地基基础设计采用的荷载效应组合

《建筑地基基础设计规范》规定，地基基础设计时，荷载取值应符合现行国家标准《建筑结构荷载规范》的规定，所采用的荷载效应最不利组合与相应的抗力限值应符合下列规定。

(1) 按地基承载力确定基础底面积及埋深，或按单桩承载力确定桩数时，传至基础或承台底面上的荷载效应应按正常使用极限状态下荷载效应的标准组合。相应的抗力应采用

地基承载力特征值或单桩承载力特征值。

(2) 计算地基变形时，传至基础底面上的荷载效应应按正常使用极限状态下荷载效应的标准永久组合，不应计入风荷载和地震作用。相应的限值应为地基变形允许值。

(3) 计算挡土墙土压力、地基或斜坡稳定及滑坡推力时，荷载效应应按承载能力极限状态下荷载效应的基本组合，但其分项系数均为 1.0。

(4) 在确定基础或桩台高度、支挡结构截面、计算基础或支挡结构内力、确定配筋和验算材料强度时，上部结构传来的荷载效应组合和相应的基底反力应按承载能力极限状态下荷载效应的基本组合，采用相应的分项系数。当需要验算基础裂缝宽度时，应按正常使用极限状态荷载效应标准组合。

(5) 基础设计安全等级、结构设计使用年限、结构重要性系数应按有关规范的规定采用，但结构重要性系数 γ_0 不应小于 1.0。

四、地基基础设计内容与步骤

(1) 选择基础的材料、类型，确定平面布置。

(2) 选择基础的埋置深度，确定地基持力层。

(3) 确定地基承载力特征值。

(4) 根据传至基础底面上的荷载效应和地基承载力特征值确定基础底面积。

(5) 根据传至基础底面上的荷载效应进行相应的地基验算(变形和稳定性验算)。

(6) 根据传至基础底面上的荷载效应确定基础结构尺寸进行必要的结构计算。

(7) 绘制基础施工图。

第二节　浅基础的类型

天然地基上的浅基础，根据基础形状和大小可以分为独立基础、条形基础(包括十字交叉条形基础)、筏板基础、箱形基础等；根据基础所用材料的性能可分为无筋扩展基拙(刚性基础) 和柔性扩展基础。

一、无筋扩展基础

无筋扩展基础通常是由砖、块石、毛石、素混凝土、三合土和灰土等材料建造的且不需要配置钢筋的基础。这些材料有较好的抗压性能，但抗拉、抗剪强度不高，设计时要求限定基础的扩展宽度和基础高度的比值，以避免基础内的拉应力和剪应力超过其材料强度。基础的相对高度一般都比较大，几乎不会发生弯曲变形，习惯上称为刚性基础。

刚性基础可用于六层和六层以下(三合土基础不宜超过四层) 的民用建筑和砌体承重的厂房。其特点是稳定性好、施工简便、能承受较大的荷载。其主要缺点是自重大，且当基础持力层为软弱土时，由于扩大基础面积有一定限制，因此须对地基进行处理或加固后才能采用。对于荷载大或上部结构对沉降差较敏感的情况，当持力层为深厚软土时，刚性基础作为浅基础是不适宜的。

砖基础是应用最广泛的一种刚性基础，其剖面图如图 9-1 所示。砖基础各部分的尺寸应符合砖的模数。砖基础一般做成台阶式，俗称“大放脚”。其砌筑方式有两皮一收和二一间隔收(又称为两皮一收与一皮一收相间) 两种。两皮一收是每砌两皮砖，即 120 mm，收

进 1/4 砖长，即 60 mm；二一间隔收是从底层开始，先砌两皮砖，收进 1/4 砖长，再砌一皮砖，收进 1/4 砖长，如此反复。

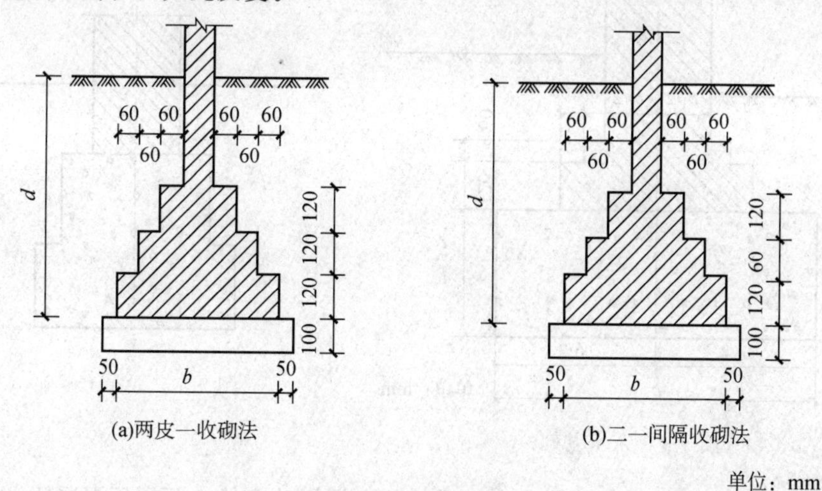

图 9-1　砖基础剖面图

毛石基础是用未经人工加工的石材和砂浆砌筑而成的，如图 9-2 所示。其优点是易于就地取材、价格低，但缺点是施工劳动强度大。

三合土基础是用石灰、砂、黏土三合一材料加适量的水分充分搅拌均匀后，铺在基槽内分层夯实而成的，如图 9-3 所示。三合土基础常用于我国南方地区地下水位较低的四层及四层以下的民用建筑工程中。

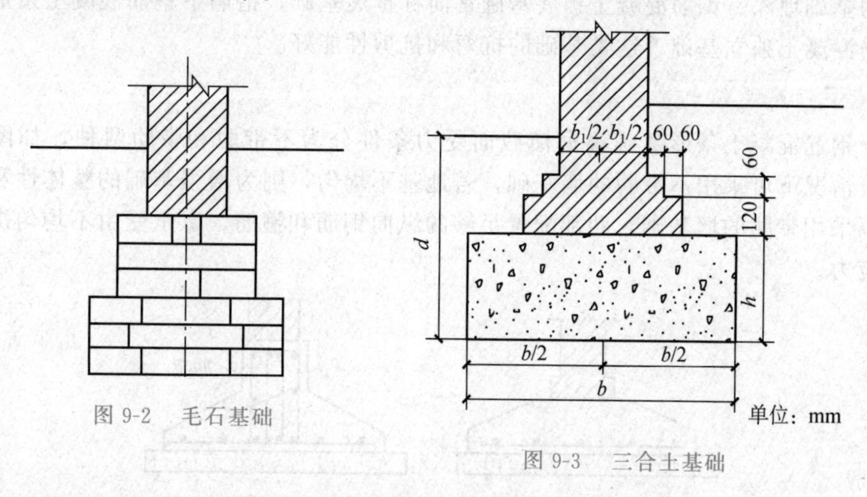

图 9-2　毛石基础

图 9-3　三合土基础

灰土基础是由熟化后的石灰和黏性土按比例拌和并夯实而成的，如图 9-4 所示。施工时每层需铺灰土 220 ～ 250 mm，夯实至 150 mm，称为“一步灰土”。根据需要可设计成二步灰土或三步灰土。

混凝土和毛石混凝土基础的强度、耐久性与抗冻性都优于砖石基础。因此，当荷载较大或位于地下水位以下时，可考虑选用混凝土基础，如图 9-5 所示。混凝土基础水泥用量大，造价稍高，当基础体积较大时，可设计成毛石混凝土基础。毛石混凝土基础是在浇筑混凝土过程中掺入 20% ～ 30%(体积比）的毛石，以节约水泥用量。由于其施工质量控制较困难，因此使用并不广泛。

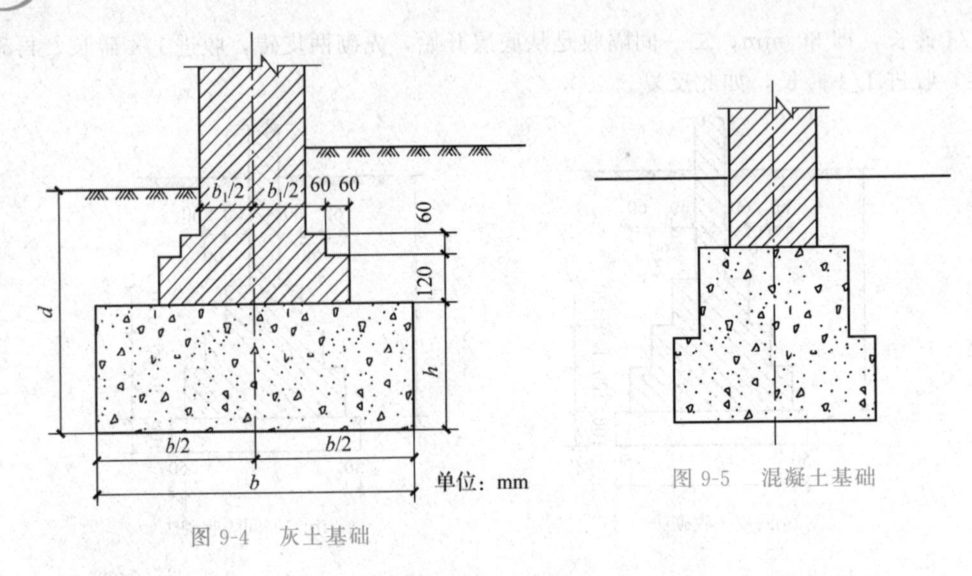

图 9-4　灰土基础

图 9-5　混凝土基础

无筋扩展基础也可由两种材料叠合组成，如上层用砖砌体，下层用混凝土。

二、扩展基础

当基础承受外荷载较大且存在弯矩和水平荷载作用，同时地基承载力又较低，刚性基础不能满足地基承载力和基础埋深的要求时，可以考虑采用钢筋混凝土基础。钢筋混凝土基础可用扩大基础底面积的方法来满足地基承载力的要求，而不必增加基础的埋深，能得到合适的基础埋深。钢筋混凝土扩展基础常简称扩展基础，指墙下钢筋混凝土条形基础和柱下钢筋混凝土独立基础，这类基础的抗弯和抗剪性能好。

1. 墙下钢筋混凝土条形基础

墙下钢筋混凝土条形基础根据横截面受力条件分为不带肋和带肋两种，如图 9-6 所示。一般情况下可采用不带肋的墙基础，若地基不均匀，则为增强基础的整体性和抗弯能力，可以采用带肋的墙基础，肋部配置足够的纵向钢筋和箍筋，以承受由不均匀沉降引起的弯曲应力。

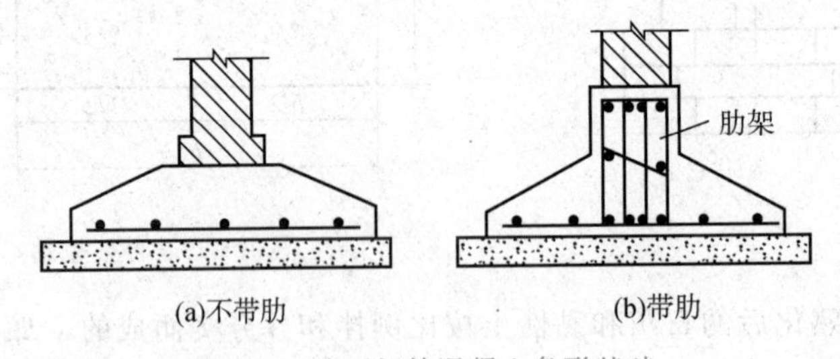

(a)不带肋　(b)带肋

图 9-6　墙下钢筋混凝土条形基础

2. 柱下钢筋混凝土独立基础

柱下钢筋混凝土独立基础又称单独基础，基础截面可设计成台阶形或锥形，预制柱下。一般采用杯口形基础，如图 9-7 所示。轴心受压柱下的基础底面形状一般为方形，偏心受压柱下的基础底面形状一般为矩形。

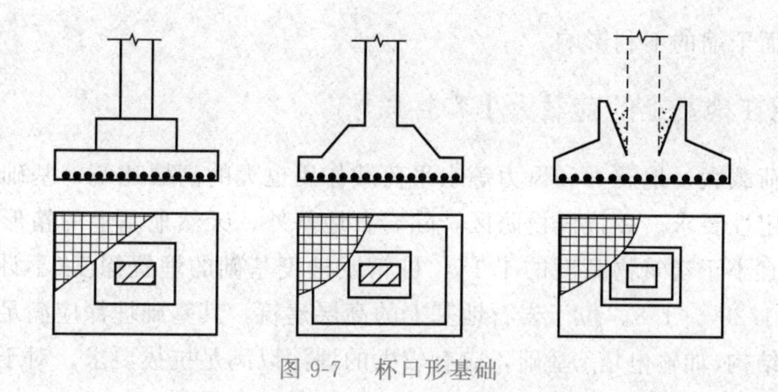

图 9-7　杯口形基础

第三节　基础埋置深度的确定

基础埋置深度一般是指设计地面到基础底面的距离。选择合适的基础埋置深度关系到地基的稳定性、施工的难易、工期的长短及造价的高低，是地基基础设计中的重要环节。

基础埋置深度的合理确定必须考虑建筑物的用途、基础的形式和构造、作用在地基上的荷载大小和性质、工程地质与水文地质条件、相邻建筑物的基础埋深、地基土冻胀和融陷等因素的影响，综合加以确定。确定浅基础埋深的基本原则是：在满足地基稳定和变形要求及有关条件的前提下，基础应尽量浅埋。考虑到地表一定深度内气温变化、雨水侵蚀、动植物生长及人为活动的影响，因此除岩石地基外，基础的最小埋置深度不宜小于 0.5 m，基础顶面应低于设计地面 0.1 m 以上，以避免基础外露(图 9-8)。

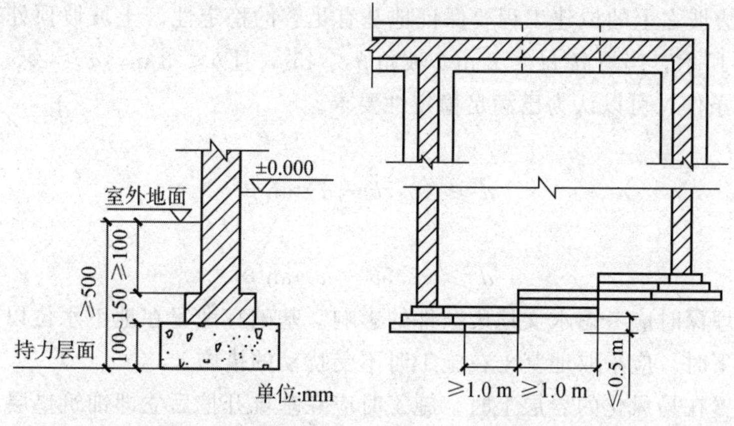

图 9-8　基础的最小埋置深度　　图 9-9　墙基础埋深变化时的台阶做法

一、建筑物用途及基础构造

建筑物的使用功能和用途常成为基础埋深选择的先决条件。当建筑物设有地下室、带有地下设施、属于半埋式结构物等时，都需要较大的基础埋深。有地下室时，基础埋深要受地下室地面标高的影响，在平面上仅局部有地下室时，基础可按台阶形式变化埋深或整体加深，台阶的高宽比一般为 1：2，每级台阶高度不超过 0.5 m(图 9-9)。在确定基础埋深时，需考虑给排水、供热等管道的标高。原则上不允许管道从基础底下通过，一般可以在基础上设洞口，且洞口顶面与管道之间要留有足够的净空高度，以防止基础沉降压裂管道，造成事故。当确定冷藏库或高温炉窑基础埋深时，应考虑热传导引起地基土因低温而冻胀或因高温而干缩的不利影响。

二、作用在地基上的荷载大小和性质

对于竖向荷载大，地震力和风力等水平荷载作用也大的高层建筑，基础埋深应适当增大，以满足稳定性要求。在抗震设防区，除岩石地基外，天然地基上的箱形基础和筏板基础埋置深度不宜小于建筑物高度的1/15，桩箱或桩筏基础的埋置深度(不计桩长）不宜小于建筑高度的1/20～1/8。位于岩石地基上的高层建筑，其基础埋深应满足抗滑要求。对于受上拔力的结构(如输电塔）基础，应有较大的埋深以满足抗拔要求。对于室内地面荷载较大或有设备基础的厂房、仓库，应考虑对基础内侧的不利作用。

中、小跨度的简支桥梁对确定基础埋深的影响不大。但对超静定结构，基础即使发生较小的不均匀位移也会使内力产生一定的变化，如拱桥桥台。为减少可能产生的水平位移和降差，基础有时需设置在埋藏较深的坚实土层上。

三、工程地质条件与水文地质条件

工程地质条件是影响基础埋深的最基本条件之一。直接支承基础的土层称为持力层，其下的各土层称为下卧层。基础埋深的选择实质上就是确定基础的持力层。

当地基上层土承载力大于下层土时，宜取上层土做持力层，减小基础埋深。当上层土承载力低于下层土时，则需要区别对待。当上层软弱土较薄时，可将基础置于下层坚实土上；当上层软弱土较厚时，基础埋深应从施工难易、材料用量等方面进行分析比较决定。

位于稳定边坡之上的拟建工程要保证地基有足够的稳定性。土坡坡顶处基础的最小埋深图如图9-10所示，当坡高$H \leqslant 8$ m，坡角$\beta \leqslant 45°$，且$b \leqslant 3$ m，$a \geqslant 2.5$ m时，基础埋深d符合下列条件，可以认为已满足稳定性要求。

条形基础：

$$d \geqslant (3.5b - a)\tan\beta \tag{9-1}$$

矩形基础：

$$d \geqslant (2.5b - a)\tan\beta \tag{9-2}$$

选择基础埋深时应考虑水文地质条件的影响。基础宜埋置在地下水位以上，当必须埋在地下水位以下时，应采取地基土在施工时不受扰动的措施。

当基础埋置在易风化的岩层上时，施工时应在基坑开挖后立即铺筑垫层。

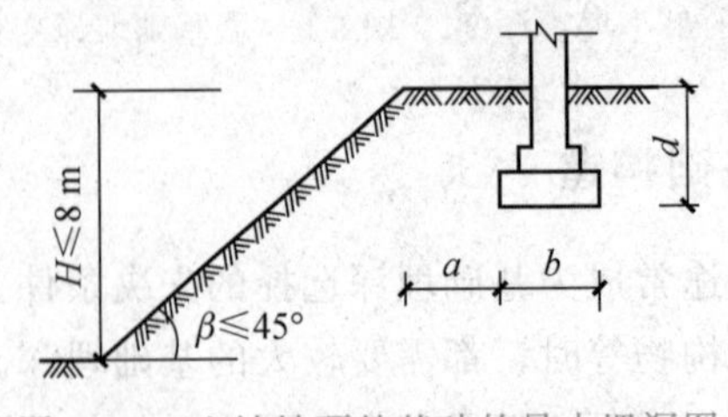

图9-10 土坡坡顶处基础的最小埋深图

在有冲刷的河流中，为防止桥梁墩、台基础四周和基底下土层被水流淘空以致倒塌，基础必须埋置在设计洪水最大冲刷线以下一定深度，以保证基础的稳定性。基础在设计洪水冲刷总深度以下的最小埋深与河床地层的抗冲刷能力、计算设计流量的可靠性、选用计算冲刷深度的方法、桥梁的重要性和破坏后修复的难易程度等因素有关，其确定方法可参

阅有关的设计手册与规范。

四、相邻建筑物的影响

在城市建筑密集的地方，为保证原有建筑物的安全和正常使用，新建建筑物的基础埋深不宜深于原有建筑物基础的埋深，并应考虑新加荷载对原有建筑物的不利作用。当新建建筑物荷重大、楼层高、基础埋深要求大于原有建筑物基础埋深时，为避免新建建筑物对原有建筑物的影响，设计时应考虑与原有基础保持一定的净距(图 9-11)。距离大小根据原有建筑荷载大小、土质情况和基础形式确定，一般可取相邻基础底面高差的 1 ～ 2 倍，即 $L \geqslant (1 \sim 2)\Delta H$。当不能满足净距方面的要求时，应采取分段施工或设临时支撑、打板桩、地下连续墙等措施，或加固原有建筑物地基。

五、地基土冻胀和融陷的影响

季节性冻土是指一年内冻结与解冻交替出现的土层，在全国分布很广，季节性冻土层厚度在 0.5 m 以上，最厚达 3 m。

如果基础埋于冻胀土内，当冻胀力和冻切力足够大时(图 9-12)，就会导致建筑物发生不均匀的上抬，导致门窗不能开启，严重时墙体开裂；当温度升高解冻时，冰晶体融化，含水量增大，土的强度降低，使建筑物产生不均匀的沉陷。在气温低，冻结深度大的地区，由于冻害使墙体开裂的情况较多，因此应引起足够的重视。

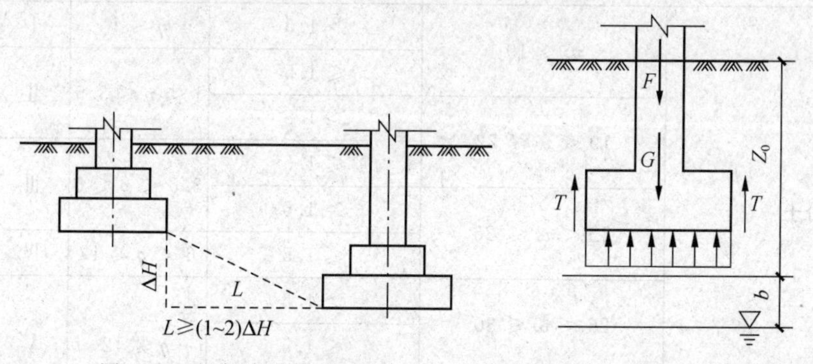

图 9-11　相邻建筑基础的埋深　　图 9-12　作用在基础上的冻胀力和冻切力

影响冻胀的因素主要是土的情况、土中含水量的多少及地下水补给条件。对于黏粒含量很少的细砂以上的土，孔隙集中，毛细作用极小，基本不存在冻胀问题，在相同条件下，黏性土的冻胀就不容忽视。《建筑地基基础设计规范》根据冻土层的平均冻胀率的大小，把地基土冻胀性分为不冻胀、弱冻胀、冻胀、强冻胀和特强冻胀五个等级，地基土冻胀性分类见表 9-2。

表 9-2　地基土冻胀性分类

土的名称	冻前天然含水量 w /%	冻结期间地下水位低于冻深的最小距离 / m	平均冻胀率 η/%	冻胀等级	冻胀类别
碎(卵)石，砾、粗、中砂(粒径小于 0.075 mm，颗粒含量大于 15%)及细砂(粒径小于 0.075 mm，颗粒含量大于 10%)	12	>1.0	$\eta \leqslant 1$	Ⅰ	不冻胀
		$\leqslant 1.0$	$1<\eta \leqslant 3.5$	Ⅱ	弱冻胀
	$12<w \leqslant 18$	>1.0			
		$\leqslant 1.0$	$3.5<\eta \leqslant 6$	Ⅲ	冻胀
	$w>18$	>0.5			
		$\leqslant 0.5$	$6<\eta \leqslant 12$	Ⅳ	强冻胀
粉砂	$w \leqslant 14$	>1.0	$\eta \leqslant 1$	Ⅰ	不冻胀
		$\leqslant 1.0$	$1<\eta \leqslant 3.5$	Ⅱ	弱冻胀
	$14<w \leqslant 19$	>1.0			
		$\leqslant 1.0$	$3.5<\eta \leqslant 6$	Ⅲ	冻胀
	$19<w \leqslant 23$	>1.0			
		$\leqslant 1.0$	$6<\eta \leqslant 12$	Ⅳ	强冻胀
	$w>23$	不考虑	$\eta>12$	Ⅴ	特强冻胀
粉土	$w \leqslant 19$	>1.5	$\eta \leqslant 1$	Ⅰ	不冻胀
		$\leqslant 1.5$	$1<\eta \leqslant 3.5$	Ⅱ	弱冻胀
	$19<w \leqslant 22$	>1.5			
		$\leqslant 1.5$	$3.5<\eta \leqslant 6$	Ⅲ	冻胀
	$22<w \leqslant 26$	>1.5			
		$\leqslant 1.5$	$6<\eta \leqslant 12$	Ⅳ	强冻胀
	$26<w \leqslant 30$	>1.5	$\eta \leqslant 12$	Ⅴ	特强冻胀
		$\leqslant 1.5$			
	$w>30$	不考虑			
黏性土	$w \leqslant w_P+2$	>2.0	$\eta \leqslant 1$	Ⅰ	不冻胀
		$\leqslant 2.0$	$1<\eta \leqslant 3.5$	Ⅱ	弱冻胀
	$w_P+2<w \leqslant w_P+5$	>2.0			
		$\leqslant 2.0$	$3.5<\eta \leqslant 6$	Ⅲ	冻胀
	$w_P+5<w \leqslant w_P+9$	>2.0			
		$\leqslant 2.0$	$6<\eta \leqslant 12$	Ⅳ	强冻胀
	$w_P+9<w \leqslant w_P+15$	>2.0			
		$\leqslant 2.0$	$\eta>12$	Ⅴ	特强冻胀
	$w>w_P+15$	不考虑			

注：① w_P 为塑限含水量(%)；w 为在冻土层内冻前天然含水量的平均值。

② 盐渍化冻土不在表列。

③ 塑性指数大于22时，冻胀性降低一级。

④ 粒径小于0.005 mm的颗粒含量大于60%时，为不冻胀土。

⑤ 碎石类土当充填物大于全部质量的40%时，其冻胀性按充填物土的类别判断。

⑥ 碎石土、砾砂、粗砂、中砂(粒径小于0.075 mm，颗粒含量不大于15%)、细砂(粒径小于0.075 mm，颗粒含量不大于10%)均按不冻胀考虑。

对于冻胀性地基，基础最小埋深应满足

$$d_{max}=Z_d-h_{max} \tag{9-3a}$$

$$Z_d=Z_0\cdot\psi_{zs}\cdot\psi_{zw}\cdot\psi_{ze} \tag{9-3b}$$

式中　Z_d—— 设计冻深；

Z_0—— 地区标准冻深，按《建筑地基基础设计规范》附录F采用；

ψ_{zs}、ψ_{zw}、ψ_{ze}—— 影响系数，分别按表9-3、表9-4、表9-5确定；

h_{max}—— 基础底面下允许残留冻土层的最大厚度，按表9-6采用。

表9-3　土的类别对冻深的影响系数

土的类别	影响系数 ψ_{zs}	土的类别	影响系数少 ψ_{zs}
黏性土	1.00	中、粗、砾砂	1.30
细砂、粉砂、粉土	1.20	碎石土	1.40

表9-4　土的冻胀性对冻深的影响系数

冻胀性	影响系数 ψ_{zw}	冻胀性	影响系数 ψ_{zw}
不冻胀	1.00	强冻胀	0.85
弱冻胀	0.95	特强冻胀	0.80
冻胀	0.90	—	—

表9-5　环境对冻深的影响系数

周围环境	影响系数 ψ_{ze}	周围环境	影响系数 ψ_{ze}
村、镇、旷野	1.00	城市市区	0.90
城市近郊	0.95	—	—

注：环境影响系数一项，当城市市区人口为20万～50万时，按城市近郊取值；当城市市区人口大于50万且小于或等于100万时，按城市市区取值；当城市市区人口超过100万时，按城市市区取值。5 km以内的郊区应按城市近郊取值。

表9-6　建筑基底下允许残留冻土层的最大厚度 k_{max}　　单位：m

冻胀性	基础形式	采暖情况	基底平均压力下的残留冻土层厚度						
			90	110	130	150	170	190	210
弱冻胀土	方形基础	采暖	—	0.94	0.99	1.04	1.11	1.15	1.20
		不采暖	—	0.78	0.84	0.91	0.97	1.04	1.10
	条形基础	采暖	—	＞2.50	＞2.50	＞2.50	＞2.50	＞2.50	＞2.50
		不采暖	—	2.20	2.50	＞2.50	＞2.50	＞2.50	＞2.50

续表

冻胀性	基础形式	采暖情况	基底平均压力下的残留冻土层厚度						
			90	110	130	150	170	190	210
冻胀土	方形基础	采暖	—	0.64	0.70	0.75	0.81	0.86	—
		不采暖	—	0.55	0.60	0.65	0.69	0.74	—
	条形基础	采暖	—	1.55	1.79	2.03	2.26	2.50	—
		不采暖	—	1.15	1.35	1.55	1.75	1.95	—
强冻胀土	方形基础	采暖	—	0.42	0.47	0.51	0.56	—	—
		不采暖	—	0.36	0.40	0.43	0.47	—	—
	条形基础	采暖	—	0.74	0.88	1.00	1.13	—	—
		不采暖	—	0.56	0.66	0.75	0.84	—	—
特强冻胀土	方形基础	采暖	0.30	0.34	0.38	0.41	—	—	—
		不采暖	0.24	0.27	0.31	0.34	—	—	—
	条形基础	采暖	0.43	0.52	0.61	0.70	—	—	—
		不采暖	0.33	0.40	0.47	0.53	—	—	—

注：① 本表只计算法向冻胀力，如果基础侧面存在切向冻胀力，应采取防切向力措施。

② 本表不适用于宽度小于 0.6 m 的基础，矩形基础可取短边尺寸按方形基础计算。

③ 表中数据不适用于淤泥、淤泥质土和欠固结土。

④ 表中基底平均压力数值为永久荷载标准值乘以 0.9，可以内插。

第四节　基础底面尺寸的确定

一、轴心荷载作用下基础底面尺寸的确定

当基础承受轴心荷载作用时，地基反力为均匀分布，轴心受压基础如图 9-13 所示，按地基持力层承载力计算基底尺寸时，要求基底压力满足

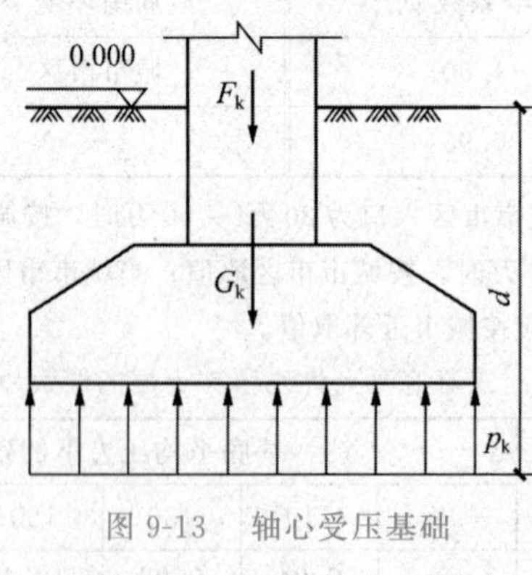

图 9-13　轴心受压基础

$$p_k=\frac{F_k+G_k}{A}\leqslant f_a \tag{9-4}$$

式中　f_a—— 修正后的地基持力层承载力特征值；

p_k—— 相应于荷载效应标准组合时，基础底面处的平均压力值；

A—— 基础底面面积；

F_k—— 相应于荷载效应标准组合时，上部结构传至基础顶面的竖向力值；

G_k—— 基础自重和基础上的土重，对一般实体基础，可近似地取 $G_k = \gamma_G A d$（γ_G 为基础及回填土的平均重度，可取 $\gamma_G = 20\ kN/m^3$，d 为基础平均埋深），但在地下水位以下部分应扣除浮托力。

根据式(9-4) 确定基础底面尺寸时，基础底面积应满足

$$A \geqslant \frac{F_k}{f_a - \gamma_G d} \tag{9-5}$$

对独立基础，轴心荷载作用下常采用方形基础，式(9-5) 可变为

$$b \geqslant \sqrt{\frac{F_k}{f_a - \gamma_G d}} \tag{9-6}$$

式中　b—— 正方形基础边长。

对条形基础，沿基础长度方向取 1 m 作为计算单元，式(9-5) 可变为

$$b \geqslant \frac{F_k}{f_a - \gamma_G d} \tag{9-7}$$

式中　b—— 条形基础基底宽度。

需要说明，按式(9-5)、式(9-6) 和式(9-7) 计算时，承载力特征值 f_a 只能先按基础埋深 d 确定，待基底尺寸算出后，再看基底宽度 b 是否超过 3.0 m。当 $b > 3.0$ m时，需重新修正承载力特征值，再验算基底尺寸是否满足地基承载力要求。

二、偏心荷载作用下基础底面尺寸的确定

当作用在基底形心处的荷载不仅有竖向荷载，而且有力矩或水平力存在时，为偏心受压基础，如图 9-14 所示。偏心荷载作用下基底压力分布仍假设为线性分布，基底压力除应满足式(9-4) 的要求，还应满足以下附加条件，即

$$p_{kmax} \leqslant 1.2 f_a \tag{9-8}$$

为保证基础不致过分倾斜，一般要求偏心距 e 满足 $e \leqslant l/6$，其中 l 为偏心受压基础力矩作用方向的边长，即要求 $p_{kmin} > 0$，以控制基底压力呈梯形分布，防止基础过分倾斜。在中、高压缩性地基上的基础，或有起重机的厂房柱基础，e 不宜大于 $l/6$；对低压缩性地基上的基础，当考虑短暂作用的偏心荷载时，e 可放宽至 $l/4$。

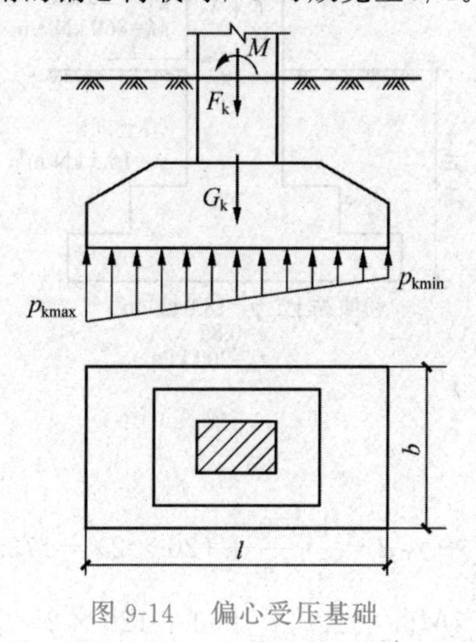

图 9-14　偏心受压基础

偏心受压基础基底面积的确定，通常是根据轴心受压基础底面积的式(9-5)并增大底面积(考虑力矩作用)进行试估，再验算承载力，直到满足为止，其算法步骤如下。

(1) 进行深度修正，初步确定修正后的地基承载力特征值。

(2) 根据荷载偏心情况，将按轴心荷载作用计算得到的基底面积增大10%～40%以确定基础底面积A，即

$$A=(1.1\sim1.4)\frac{r_{k}}{f_{a}-\gamma_{G}d} \tag{9-9}$$

(3) 确定b、l的尺寸，对独立基础，常取$l/b\approx1.5$，l/b不宜大于3，以保证基础的侧向稳定。

(4) 计算基础基底压力、偏心距e和基底最大压力$p_{k\max}$，并验算是否满足式(9-8)和$e\leqslant l/6$的要求。

(5) 若b、l取值不满足要求，可调整尺寸再行验算，如此反复一两次，便可定出合适的尺寸。

【例9-1】试确定图9-15所示柱下基础的底面尺寸。

解：(1) 试估基础底面积。

深度修正后的持力层承载力特征值为

$$\begin{aligned}f_{a}&=f_{ak}+\eta_{d}\gamma_{m}(d-0.5)\\&=200+1.0\times16.5\times(2-0.5)\\&=224.75\ (\text{kPa})\end{aligned}$$

$$\begin{aligned}A&=(1.1\sim1.4)\frac{F_{k}}{f_{a}-\gamma_{G}d}\\&=(1.1\sim1.4)\times\frac{1\,600}{224.75-20\times2.0}\\&=(9.5\sim12.1)\ (\text{m}^{2})\end{aligned}$$

由于力矩较大，因此底面尺寸可取大些，取$b=3.0$ m，$l=4.0$ m。

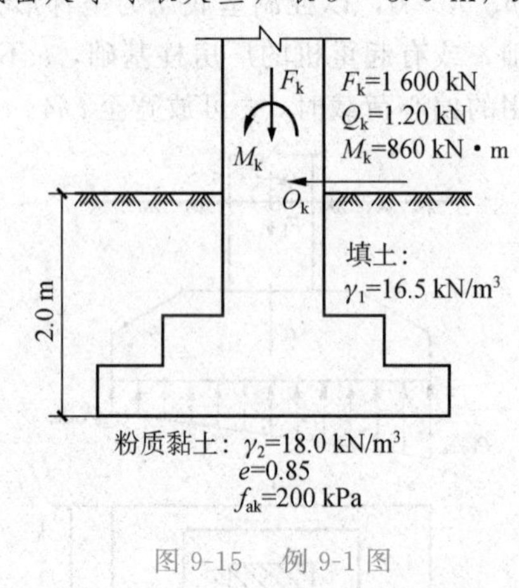

图9-15 例9-1图

(2) 计算基底压力。

$$p_{k}=\frac{F_{k}}{bl}+\gamma_{G}d=\frac{1\,600}{3\times4}+(20\times2)=173.3(\text{kPa})$$

$$\left.\begin{array}{l}p_{k\max}\\p_{k\min}\end{array}\right\}=p_{k}\pm\frac{M_{k}}{W}=173.3\pm\frac{860+120\times2}{3\times4^{2}/6}=310.8\ (\text{kPa})$$

(3) 验算持力层承载力。

$$p_{\mathrm{k}}=173.3\ \mathrm{kPa}<f_{\mathrm{a}}=224.8\ \mathrm{kPa}$$

$$p_{\mathrm{kmax}}=310.8\ \mathrm{kPa}>1.2f_{\mathrm{a}}=1.2\times 224.8=269.8(\mathrm{kPa})$$

不满足。

(4) 重新调整基底尺寸，再验算。取 $l=4.5$ m，则有

$$p_{\mathrm{k}}=\frac{F_{\mathrm{k}}}{bl}+\gamma_{\mathrm{G}}d=\frac{1600}{3\times 4.5}+20\times 2=158.5(\mathrm{kPa})<f_{\mathrm{a}}=224.8\ \mathrm{kPa}$$

$$p_{\mathrm{kmax}}=p_{\mathrm{k}}+\frac{M_{\mathrm{k}}}{W}=158.5+\frac{860+120\times 2}{3\times 4.5^2/6}=267.1(\mathrm{kPa})<1.2f_{\mathrm{a}}=269.8\ \mathrm{kPa}$$

取 $b=3.0$ m，$l=4.5$ m，满足要求。

三、软弱下卧层承载力验算

当地基受力层范围内存在软弱下卧层(承载力显著低于持力层的高压缩性土层)时，除按持力层承载力确定基底尺寸外，还必须对软弱下卧层进行验算，要求作用在软弱下卧层顶面处的附加应力与自重应力之和不超过它的承载力特征值，即

$$\alpha_z+\sigma_{\mathrm{cz}}\leqslant f_{\mathrm{az}} \tag{9-10}$$

式中　α_z—— 相应于荷载效应标准组合时，软弱下卧层顶面处的附加应力值；

α_{cz}—— 软弱下卧层顶面处土的自重应力值；

f_{az}—— 软弱下卧层顶面处经深度修正后的地基承载力特征值。

计算附加应力 α_z 时，一般采用简化方法，即参照双层地基中附加应力分布的理论解答按压力扩散角的概念计算，软弱下卧层承载力验算如图 9-16 所示。

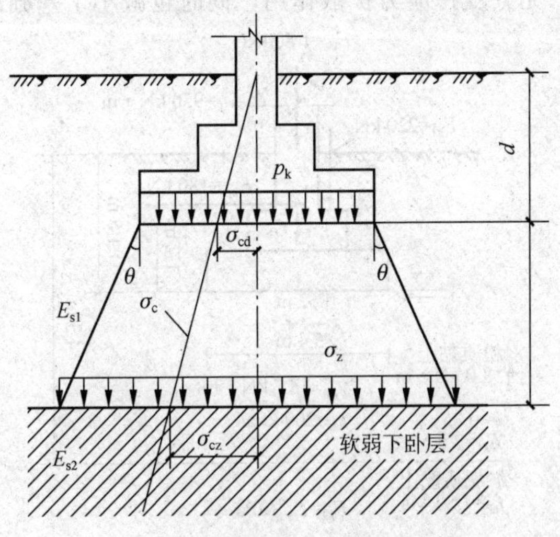

图 9-16　软弱下卧层承载力验算

假设基底处的附加压力 $p_0=p_{\mathrm{k}}-\sigma_{\mathrm{cd}}$ 按压力扩散角 θ 往下，向外扩散至软弱下卧层顶面，根据基底与扩散面积上的总附加压力相等的条件，可得附加应力 σ_z 的计算公式如下。

条形基础：

$$\sigma_z=\frac{b(p_{\mathrm{k}}-\sigma_{\mathrm{cd}})}{b+2z\tan\theta} \tag{9-11}$$

矩形基础：

$$\sigma_z=\frac{lb(p_k-\sigma_{cd})}{(l+2z\tan\theta)(b+2z\tan\theta)} \tag{9-12}$$

式中　b—— 条形基础的底面宽度或矩形基础荷载偏心方向的边长；

l—— 矩形基础的底面长度；

p_k—— 相应于荷载效应标准组合时的基底平均压力值；

σ_{cd}—— 基底处土的自重应力值；

z—— 基底至软弱下卧层顶面的距离；

θ—— 地基压力扩散角，见表 9-7。

表 9-7　地基压力扩散角 θ 值

$\alpha=E_{s1}/E_{s2}$	z/b	
	0.25	0.50
3	6°	23°
5	10°	25°
10	20°	30°

注：①E_{s1} 为上层土压缩模量，E_{s2} 为下层土压缩模量。

② 当 $z/b<0.25$ 时，一般取 $\theta=0°$，必要时由试验确定；当 $z/b>0.5$ 时，θ 值不变。

由式(9-12)可知，若要减小作用于软弱下卧层表面的附加应力 σ_z，可以采取加大基底面积或减小基础埋深的措施。前一措施虽然可以有效地减小 σ_z，但却可能使基础的沉降量增加，因为附加应力的影响深度会随着基底面积的增加而加大，从而可能使软弱下卧层的沉降量明显增加。反之，减小基础埋深可以增加基底到软弱下卧层的距离，使附加应力在软弱下卧层中的影响减小，因此基础沉降随之减小。当存在软弱下卧层时，基础宜浅埋，这样不仅可使“硬壳层”充分发挥应力扩散作用，同时也减小了基础沉降。

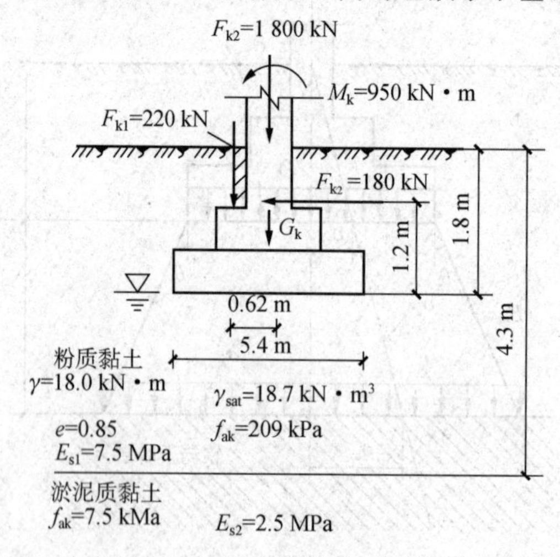

图 9-17　柱下矩形基础

【例 9-2】图 9-17 所示的柱下矩形基础底面尺寸为 5.4 m×2.7 m。试根据图中各项参数验算持力层和软弱下卧层的承载力是否满足要求。

解：　(1) 持力层承载力验算。

先对持力层承载力特征值 f_{ak} 进行修正。查表得 $\eta_b=0$，$\eta_d=1.0$，则有

$$f_a=f_{ak}+\eta_b\gamma(b-3)+\eta_d\gamma_m(d-0.5)=209+1.0\times18.0\times(1.8-0.5)=232.4(\text{kPa})$$

基底处的总竖向力为

$$F_k + G_k = 1\,800 + 220 + 20 \times 2.7 \times 5.4 \times 1.8 = 2\,545(\text{kN})$$

基底处的总力矩为

$$M_k = 950 + 180 \times 1.2 + 220 \times 0.62 = 1\,302(\text{kN} \cdot \text{m})$$

基底平均压力为

$$p_k = \frac{F_k + G_k}{A} = 2\,545/(2.7 \times 5.4) = 174.6(\text{kPa}) < f_a = 232.4\ \text{kPa}$$

满足要求。

偏心距为

$$e = \frac{M_k}{F_k + G_k} = \frac{1\,302}{2\,545} = 0.512(\text{m}) < \frac{b}{6} = 0.9\ \text{m}$$

满足要求。

基底最大压力为

$$p_{kmax} = p_k\left(1 + \frac{6e}{b}\right) = 174.6 \times \left(1 + \frac{6 \times 0.512}{5.4}\right) = 273.9(\text{kPa}) < 1.2 f_a = 278.9\ \text{kPa}$$

满足要求。

(2) 软弱下卧层承载力验算。

由$E_{s1}/E_{s2} = 7.5/2.5 = 3$，$z/b = 2.5/2.7 > 0.50$(说明，本例中上部结构荷载有弯矩作用，下卧层验算查表求扩散角时取基底短边长 l)，查表得$\theta = 23°$，$\tan\theta = 0.424$。

下卧层顶面处的附加应力为

$$\sigma_z = \frac{lb(p_k - \sigma_{cd})}{(l + 2z\tan\theta)(b + 2z\tan\theta)}$$

$$= \frac{5.4 \times 2.7 \times (174.6 - 18.0 \times 1.8)}{(5.4 + 2 \times 0.5 \times 0.424) \times (2.7 + 2 \times 0.5 \times 0.424)}$$

$$= 114.0(\text{kPa})$$

下卧层顶面处的自重应力为

$$\sigma_{cz} = 18.0 \times 1.8 + (18.7 - 10) \times 2.5 = 54.2(\text{kPa})$$

下卧层承载力特征值为

$$\gamma_m = \frac{\sigma_{cz}}{d + z} = \frac{54.2}{4.3} = 12.6(\text{kN/m}^3)$$

$$f_{az} = 75 + 1.0 \times 12.6 \times (4.3 - 0.5) = 122.9(\text{kPa})$$

验算：

$$\sigma_{cz} + \sigma_z = 54.2 + 114.0 = 168.2(\text{kPa}) < f_{az}$$

满足要求。

经验算，基础底面尺寸满足持力层与软弱下卧层承载力要求。

第五节　无筋扩展基础设计

无筋扩展基础(刚性基础)所用材料的抗压强度较高，但抗拉强度和抗剪强度较低。其优点是施工技术简单，可就地取材，造价低廉。但基础稍有挠曲变形，基础内拉应力就会超过材料的抗拉强度而产生裂缝。因此，设计中必须控制基础内的拉应力和剪应力。结构设计时可以通过控制材料强度等级和台阶宽高比(台阶的宽度与其高度之比)来确定基础的截面尺寸，而无须进行内力分析和截面强度计算。图 9-18 所示为无筋扩展基础构造示意图，要求基础每个台阶的宽高比(b_2 ∶ H_0)都不得超过表 9-8 所列的台阶宽高比的允许值(可用图 9-18 中角度 α 的正切 $\tan\alpha$ 表示)。

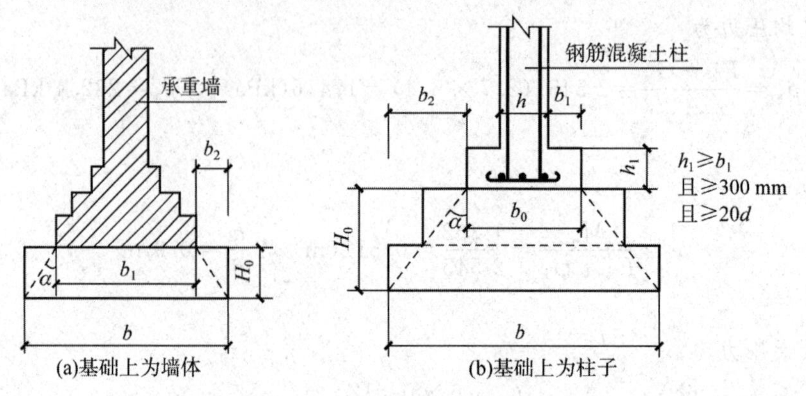

图 9-18　无筋扩展基础示意图

表 9-8　无筋扩展基础台阶宽高比的允许值

基础名称	质量要求	台阶宽高比的允许值		
		$p_k \leqslant 100$	$100 < p_k \leqslant 200$	$200 < p_k \leqslant 300$
混凝土基础	C15 混凝土	1 ∶ 1.00	1 ∶ 1.00	1 ∶ 1.25
毛石混凝土基础	C15 混凝土	1 ∶ 1.00	1 ∶ 1.25	1 ∶ 1.50
砖基础	砖不低于 MU10、砂浆不低于 M5	1 ∶ 1.50	1 ∶ 1.50	1 ∶ 1.50
毛石基础	砂浆不低于 M5	1 ∶ 1.25	1 ∶ 1.50	—
灰土基础	体积比为 3∶7 或 2∶8 的灰土，其最小干密度：粉土 1.55 t/m³ 粉质黏土 1.50 t/m³ 黏土 1.45 t/m³	1 ∶ 1.25	1 ∶ 1.50	—
三合土基础	体积比 1∶2∶4～1∶3∶6(石灰∶砂∶黏土)，每层约虚铺 220 mm，夯至 150 mm	1 ∶ 1.50	1 ∶ 2.00	—

注：①p_k 为基础底面处平均压力(kPa)。

② 阶梯形毛石基础的每阶伸出宽度不宜大于 200 mm。

③ 当基础由不同材料组成时，应对接触部分做抗压验算。

④ 对混凝土基础，当基础底面平均压力超过 300 kPa 时，还应进行抗剪验算。

设计时一般先选择适当的基础埋深和基础底面尺寸，设基底宽度为 b，则按上述要求，基础高度应满足

$$H_0 \geqslant \frac{b - b_0}{2\tan\alpha} \tag{9-13}$$

式中　b_0—— 基础顶面处的墙体宽度或柱脚宽度；

α—— 基础的刚性角。

采用无筋扩展基础的钢筋混凝土柱，其柱脚高度 h_1 不得小于 b_1，如图 9-18(b) 所示，且不应小于 300 mm 及不小于 $20d$ (d 为柱中的纵向受力钢筋的最大直径)。当柱纵向钢筋在柱脚内的竖向锚固长度不满足锚固要求时，可沿水平方向弯折，弯折后的水平锚固长度不应小于 $10d$，也不应大于 $20d$。

由于台阶宽高比的限制，因此无筋扩展基础的高度一般都较大，但不应大于基础埋深，否则应加大基础埋深，或选择刚性角较大的基础类型(如混凝土基础)。若仍不满足，可采用钢筋混凝土基础。

为保证基础材料有足够的强度和耐久性，根据地基的潮湿程度和地区的气候条件不同，基础用砖、石料及砂浆最低强度等级见表 9-9。

表 9-9　基础用砖、石料及砂浆最低强度等级

基土的潮湿程度	黏土砖		混凝土砌块	石材	混合砂浆	水泥砂浆
	严寒地区	一般地区				
稍潮湿的	MU10	MU10	MU5	MU20	M5	M5
很潮湿的	MU15	MU10	MU7.5	MU20	—	M5
含水饱和的	MU20	MU15	MU7.5	MU30	—	M7.5

注：① 石材的重度不应低于 18 kN/m^3。

② 地面以下或防潮层以下的砌体，不宜采用空心砖。当采用混凝土空心砖砌体时，其孔洞应采用强度等级不低于 $C15$ 的混凝土灌实。

③ 各种硅酸盐材料及其他材料制作的块体，应根据相应材料标准的规定选择采用。

为节约材料和施工方便，砖、毛石、灰土、混凝土等材料的基础常做成阶梯形。每一台阶除应满足台阶宽高比的要求外，还需符合有关的构造规定。

砖基础采用的砖强度等级应不低于 MU7.5，砂浆强度等级应不低于 M5.0，在地下水位以下或地基土比较潮湿时，应采用水泥砂浆砌筑。基础底面以下一般先做 100 mm 厚的灰土垫层或混凝土垫层，混凝土强度等级为 C10 或 C15。

三合土基础一般按 1∶2∶4～1∶3∶6 体积比配制，经加入适量水拌和后，均匀铺入基槽，每层虚铺 200 mm，再压实至 150 mm，铺至一定高度后再在其上砌砖大放脚，三合土基础厚度不应小于 300 mm。

灰土基础常用3∶7或2∶8的体积比比例配制，加入适量水拌匀，分层夯实。施工时每层需铺灰土 220～250 mm，夯实至 150 mm，称为“一步灰土”。设计成二步灰土或三步灰土时，厚度为 300 mm 或 450 mm。施工中应严格控制灰土比例和拌和均匀的问题，每层压实结束后，按规定取灰土样，测定其干密度。压实后的灰土最小干密度：粉土 1.55 t/m^3、粉质黏土 1.50 t/m^3、黏土 1.40 t/m^3。

知识拓展

毛石基础采用的材料为未加工或仅稍作修正的未风化的硬质岩石，毛石形状不规则时，其高度不应小于 150 mm。毛石基础每阶高度一般不小于 200 mm，通常取 400～600 mm，并由两层毛石错缝砌成。毛石基础的每阶伸出宽度不宜大于 200 mm。毛石基础底面以下一般铺设 100 mm 厚的混凝土垫层，混凝土强度等级为 C10。

混凝土基础一般用 C10 以上的素混凝土做成，每阶高度不应小于 200 mm。毛石混凝土基础中用于砌筑的毛石直径不宜大于 300 mm，每阶高度不应小于 300 mm。

【例 9-3】如图 9-19 所示，某承重砖墙基础的埋深为 1.5 m，上部结构传来的竖向压力 F_k =200 kN。地基持力层为粉质黏土，修正后的地基承载力特征值 f_a=178 kPa，下水位在基础底面以下。试设计此基础。

解：(1) 初步确定基础宽度。

$$b=\frac{F_k}{f_a-\gamma_G d}=\frac{200}{178-20\times 1.5}=1.35$$

初定基础宽度 $b=1.40$ m，则基底压力为

$$p_k=\frac{F_k+G}{A}=\frac{200+20\times 1.4\times 1.5}{1.4\times 1.0}=172.9(\text{kPa})$$

p_k 在 100～200 kPa，查表 9-8，台阶的允许宽高比 $\tan\alpha=b_2/H_0=1:1.5$(砖基础)，$\tan\alpha=b_2/H_0=1:1.0$(素混凝土基础)。

(2) 设计拟采用砖基础，承重墙宽为一砖墙，标准砖墙宽 $b_0=0.24$ m，砖基础高度为

$$H_0\geqslant\frac{b-b_0}{2\tan\alpha}=\frac{1.4-0.24}{2\times 1/1.5}=0.87(\text{m})$$

砖基础大放脚采用标准砖砌筑，每皮宽度 $b_1=0.06$ m，$h_1=0.12$ m，共砌 10 皮，则 $H_0=0.12\times 10=1.2(\text{m})>0.87$ m，且小于基础埋深 $d=1.5$ m，符合基础顶部埋在土中的要求。

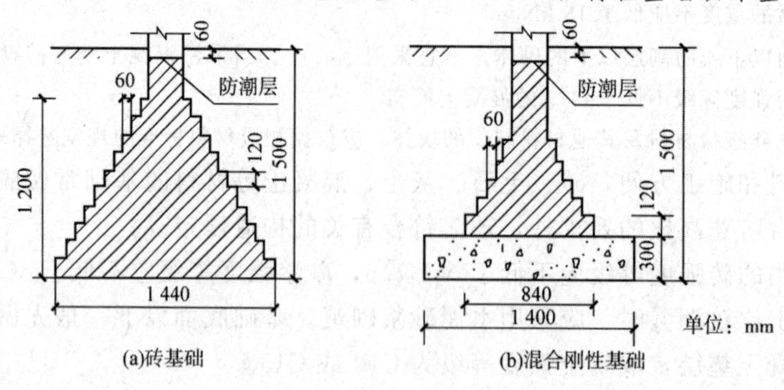

图 9-19 刚性基础台阶的设计

大放脚的底面宽度 $b_0=0.24+2\times 10\times 0.06=1.44(\text{m})$，最后取基础宽度 $b=1.44$ m，其剖面图如图 9-19(a) 所示。这种设计方法施工不方便，目前很少应用，可采用素混凝土和砖的混合刚性基础。

(3) 采用 C15 素混凝土和砖混合刚性基础，初定素混凝土基础高度 $H_0=0.3$ m，则素混凝土基础顶面与砖交界处的宽度 h_0 为

$$b_0\geqslant b-2H_0\tan\alpha=1.4-2\times 0.3\times 1.0=0.8(\text{m})$$

承重墙宽为一砖墙，标准砖墙宽 $b_0=0.24$ m，大放脚采用标准砖砌筑，每皮宽度 $b_1=0.06$ m，$h_1=0.12$ m，共砌 5 皮，则大放脚的底面宽度 $b_0=0.24+2\times 5\times 0.06=0.84$ (m) >0.8 m，符合素混凝土基础刚性角的要求。

素混凝土和砖混合基础的总高度 $H_0=H+0.12\times 5=0.3+0.6=0.9(\text{m})$，小于基础埋深 $d=1.5$ m，符合基袖顶部埋在土中的要求，其剖面图如图 9-19(b) 所示。

思考题

1. 天然地基上浅基础有哪些类型？
2. 无筋扩展基础有何特点？怎样确定无筋扩展基础的剖面尺寸？
3. 什么是地基土的标准冻深？
4. 试述刚性基础和柔性扩展基础的区别。

第十章　桩基础

桩基础是古老的基础形式之一，在我国古代的建筑中就出现不少用桩基础建造的建筑物，如杭州湾海塘工程、南京的石头城、上海的龙华塔等。目前，随着生产水平、科学技术的快速发展，桩基础以其适应性强、承载能力高、沉降量低等优点而被广泛应用于高层建筑、桥梁、港口及近海结构等工程中，成为重要的基础形式之一。

桩是一种全部或部分深埋于土中、截面尺寸比其长度小得多的细长构件，桩群的上部与承台连接，组成桩基础，再在承台上修筑上部结构，通过桩基础将上部结构的竖向荷载传至地层深处坚实的土层上或将地震作用等水平荷载传至承台和桩前方的土体中。因此，桩基础不仅能有效地承受竖向荷载，还能承受水平力和上拔力，也可用来减小机器基础的振动和地震区作为结构的抗震措施。

桩基础在工程中有多方面的应用，就房屋建筑工程而言，桩基础适用于上部土层软弱而下部土层坚实的场地，适用范围有以下几种情况。

(1) 当地基软弱、地下水位高且建筑物荷载大，若采用天然地基，地基承载力明显不足时。

(2) 当地基承载力满足要求，但采用天然地基时沉降量过大，或当建筑物沉降的要求较严格，建筑等级较高时。

(3) 地基软弱，且采用地基加固措施技术上不可行或经济上不合理时。

(4) 高层或高耸建筑物需采用桩基，可防止在水平力作用下发生颠覆。

(5) 地基土性不稳定，如液化土、湿陷性黄土、季节性冻土、膨胀土等，要求采用桩基将荷载传至深部土性稳定的土层时。

(6) 建筑物受到相邻建筑物或地面堆载影响，采用浅基础将会产生过量沉降或倾斜时。

当遇到以下对工程不利因素时，不宜采用桩基。

(1) 当上层土比下层土坚硬得多时。

(2) 在欠固结地基或大量抽吸地下水的地区。

(3) 当土层中存在障碍物(如块石、金属）而又无法排除时。

(4) 只能使用打入或振入法施工，而附近又有重要的或对振动敏感的建筑物时。

知识拓展

桩基础具有承载力高、沉降量小等优点，可以抵抗上拔力和水平力，同时又是抗震液化的重要手段，适用于机械化施工。但桩基础投资大，施工技术较为复杂，须经过经济、技术、施工等多方论证比较确定是否采用桩基础，以确保桩基础上建筑结构的安全与正常使用。

桩基础设计内容和步骤如下。

(1) 调查研究，收集与设计有关的基本资料。桩基础设计时需掌握的资料如下。

① 建筑物上部结构的类型、平面尺寸、构造及使用上的要求。

② 上部结构传来的荷载大小及性质。

③ 工程地质和水文地质资料。

④ 当地的施工技术条件，包括成桩机具、材料供应、施工方法及施工质量。

⑤ 施工现场的临近建筑物、地下管线及周围环境等情况。

⑥ 当地及现场周围建筑基础工程设计及施工的经验等。

(2) 选择桩的类型，确定桩长及桩的截面尺寸。

(3) 确定单桩承载力特征值。

(4) 确定桩数及桩的平面布置，包括承台的平面形状尺寸。

(5) 确定群桩或单桩基础的承载力，必要时验算群桩地基强度和变形。

(6) 桩身构造设计及强度计算。

(7) 承台设计，包括构造和受弯、冲切、剪切计算。

(8) 绘制桩基础施工图。

第一节　桩的类型

桩基础的类型随着桩的材料、构造型式和施工技术等的不同而名目繁多，可按多种方法分类。

一、按桩身材料的性质

1. 混凝土桩

小型工程中，当桩基础主要承受竖向桩顶受压荷载时，可采用混凝土桩。混凝土强度等级一般采用 C20 和 C25。这种桩的价格比较便宜，截面刚度大，易于制成各种截面形状，如方形、圆形、管形、三角形，以及 T 形、H 形等异形截面。

2. 钢筋混凝土桩

钢筋混凝土桩应用较广，常做成实心的方形或圆形，亦可做成十字形截面，可用于承压、抗拔、抗弯等。可工厂预制或现场预制后打入，也可现场钻孔灌注混凝土成桩，当桩的截面较大时，也可制成空心管桩，常通过施加预应力制成管桩，以提高自身抗裂能力。

3. 钢桩

用各种型钢制作，钢桩抗压和抗弯强度高、质量轻、施工方便，但价格高、易腐蚀，一般在特殊、重要的建筑物中才使用。常见的有钢管桩、H 型钢桩、宽翼工字型钢桩等。

4. 组合材料桩

是指两种材料组合的桩，如钢管内填充混凝土，或上部为钢管桩而下部为混凝土等形式的组合桩。

二、按承台的位置

1. 低桩承台桩

桩基础的承台底面位于地面以下，房屋建筑工程大多采用低桩承台桩基础。

2. 高桩承台桩

桩基础的承台底面在地面以上(主要在水中)，桥梁码头等构筑物常采用高桩承台桩基础。

三、按承载性状

竖向受压桩按桩身竖向受力情况可分为摩擦型桩和端承型桩。

1. 摩擦型桩

桩顶荷载全部或主要由桩侧阻力承受。根据桩侧阻力分担荷载大小，摩擦型桩分为摩擦桩和端承摩擦桩两种。

(1) 摩擦桩。在深厚的软土层中，无较硬的土层作为桩端持力层，或桩端持力层虽然较硬但桩的长径比 l/d(桩长与横截面直径之比)很大，传递到桩端的轴向力很小，在极限荷载作用下，桩顶荷载绝大部分由桩侧阻力承受，桩端阻力很小可忽略不计。

(2) 端承摩擦桩。当桩的长径比 l/d 不是很大，桩端持力层为坚硬的黏性土、粉土和砂土时，在极限荷载作用下，除桩侧阻力外，有一定的桩端阻力。桩顶荷载由桩侧阻力和桩端阻力共同承担，但大部分由桩侧阻力承受。

2. 端承型桩

桩顶荷载全部或主要由桩端阻力承受，桩侧阻力相对较小或可忽略不计的桩称为端承型桩。根据桩端阻力发挥的程度和分担荷载比例，端承型桩分为端承桩和摩擦端承桩两种。

(1) 端承桩。当桩的长径比 l/d 较小(一般小于 10)，桩身穿越软弱土层，桩端在密实砂层、碎石类土层、微风化岩层中时，桩顶荷载绝大部分由桩端阻力承受，桩侧阻力很小或可忽略不计的桩。

(2) 摩擦端承桩。桩端进入中密以上的砂土、碎石类土或微风化岩层，桩顶荷载由桩侧阻力和桩端阻力共同承担，但主要由桩端阻力承受的桩。

四、按桩的使用功能

1. 竖向抗压桩

主要承受竖向下压荷载的桩称为竖向抗压桩。对一般的建筑工程，在正常的工作条件下，主要承受上部结构传来的垂直荷载。

2. 竖向抗拔桩

主要承受竖向上拔荷载的桩称为竖向抗拔桩。例如，高压输电塔的桩基础，因偏心荷载很大，桩基可能受上拔力，成为抗拔桩；又如，地下水位较高时，抵抗地下室上浮力的抗拔桩等。

3. 水平受荷桩

主要承受水平荷载的桩称为水平受荷桩。例如，深基坑护坡桩，承受水平方向土压力作用，成为水平受荷桩。

4. 复合受荷桩

承受的竖向荷载与水平荷载都较大的桩称为复合受荷桩。

五、按成桩方法

大量工程实践表明，成桩挤土效应对桩的承载力、成桩质量控制与环境等影响很大。

因此，根据成桩方法和成桩过程的挤土效应将桩分为以下三类。

1. 非挤土桩

成桩过程中对桩周围的土无挤压作用的桩称为非挤土桩。成桩方法有干作业法、泥浆护壁法和套管护法。这类非挤土桩施工方法是，首先清除桩位的土，然后在桩孔中灌注混凝土成桩。例如，人工挖孔扩底桩即非挤土桩。

2. 部分挤土桩

成桩过程中对周围土产生部分挤压作用的桩称为部分挤土桩，分为以下三类。

(1) 部分挤土灌注桩。如钻孔灌注桩局部复打桩。

(2) 预钻孔打入式预制桩。通常预钻孔直径小于预制桩的边长，预钻孔时孔中的土被取走，打预制桩时为部分挤土桩。

(3) 打入式敞口桩。如钢管桩打入时，桩孔部分土进入钢管内部，对钢管桩周围的土而言，为部分挤土桩。

3. 挤土桩

成桩过程中，桩孔中的土未取出，全部挤压到桩的四周，这种桩称为挤土桩，分为以下两种。

(1) 挤土灌注桩。如沉管灌注桩，在沉管过程中，把桩孔部位的土挤压至桩管周围，浇注混凝土振捣成桩，即挤土灌注桩。

(2) 挤土预制桩。通常，预制桩定位后，将预制桩打入或压入地基土中，原在桩位处的土均被挤压至桩的四周，这类桩即挤土预制桩。

六、按桩径大小

(1) 小直径桩。$d \leqslant 250$ mm (d 为桩身设计直径)。

(2) 中等直径桩。250 mm $< d <$ 800 mm。

(3) 大直径桩。$d \geqslant 800$ mm。

七、按施工方法

1. 预制桩

在工厂或施工现场预先制作成形，然后运送到桩位，采用锤击、振动或静压的方法将桩沉至设计标高的桩。

钢筋混凝土预制桩所用的混凝土强度等级不应低于 C30，主筋(纵向) 应按计算确定并根据截面的大小及形状用 4 ~ 8 根，直径为 12 ~ 25 mm，其配筋率一般为 1% 左右，最小配筋率不小于 0.8%(锤击沉桩)、0.6%(静压沉桩)，箍筋直径为 6 ~ 8 mm，间距不大于 200 mm。当桩身较长时，需分段制作，每段长度不超过 12 m，沉桩时再进行拼接，但需尽量减少接头数目，接头应保证能传递轴力、弯矩和剪力，并保证在沉桩过程中不松动。常见的接桩方法有钢板焊接接头法和浆锚接头法，如图 10-1 所示。

知识拓展

预制桩一般适用于下列情况：不需考虑噪声无染和震动影响的环境；持力层顶面起伏变化不大；持力层以上的覆盖层中无坚硬夹层；水下桩基工程；大面积桩基工程。以上情况采用预制桩可提高工效。

2. 灌注桩

在设计桩位用钻、冲或挖等方法先成孔，然后在孔中灌注混凝土成桩的桩型。与预制桩相比，灌注桩不存在起吊和运输的问题，桩身钢筋可按使用期内力大小配筋或不配筋，用钢量较省。灌注桩施工时应注意保证桩身混凝土质量，防止露筋、缩颈和断桩等。

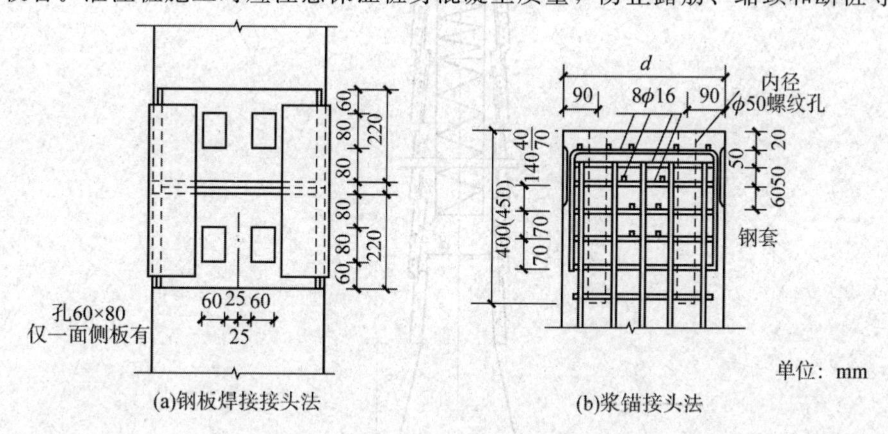

图 10-1　接桩方法

灌注桩按成孔方式的不同可分为沉管灌注桩、钻(冲) 孔灌注桩和挖孔灌注桩。

(1) 沉管灌注桩。简称沉管桩。它采用锤击、静压、振动或振动兼锤击的方式将带有预制桩尖或活瓣桩尖的钢管沉入土中成孔，然后在钢管内放入(或不放) 钢筋笼，再一边灌注和振捣混凝土，一边振动，拔出套管。拔管时应满灌慢拔、随拔随振。沉管桩的桩径一般为 300 ～ 600 mm，入土深度一般不超过 25 m，当桩管长度不够或在处理缩颈事故时，可对沉管桩进行复打。

(2) 钻(冲) 孔灌注桩。采用旋转、冲击、冲抓等方法成孔，然后清除孔底残渣，安放钢筋笼，最后浇灌混凝土。钻(冲) 孔灌注桩在桩径的选择上比较灵活，小的在 0.6 m 左右，大的达 2 m 以上，具有较强的穿透能力，使用时桩长不太受限制，对高层、超高层建筑物采用钻孔嵌岩桩是较好的选择。但钻(冲) 孔灌注桩存在两方面问题：一是坍孔和沉渣影响桩身质量和桩的承载力；二是施工过程中循环泥浆量大，施工场地泥泞，浆渣外运困难。

(3) 挖孔灌注桩。简称挖孔桩，可以采用人工或机械挖孔。桩的断面通常采用圆形或矩形，采用人工挖孔时，其桩径不宜小于 0.8 m(图 10-2)。人工挖孔桩的主要施工顺序是挖孔、支护孔壁、清底、安装或绑扎钢筋笼、浇灌混凝土。为防止坍孔，每挖1 m 深左右，制作一节混凝土护壁，护壁一般应高出地表 10 ～ 200 mm，呈斜阶形，支护的方法通常是用现浇混凝土围圈。人工挖孔桩的优点是可直接观察地层情况，孔底易清除干净，桩身质量容易得到保证，施工设备简单，且无挤土作用，场区内各桩可同时施工。但其缺点是在地下水难以抽尽，或将引发严重的流砂、流泥的土层中难以成孔，孔内空间狭小、劳动条件差。在施工过程中必须注意防止孔内有害气体、塌孔、异物掉落等危及施工人员安全的事故。

3. 爆扩灌注桩

用钻机成孔或用炸药爆炸成孔，再在孔底放炸药爆炸，使底部扩大成近似圆状的桩头，在孔内灌注混凝土成桩称为爆扩灌注桩。爆扩桩长度一般不大于 12 m，扩大头直径为桩身直径的2.5 ～3.5 倍，适用于地下水位以上能爆扩成形的黏性土中。

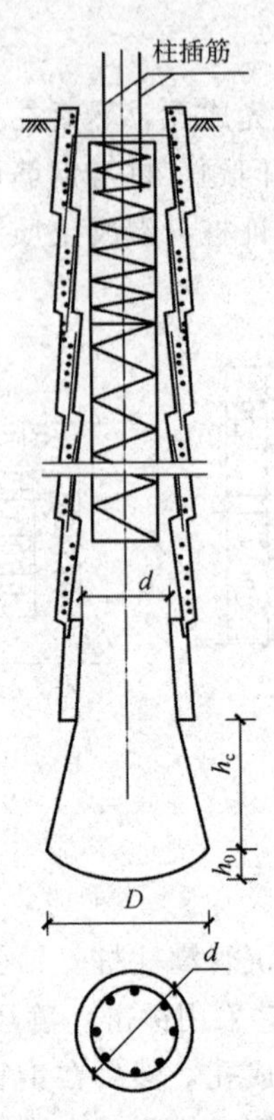

图 10-2　人工挖孔桩示意图

第二节　单桩竖向承载力特征值

单桩竖向承载力是指竖直单桩所具有的承受竖向荷载的能力，其最大值称为单桩极限承载力，是桩基设计的最重要的设计参数。其取决于桩身材料强度和地基土对桩的支撑力。前者由结构计算确定，后者一般应由单桩静载荷试验确定，或用其他方法(如规范中的经验参数法、原位测试等)确定。以往桩基限于工艺、设备等原因，相对于桩身结构而言，引用的承载力都较低，所以单桩竖向承载力一般由地基土对桩的支撑力控制。随着受力要求和桩基施工设备与技术水平的提高，桩身结构的负载水平也不断提高，如部分扩底桩、嵌岩桩和超长桩，桩身材料强度也成了控制因素。因此，设计时分别按两方面确定承载力后取其中较小者。

根据《建筑桩基技术规范》(JGJ 94—2008) 规定，单桩竖向承载力应按下列原则确定：设计等级为甲级的建筑桩基，应采用现场静载荷试验确定；设计等级为乙级的建筑桩基，当地质条件简单时，可参照地质条件相同的试桩资料，结合静力触探等原位测试和经验参数综合确定，其余均应通过单桩静载荷试验确定；设计等级为丙级的建筑桩基，可根据原位测试和经验参数确定。

一、按桩身材料强度确定

通常，桩总是同时承受轴力、弯矩和剪力的作用，按桩身材料强度计算单桩的竖向承载力时，将桩视为轴心受压构件。对于钢筋混凝土桩，其计算公式为

$$R_a = \varphi_c f_c A_{ps} \tag{10-1}$$

式中　R_a—— 单桩竖向承载力特征值(kN)；

f_c—— 混凝土的轴心抗压强度设计值(N/mm^2)；

A_{ps}—— 桩身的横截面面积(m^2)；

ψ_c—— 桩基成桩工艺系数，混凝土预制桩取 $\psi_c=0.85$，干作业非挤土灌注桩取 $\psi_c=0.9$，泥浆护壁和套管非挤土灌注桩、部分挤土灌注桩、挤土灌注桩取 $\psi_c=0.7\sim0.8$。

二、按土对桩的支撑力确定

1. 按静载荷试验确定

单桩竖向静载荷试验是按照设计要求在建筑场地先打试桩，然后在试桩顶上分级施加静载荷，并观测各级荷载作用下的沉降量，直到桩周围地基破坏或桩身破坏，从而求得桩的极限承载力。要求在同一条件下试桩数量不宜少于桩总数的 1%，且不应少于 3 根。从成桩到开始试验的间歇时间：预制桩打入砂土中不宜少于 7d，黏性土中不得少于 15d，饱和软黏土中不得少于 25d；灌注桩应待桩身混凝土达到设计强度后才能进行试验。

(1) 试验装置。

试验装置由加荷稳压装置和桩顶沉降观测系统组成。图 10-3 (a) 所示为利用液压千斤顶和描桩法的加荷装置示意图。千斤顶的反力可依靠描桩承担或由压重平台上的重物来平衡。试验时可根据需要布置 4 ～ 6 根锚桩，锚桩深度应小于试桩深度，锚桩与试桩的间距应大于 3d(d 为桩截面边长或直径)，且不大于 1 m。观测装置应埋设在试桩和锚桩受力后产生地基变形的影响之外，以免影响观测结果的精度。采用压重平台提供反力的装置，如图 10-3 (b) 所示。

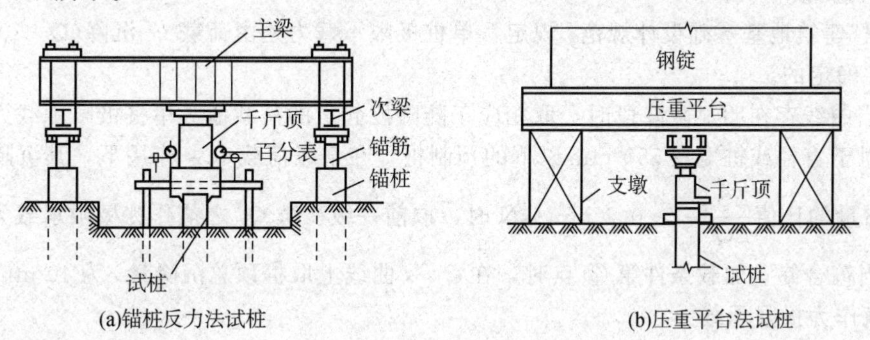

图 10-3　桩承载力静载荷试验装置示意图

(2) 试验方法。

试验的方法包括加载分级、测读时间、沉降相对稳定标准和破坏标准。

试验加载时，荷载由小到大分级增加，加载分级不应小于 8 级，可由千斤顶上的压力表控制，每级加荷为预估极限承载力的 1/8 ～ 1/10。

每级加载后间隔 5 min、10 min、15 min 各测读一次，以后每隔 15 min 测读一次，累计 1 h 后每隔 30 min 测读一次，每次测读值记入试验记录表。

在每级荷载作用下，桩的沉降量连续两次在每小时内小于 0.1 mm 时可视为稳定。

根据实验结果，可给出荷载 — 沉降曲线(Q—s 曲线) 及各级荷载下时间 — 沉降曲线(t—s 曲线)，如图 10-4 所示。

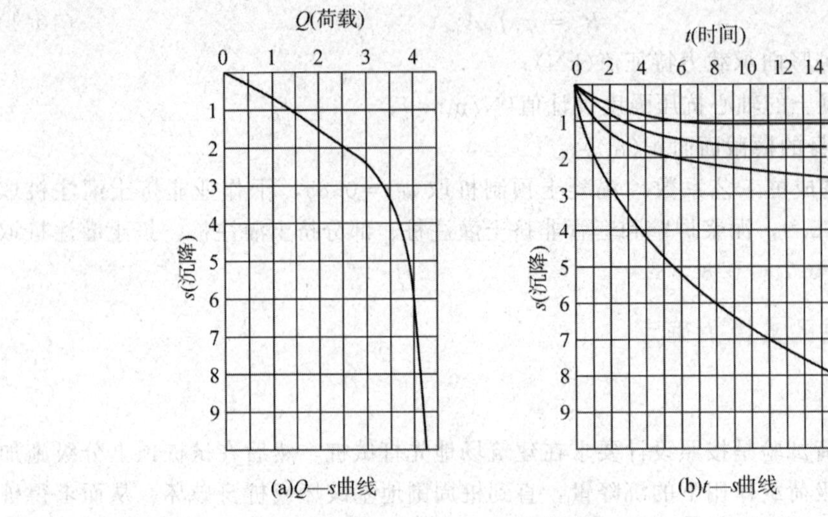

图 10-4　单桩荷载 — 沉降曲线及时间 — 沉降曲线

当试验过程中出现下列情况时，即可终止加载。

① 当荷载 — 沉降曲线（Q—s 曲线）上有可判定极限承载力的陡降段，且桩顶总沉降量超过 40 mm 时。

② 某级荷载下桩的沉降量大于前一级沉降量的 2 倍，且经 24 h 尚未达到稳定。

③25 m 以上的非嵌岩桩，Q—s 曲线呈缓变型时，桩顶总沉降量大于 60 ～ 80 mm。

④ 在特殊条件下，可根据具体要求加载至桩顶总沉降量大于 100 mm。

在满足终止加载条件后进行卸载，每级卸载值为加载值的 2 倍，每级卸载后隔 15 min 测读一次残余沉降，读两次后，隔 30 min 再读一次，即可卸下一级荷载，全部卸载后，隔 3 ～ 4 h 再测读一次。

根据《建筑地基基础设计规范》规定，单桩极限承载力是由荷载 — 沉降（Q—s）曲线按下列条件确定的。

① 当曲线存在明显陡降段时，取相应于陡降段起点的荷载值为单桩极限承载力。

② 对于直径或桩宽在 550 mm 以下的预制桩，在某级荷载 Q_{i+1} 作用下，其沉降量与相应荷载增量的比值 $\frac{\Delta S_{i+1}}{\Delta Q_{i+1}} \geqslant 0.1$ mm/kN 时，取前一级荷载 Q_i 之值作为极限承载力。

③ 当符合终止加载条件第 ② 点时，在 Q—s 曲线上取桩顶总沉降量 s 为 40 mm 时的相应荷载值作为极限承载力。

此外，《建筑地基基础设计规范》还规定，对桩基沉降有特殊要求者，应根据具体情况确定 Q_u。

对静载试验所得的极限荷载（或极限承载力），必须进行数理统计，求出每根试桩的极限承载力后，按参加统计的试桩数取试桩极限荷载的平均值。要求极差（最大值与最小值之差）不得超过平均值的 30%。当极差超过时，应查明原因，必要时宜增加试桩数；当极差符合规定时，取其平均值作为单桩竖向极限承载力，但对桩数为 3 根以下的桩下承台，取试桩的最小值为单桩竖向极限承载力。最后，将单桩竖向极限承载力除以 2，即得单桩竖向承载力特征值 R_a。

2. 按经验公式确定

（1）《建筑地基基础设计规范》公式。

单桩的承载力特征值是由桩侧总极限摩擦力 Q_{su} 和总极限桩端阻力 Q_{pu} 组成的，即

$$R_a = Q_{su} + Q_{pu} \tag{10-2}$$

对于乙级建筑物，可参照地质条件相同的试验资料，根据具体情况确定。初步设计时，假定同一土层中的摩擦力沿深度方向是均匀分布的，以经验公式进行单桩竖向承载力特征值估算，即

$$R_a = q_{pa}A_p + \mu_p \sum q_{sia} l_i \tag{10-3}$$

端承桩为

$$R_a = q_{pa}A_p \tag{10-4}$$

式中　R_a—— 单桩竖向承载力特征值(kN)；

q_{pa}—— 桩端桩阻力特征值(kPa)；

A_p—— 桩底端横截面面积(m^2)；

μ_p—— 桩身周边长度(m)；

q_{sia}—— 桩周围土的摩阻力特征值(kPa)；

l_i—— 按土层划分的各段桩长(m)。

(2)《建筑桩基技术规范》公式。

对于一般的混凝土预制桩、钻孔灌注桩，根据土的物理指标与承载力参数之间的经验关系，确定单桩竖向极限承载力标准值时，宜按下式计算，即

$$Q_{uk} = Q_{sk} + Q_{pk} = \mu_p \sum q_{ski} l_i + q_{pk}A_p \tag{10-5}$$

式中　Q_{uk}—— 单桩竖向极限承载力标准值(kN)；

Q_{sk}—— 单桩总极限侧摩阻力标准值(kN)；

Q_{pk}—— 单桩总极限端阻力标准值(kN)；

q_{ski}—— 桩侧第 i 层土的极限侧阻力标准值(kPa)；

q_{pk}—— 桩的极限端阻力标准值(kPa)。

对于大直径桩($d > 800$)，当根据土的物理指标与承载力参数之间的经验关系确定单桩竖向极限承载力标准值时，应考虑桩的侧阻、端阻的尺寸效应系数，宜按下式计算，即

$$Q_{uk} = Q_{sk} + Q_{pk} = \mu_p \sum \psi_{si} q_{ski} l_i + \psi_p q_{pk} A_p \tag{10-6}$$

式中　q_{ski}—— 桩侧第 i 层土的极限侧阻力标准值(kPa)；

q_{pk}—— 桩径为 800 mm 的极限端阻力标准值(kPa)，对于干作业挖孔(清底干净)可采用深层载荷板试验确定。

ψ_{si}、ψ_p—— 大直径桩侧阻力、端阻力尺寸效应系数。

单桩竖向承载力特征值 R_a 为

$$R_a = \frac{1}{K} Q_{uk} \tag{10-7}$$

式中　K—— 安全系数，取 $K = 2$。

知识拓展

根据《建筑桩基技术规范》，对于端承型桩基、桩数少于 4 根的摩擦型柱下独立桩基，或因地层土性、使用条件等因素而不宜考虑承台效应时，基桩竖向承载力特征值应取单桩竖向承载力特征值。

对于符合下列条件之一的摩擦型桩基，宜考虑承台效应确定其复合基桩的竖向承载力特征值。

① 上部结构整体刚度较好、体形简单的建(构)筑物。

② 对差异沉降适应性较强的排架结构和柔性构筑物。

③ 按变刚度调平原则设计的桩基刚度相对弱化区。

④ 软土地基的减沉复合疏桩基础。

若考虑承台效应的复合基桩的竖向承载力特征值，可按下式确定。

不考虑地震作用时：

$$R = R_a + \eta_c f_{ak} A_c \tag{10-8}$$

考虑地震作用时：

$$R = R_a + \frac{\zeta_a}{1.25}\eta_c f_{ak} A_c \tag{10-9}$$

$$A_c = (A - nA_{ps})/n \tag{10-10}$$

式中 R—— 基桩或复合基桩竖向承载力特征值(kN)；

η_c—— 承台效应系数；

f_{ak}—— 承台下 1/2 承台宽度且不超过 5 m 深度范围内各层土的地基承载力特征值按厚度加权的平均值(kPa)；

A_c—— 计算基桩所对应的承台底净面积(mm^2)；

A_{ps}—— 桩身截面面积(mm^2)；

A—— 承台计算域面积对于柱下独立桩基，A 为承台总面积，对于桩筏基础，A 为柱、墙筏板的1/2跨距和悬臂边2.5倍役板厚度所围成的面积，桩集中布置于单片墙下的桩按基础，取墙两边各 1/2 跨距围成的面积，按条形承台计算 η_c；

ζ_a—— 地基抗震承载力调整系数，按现行规范《建筑抗震设计规范》(GB 50011—2010) 采用。

当承台底为可液化土、湿陷性土、高灵敏度软土、欠固结土、新填土，沉桩引起超孔隙水压力和土体隆起时，不考虑承台效应，取 $\eta_c = 0$。

第三节　单桩水平承载力

在工业与民用建筑中的桩基础大多以承受竖向荷载为主，但在风荷载、地震作用或土压力、水压力等作用下，桩基础上也作用有水平荷载。在某些情况下，也可能出现作用于桩基的外力主要为水平力的情况，因此必须对桩基础的水平承载力进行验算。

桩在水平力和力矩作用下为受弯构件，桩身产生水平变位和弯曲应力，外力的一部分由桩身承担，另一部分通过桩传给桩侧土体。随着水平力和力矩增加，桩的水平变位和弯矩也继续增大，当桩顶或地面变位过大时，将引起上部结构的损坏，弯矩过大则将使桩身断裂。对于桩侧土，随着水平力和力矩增大，土体由地面向下逐渐产生塑性变形，导致塑性破坏。

影响桩的水平承载力的因素很多，如桩的截面尺寸、材料强度、刚度、桩顶嵌固程度

和桩的入土深度及地基土的土质条件。桩的截面尺寸和地基强度越大，桩的水平承载力就越高。桩的入土深度越大，桩的水平承载力就越高。但深度达一定值时继续增加入土深度，桩的承载力不会再提高，桩抵抗水平承载作用所需的入土深度称为有效长度。当桩的入土深度大于有效长度时，桩嵌固在某一深度的地基中，地基的水平抗力得到充分发挥，桩产生弯曲变形，不至于被拔出或倾斜。桩头嵌固于承台中的桩，其抗弯刚度大于桩头自由的桩，提高了桩的抗弯刚度，桩抵抗横向弯曲的能力也随着提高。

确定单桩水平承载力的方法有现场静荷载试验和理论计算两大类。

一、静荷载试验确定单桩水平承载力

静荷载试验是确定桩的水平承载力和地基土的水平抗力系数的最有效的方法，最能反映实际情况。

1. 实验装置

水平试验的加载装置常用横向放置的千斤顶加载，百分表测水平位移(图 10-5)。

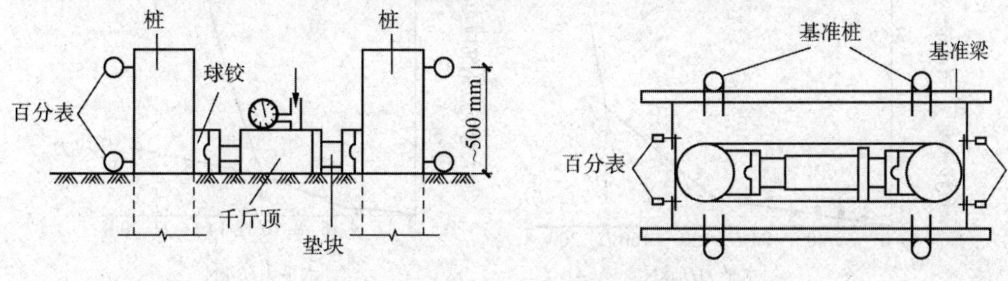

图 10-5　水平静载荷试验装置示意图

千斤顶的作用是施加水平力，水平力的作用线应通过地面标高处(地面标高应与实际工程桩承台底面标高相一致)。

千斤顶与试桩接触部位宜安装球形铰支座，以保证水平作用力通过桩身曲线。百分表宜成对布置在试桩侧面。用于测量桩顶的水平位移宜采用大量程的百分表。对每一根试桩，在力的作用水平面上和该在水平面以上 50 cm 左右处各安装 1 ～ 2 只百分表，下表测量桩身在地面处的水平位移，上表测桩顶的水平位移。根据两表的位移差，可以求出地面以上部分桩身的转角。另外，在试桩的侧面靠位移的反方向上宜埋设基准桩。基准桩应离开试桩一定距离，以免影响试验结果的精确度。

2. 加荷方法

加荷时可采用连续加荷法或循环加荷法，其中循环加荷法是最常用的方法。循环加荷法荷载需分级施加，每次荷载等级为预估极限承载力的(1/5 ～ 1/8)，每级加载的增量一般为 5 ～ 10 kN，每级加荷增量的大小根据桩径的大小并考虑土层的软硬来确定。对于直径为 300 ～ 1 000 mm 的桩，每级增量可取 2.5 ～ 20 kN；对于过软的土，则可采用 2 kN 的级差。循环加荷法需反复多次加载，加载后先保持 10 min，测读水平位移，然后卸载到零，再经过 10 min，测读残余位移，再继续加载，如此循环反复 3 ～ 5 次，即完成本级水平荷载试验，然后接着施加下一级荷载，直至桩达到极限荷载或满足设计要求为止。其中，加载时间应尽量缩短，测读位移的时间应准确，试验不能中途停顿。若加载过程中观测到 10 mm 时的水平位移还不稳定，应延长该级荷载维持时间，直至稳定为止。

3. 终止加载条件

当出现桩身断裂或桩侧地表出现明显裂缝、隆起，或桩顶侧移超过 30～40 mm（软土取 40 mm）的情况时，即可终止试验。

4. 资料整理

由试验测定各级水平荷载 H_0、各级荷载施加的时间 t（包括卸载）与各级荷载下水平位移 x_0 等，并由记录可绘出桩顶水平荷载—时间—桩顶水平位移($H_0—t—x_0$)曲线、水平荷载—位移($H_0—x_0$)曲线或水平荷载—位移梯度($H_0—\dfrac{\Delta x_0}{\Delta H_0}$)曲线(图 10-6)。当测量桩身应力时，可绘制桩身应力分布图及水平荷载与最大弯矩截面钢筋应力($H_0-\sigma_g$)曲线(图 10-7)。资料整理的具体规定按有关规程。

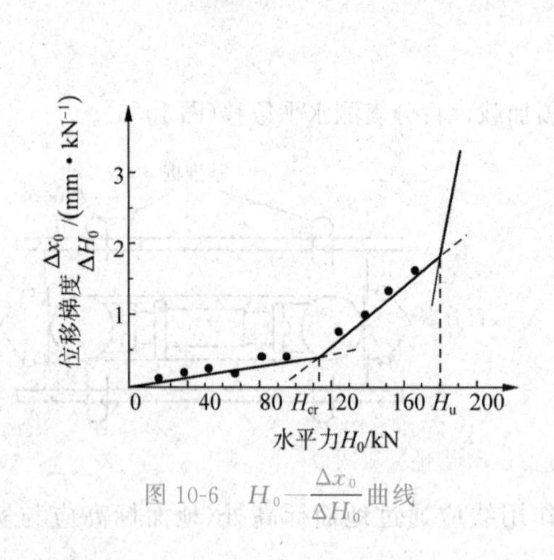

图 10-6 $H_0—\dfrac{\Delta x_0}{\Delta H_0}$曲线

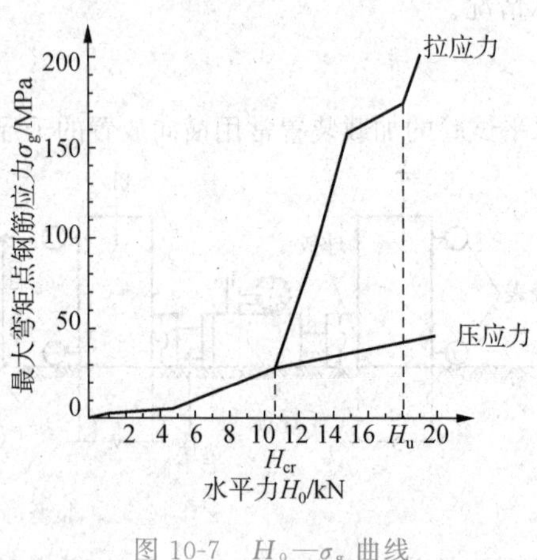

图 10-7 $H_0—\sigma_g$ 曲线

5. 水平临界荷载与极限荷载

上述曲线都出现了两个特征点，这两个特征点所对应的桩顶水平荷载即水平临界荷载和水平极限荷载。

(1) 水平临界荷载(H_{cr})是相当于桩身开裂、受拉区混凝土退出工作时的桩顶水平力，其值可按下列方法综合确定。

① 取 $H_0—t—x_0$ 曲线出现突变点(在荷载增量相同的条件下出现比前一级明显增大的位移增量)的前一级荷载。

② 取 $H_0—\dfrac{\Delta x_0}{\Delta H_0}$ 曲线的第一直线段的终点或 $\lg H_0—\lg x_0$ 曲线拐点所对应的荷载。

③ 当有桩身应力测试数据时，取 $H_0—\sigma_g$ 曲线第一突变点对应的荷载。

(2) 水平极限荷载(H_u)是相当于桩身应力达到强度极限时的桩顶水平力，或使得桩顶水平位移超过 30～40 mm，或使得桩侧土体破坏的前一级水平荷载，其值可按下列方法综合确定。

① 取 $H_0—t—x_0$ 曲线明显陡降的前一级荷载或按该曲线各级荷载下水平位移包络线的凹向确定。若包络线向上方凹曲，则表明在该级荷载下，桩的位移逐渐趋于稳定；若包络线向下方凹曲，则表明在该级荷载下，随着加卸荷循环次数的增加，水平位移仍在增加，且不稳定。因此，认为该级水平力为桩的破坏荷载，而前一级水平力则为极限荷载。

② 取 $H_0-\dfrac{\Delta x_0}{\Delta H_0}$ 曲线第二直线段终点所对应的荷载。

③ 取桩身断裂或钢筋应力达到流限的前一级荷载。

由水平极限荷载 H_u 确定允许承载力时应除以安全系数 2.0。

6. 单桩水平承载力特征值的确定

(1) 对于受水平荷载较大的设计等级为甲级、乙级的建筑桩基和一级建筑桩基，单桩水平承载力特征值应通过单桩水平静载试验确定，试验方法按现行行业标准《建筑基桩检测技术规范》(JGJ 106—2014) 执行。

(2) 对于钢筋混凝土预制桩、钢桩、桩身全截面配筋率大于 0.65% 的灌注桩，可根据单桩水平静载试验结果取地面处水平位移为 10 mm (对于水平位移敏感的建筑物取水平位移 6 mm) 所对应的荷载的 75% 为单桩水平承载力特征值。

(3) 对于桩身配筋率小于 0.65% 的灌注桩，可取单桩水平静载试验的临界荷载的 75% 为单桩水平承载力特征值。

(4) 当缺少单桩水平静载试验资料时，可按下式估算桩身配筋率小于 0.65% 的灌注桩的单桩的水平承载力特征值，即

$$R_{ha}=\frac{0.75\alpha\gamma_m f_t W_0}{v_M}(1.25+22\rho_g)\left(1\pm\frac{\zeta_N N_k}{\gamma_m f_t A_n}\right) \tag{10-11}$$

其中

$$\alpha=\sqrt[5]{\frac{mb_0}{\mathrm{EI}}}$$

$$A_n=\frac{\pi d^2}{4}[1+(\alpha_E-1)\rho_g]\text{(圆形截面)}$$

$$A_n=b^2[1+(\alpha_E-1)\rho_g]\text{(方形截面)}$$

$$w_0=\frac{\pi d}{32}[d^2+2(\alpha_E-1)\rho_g d_0^2]\text{(圆形截面)}$$

$$W_0=\frac{b}{6}[b^2+2(\alpha_E-1)\rho_g b_0^2]\text{(方形截面)}$$

式中　R_{ha}—— 单桩水平承载力特征值(kN)，± 号根据桩顶竖向力性质确定，压力为“+”，拉力为“−”；

α—— 桩的水平变形系数；

m—— 桩侧土水平抗力系数的比例系数，宜通过单桩水平静载试验确定，当无静载试验资料时，可按表 10-1 确定；

b_0—— 桩身的计算宽度(m)，可按表 10-2 确定；

EI—— 桩身抗弯刚度，对钢筋混凝土桩，$\mathrm{EI}=0.85E_cI_0$，其中 E_c 为混凝土弹性模量，I_0 为桩身换算截面惯性矩，$I_0=W_0d_0/2$(圆形截面)，$I_0=W_0b_0/2$(矩形截面)；

γ_m—— 桩截面抵抗矩塑性系数，圆形截面 $\gamma_m=2$，矩形截面 $\gamma_m=1.75$；

f_t—— 桩身混凝土抗拉，强度设计值(N/mm²)；

W_0—— 桩身混凝土抗拉强度设计值(N/mm²)；

d_0—— 扣除保护层后的桩直径(m)；

α_E—— 钢筋弹性模量与混凝土弹性模量的比值；

v_M—— 桩身最大弯矩系数，按表10-3取值，单桩基础和单排桩基纵向轴线与水平力方向相垂直的情况，按桩顶铰接考虑；

ρ_g—— 桩身配筋率；

A_n—— 桩身换算截面面积；

ζ_N—— 桩顶竖向力影响系数，竖向压力取0.5，竖向拉力取1.0；

N_k—— 在荷载效应标准组合下桩顶的竖向力(kN)。

(5) 对于混凝土护壁的挖孔桩，计算单桩水平承载力时，其设计桩径取护壁内径。

(6) 当桩的水平承载力由水平位移控制，且缺少单桩水平静载试验资料时，可按下式估算预制桩、钢桩、桩身配筋率大于0.65%的灌注桩单桩水平承载力特征值，即

$$R_{ha}=0.75\frac{\alpha^3 EI}{v_x}\chi_{0a} \tag{10-12}$$

式中 χ_{0a}—— 桩顶允许水平位移；

v_x—— 桩顶水平位移系数，按表10-3取值。

(7) 验算永久荷载控制的桩基的水平承载力时，应将按上述(2)、(3) 方法计算的单桩水平承载力特征值乘以调整系数0.80；验算地震作用桩基的水平承载力时，应将按上述(2)、(3) 方法计算的单桩水平承载力特征值乘以调整系数1.25。

表10-1　地基水平抗力系数的比例系数 m 值

序号	地基土类别	预制桩、钢桩		灌注桩	
		m /(MN·m^{-4})	相应单桩地面处水平位移 /mm	m /(MN·m^{-4})	相应单桩地面处水平位移 /mm
1	淤泥，淤泥质土，饱和湿陷性黄土	2～4.5	10	2.5～6	6～12
2	流塑($I_L>1$)、软塑($0.75<I_L\leqslant 1.0$)状黏性土，$e>0.9$粉土，松散粉细砂，松散填土	4.5～6	10	6～14	4～8
3	可塑($0.25<I_L\leqslant 0.75$)状黏性土，$e=0.75\sim 0.9$粉土，中密填土，稍密细砂	6.0～10	10	14～35	3～6
4	硬塑($0<I_L\leqslant 0.25$)、坚硬($I_L\leqslant 0$)状黏性土，湿陷性黄土，$e<0.75$粉土，中密的中粗砂，密实老填土	10～22	10	35～100	2～5
5	中密、密实的砾砂，碎石类土	—	—	100～300	1.5～3

注：① 当桩顶水平位移大于表列数值或灌注桩配筋率较高(≥0.65%)时，m 值应当适当降低；当预制桩的水平位移小于10 mm时，m 值可适当提高；

② 水平荷载为长期或经常出现的荷载时，应将表列数值乘以0.4降低采用；

③ 当地基为可液化土层时，应将表列数值乘以相应系数。

表 10-2　桩的截面计算宽度 b_0

截面宽度或直径 /m	圆桩	方桩
＞1	$0.9(d+1)$	$b+1$
⩽1	$0.9(1.5d+0.5)$	$1.5b+0.5$

表 10-3　桩顶(身)最大弯矩系数 v_M 和桩顶水平位移系数 v_x

桩顶约束情况	桩的换算埋置深度(α_z)	弯矩系数 v_M	水平位移系数 v_x	桩顶约束情况	桩的换算埋置深度(α_z)	弯矩系数 v_M	水平位移系数 v_x
铰接自由	4.0	0.768	2.441	固接	4.0	0.926	0.940
	3.5	0.750	2.502		3.5	0.934	0.970
	3.0	0.703	2.727		3.0	0.967	1.028
	2.8	0.675	2.905		2.8	0.990	1.055
	2.6	0.639	3.163		2.6	1.018	1.079
	2.4	0.601	3.526		2.4	1.045	1.095

注：① 铰接(自由)的 v_M 为桩身的最大弯矩系数，固接的 v_M 为桩顶的最大弯矩系数。

② 当 $\alpha_z>4.0$ 时取 $\alpha_z=4.0$。

二、按理论计算确定单桩水平承载力

承受水平荷载的单桩，对其水平位移一般要求限制在很小的范围内，把它视为一根直立的弹性地基梁，通过挠曲微分方程的解答，计算桩身的弯矩和剪力，并考虑由桩顶竖向荷载产生的轴力，进行桩的强度计算。

理论计算时把土体视为弹性变形体，并忽略桩土之间的摩阻力以及邻桩对水平抗力的影响，假定在深度 z 处的水平抗力 σ_z 等于该点的水平抗力系数 k_x 与该点的水平位移 x 的乘积，即

$$\sigma_z=k_x x \tag{10-13}$$

地基水平抗力系数 k_x 的计算理论有常数法、k 法、m 法和 c 值法。不同计算理论所假定的分布图 k_x 不同，所得的计算结果往往相差较大。在实际工程中，应根据土的性质和桩的工作情况及与实测结果的对比综合比较确定。实测资料表明，m 法(用于当桩的水平位移较大时)和 c 值法(用于桩的水平位移较小时)比较接近实际。

第四节　桩侧负摩阻力和桩的抗拔力

一、桩侧负摩阻力

在一般情况下，桩在荷载作用下产生沉降，土对桩的摩阻力与位移方向相反，向上起着支承作用，即正摩阻力。但如果桩身周围的土因自重固结、自重湿陷、地面附加荷载等原因而产生大于桩身的沉降时，土对桩侧表面所产生的摩阻力向下，称为桩侧负摩阻力。

符合下列条件之一的桩基，当桩周土层产生的沉降超过基桩的沉降时，在计算基桩承载力时应计入桩侧负摩阻力。

(1) 桩穿越较厚松散填土、自重湿陷性黄土、欠固结土、液化土层进入相对较硬土层时。

(2) 桩周存在软弱土层，邻近桩侧地面承受局部较大的长期荷载或地面大面积堆载(包括填土)时。

(3) 降低地下水位，使桩周土中有效应力增大，并产生显著压缩沉降时。

桩周土沉降可能引起桩侧摩阻力时，应根据工程具体情况考虑负摩阻力对桩基承载力和沉降的影响。负摩阻力主要会引起下拉荷载，使桩身轴力增大、桩的承载力降低，并使地基的沉降增大，所以在实际工程中应引起重视。

二、桩的抗拔力

某些建筑物，如高耸的烟囱、海洋建筑物、高压输电塔或地下室承受地下水的浮力作用而自重不足的建筑物等，它们所受的荷载往往会使其下的桩基础受到上拔荷载的作用。桩的抗拔承载力主要取决于桩身材料强度、桩与土之间的抗拔侧阻力和桩身自重。

影响桩抗拔极限承载力的因素主要有桩周土的土类、土层的形成条件、桩的长度、桩的类型和施工方法、桩的加载历史和荷载的特点等。总之，凡是引起桩周土内应力状态变化的因素，对抗拔桩极限承载力都将产生影响。

在实际工程中，桩的抗拔极限承载力的确定方法如下。

(1) 对于设计等级为甲级和乙级的桩基，桩的抗拔极限承载力应通过现场单桩上拔静载荷试验确定。单桩上拔静载荷试验及抗拔极限承载力标准值取值可按现行行业标准《建筑基桩检测技术规范》执行。

(2) 当无当地经验时，设计等级为丙级的桩基，桩的抗拔极限承载力按下列公式计算。

桩基呈非整体破坏时：

$$T_{uk}=\sum\lambda_i q_{ski}\mu_i l_i \tag{10-14}$$

桩基呈整体破坏时：

$$T_{gk}=\frac{1}{n}u_i\sum\lambda_i q_{ski}l_i \tag{10-15}$$

式中　T_{uk}—— 单桩抗拔极限承载力标准值(kN)；

μ_i—— 桩身周长(m)，等直径桩取 $\mu_i=\pi d$，扩底桩按表 10-4 取值；

q_{ski}—— 桩侧第 i 层土的抗压极限侧阻力标准值(kPa)；

λ_i—— 抗拔系数，砂土 $\lambda_i=0.5\sim0.7$，黏性土和粉土 $\lambda_i=0.7\sim0.8$，当桩长与桩径之比小于 20 时，取小值；

u_i—— 桩群外围周长(m)。

表 10-4　扩底桩破坏表面周长 μ_i

自桩底起算的长度 l_i/m	$\leqslant(4\sim10)d$	$>(4\sim10)d$
μ_i	πD	πd

注：D 为桩端扩底设计直径，d 为桩身设计直径。

第五节 桩基础设计

桩基础的设计应力求选型适当、安全适用、技术可行且经济合理，对桩和承台应有足够的强度、刚度和耐久性，对地基(主要指桩端持力层) 应有足够的承载力和不产生过大的变形。

一、桩材、桩型和桩的几何尺寸的确定

我国目前桩的材料主要是混凝土和钢筋，《建筑地基基础设计规范》规定，预制桩的混凝土强度等级不应低于 C30，灌注桩不应低于 C25，预应力桩不低于 C40。

桩型与成桩工艺的选择应从建筑物的实际情况出发，综合考虑建筑结构类型、上部结构的荷载大小及性质、桩的使用功能、穿越土层、桩端持力层、地下水位情况、施工设备及施工环境、制桩材料供应条件等，按安全适用、经济合理的原则选择。同一建筑物应尽可能采用相同的桩型。

桩长是指自承台底至桩端的长度尺寸。在承台底面标高确定之后，确定桩长的关键在于选择持力层和确定桩端进入持力层深度的问题。一般应选择坚实土层和岩石作为桩端持力层，在施工条件容许的深度内，若没有坚实土层，可选中等强度的土层作为持力层。

桩端进入坚实土层的深度应满足下列要求：对黏性土和粉土，不宜小于 2 ～ 3 倍桩径；对砂土，不宜小于 1.5 倍桩径；对碎石土，不宜小于 1 倍桩径；嵌岩桩嵌入中等风火或微风化岩体的最小深度不宜小于 0.5 m；当存在软弱下卧层时，桩端以下硬持力层的厚度，一般不宜小于 3 倍桩径；嵌岩桩在桩底以下 3 倍桩径范围内应无软弱夹层、断裂带、洞穴和空隙分布。

桩的截面尺寸应与桩长相适应，同时考虑施工设备的具体情况。一般来说，预制方桩的截面尺寸一般可在 300 mm × 300 mm ～ 500 mm × 500 mm 范围内选择，灌注桩的截面尺寸一般可在 300 mm × 300 mm ～ 1 200 mm × 1 200 mm 范围内选择。

同一桩基中相邻桩的桩底标高应加以控制。对于桩端进入坚实土层的端承桩，其桩底高差不宜超过桩的中心距；对于摩擦桩，在相同土层中不宜超过桩长的 1/10。

知识拓展

承台底面标高的选择应考虑上部建筑物的使用要求、承台本身的预估高度及季节性冻结的影响。

二、确定桩数及桩位布置

1. 确定桩数

根据单桩承载力特征值和上部结构荷载情况可确定桩数。

当桩基础为中心受压时，桩数 n 为

$$n \geqslant \frac{F_k + G_k}{R_a} \tag{10-16}$$

当桩基础为偏心受压时，桩数 n 为

$$n \geqslant \mu \frac{F_k + G_k}{R_a} \tag{10-17}$$

式中　n—— 桩的根数；

F_k—— 相应于作用的标准组合下，作用于桩基承台顶面的竖向力(kN)；

G_k—— 桩基承台和承台上土自重标准值(kN)，地下水位以下应扣除浮力；

μ—— 考虑偏心荷载的增大系数，一般取 1.1 ～ 1.2。

2. 桩的间距

桩距是指桩的中心距，一般取 3 ～ 4 倍桩径。间距太大会增加承台的体积和用料；太小则使桩基(摩擦性桩）的沉降量增加，且给施工造成困难。桩的最小中心距应符合表 10-5 的规定。当施工中采取减小挤土效应的可靠措施时，可根据当地经验适当减小。

表 10-5　桩的最小中心距

<table>
<tr><th colspan="2">土类和成桩工艺</th><th>排数不少于 3 排且桩数
不少于 9 根的摩擦型桩桩基</th><th>其他情况</th></tr>
<tr><td colspan="2">非挤土灌注桩</td><td>3.0d</td><td>3.0d</td></tr>
<tr><td rowspan="2">部分挤土桩</td><td>非饱和土、饱和非黏性土</td><td>3.3d</td><td>3.0d</td></tr>
<tr><td>饱和黏性土</td><td>4.0d</td><td>3.5d</td></tr>
<tr><td rowspan="2">挤土桩</td><td>非饱和土、饱和非黏性土</td><td>4.0d</td><td>3.5d</td></tr>
<tr><td>饱和黏性土</td><td>4.5d</td><td>4.0d</td></tr>
<tr><td colspan="2">钻、挖孔扩底桩</td><td>2D 或 D + 2.0 m
（当 D > 2 m时）</td><td>1.5D 或 D + 1.5 m
（当 D > 2 m时）</td></tr>
<tr><td rowspan="2">沉管夯扩、钻孔挤扩桩</td><td>非饱和土、饱和非黏性土</td><td>2.2D 且 4.0d</td><td>2.0D 且 3.5d</td></tr>
<tr><td>饱和黏性土</td><td>2.5D 且 4.5d</td><td>2.2D 且 4.0d</td></tr>
</table>

注：①D 为桩端扩底设计直径，d 为圆桩设计直径或方桩设计边长。

② 当纵横向桩距不相等时，其最小中心距应满足"其他情况"一栏的规定。

③ 当为端承桩时，非挤土灌注桩的"其他情况"一栏可减小至 2.5d。

3. 桩位的布置

桩位的布置应尽可能使上部荷载的中心与桩群的横截面重心重合；应尽量使其对结构受力有利；尽量使桩基在承受水平力和力矩较大的方向有较大的断面抵抗矩。独立柱桩基常采用对称布置，如三桩承台、四桩承台、六桩承台等；条形基础下的桩可采用单排或多排布置，多排布置时采用行列式或梅花式。几种常见桩位布置示意图如图 10-8 所示。

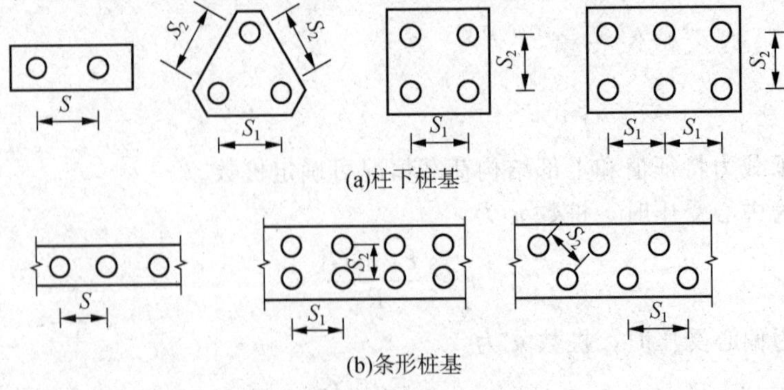

图 10-8　几种常见桩位布置示意图

三、桩基中各桩受力验算

1. 桩顶作用效应计算

对一般建筑物和受水平力较小的高层建筑群桩基础，应按下式计算群桩中基桩或复合基桩的桩顶作用效应(图 10-9)。

(1) 竖向力作用下。

轴心竖向力作用下，有

$$N_k = \frac{F_k + G_k}{n} \tag{10-18}$$

偏心竖向力作用下，有

$$N_{ik} = \frac{F_k + G_k}{n} \pm \frac{M_{xk} y_i}{\sum y_j^2} \pm \frac{M_{yk} x_i}{\sum x_j^2} \tag{10-19}$$

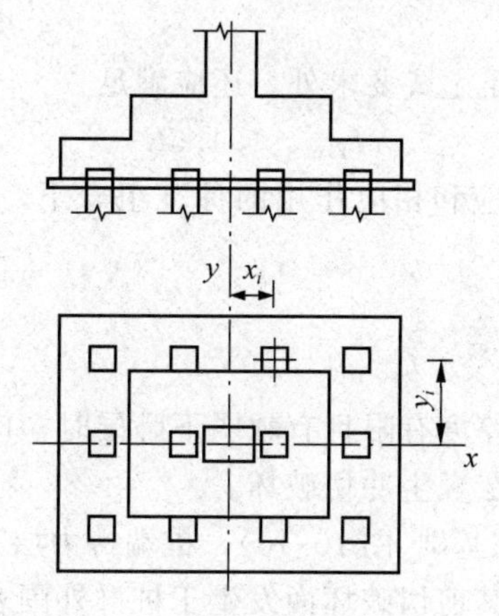

图 10-9　桩顶荷载计算简图

(2) 水平力作用下。

$$H_{ik} = \frac{H_k}{n} \tag{10-20}$$

式中　N_k—— 相应于作用的标准组合轴心竖向力作用下，基桩或复合基桩的平均竖向力(kN)；

N_{ik}—— 相应于作用的标准组合偏心竖向力作用下，第 i 基桩或复合基桩的竖向力(kN)；

M_{xk}、M_{yk}—— 相应于作用的标准组合下，作用于承台底面绕通过桩群形心的 x、y 主轴的力矩(kN·m)；

x_i、x_j、y_i、y_j—— 第 i、j 基桩或复合基桩至 y、x 轴的距离(m)；

H_k—— 相应于作用的标准组合下，作用于桩基承台底面的水平力(kN)；

H_{ik}—— 相应于作用的标准组合下，作用于第 i 基桩或复合基桩的水平力(kN)。

知识拓展

对于主要承受竖向荷载的抗震设防区低承台桩基，在同时满足下列条件时，桩顶作用效应计算可不考虑地震作用。

① 按现行《建筑抗震设计规范》规定可不进行桩基抗震承载力验算的建筑物。

② 建筑场地位于建筑抗震的有利地段。

2. 桩基竖向承载力验算

(1) 相应于作用的标准组合轴心竖向力作用下，有

$$N_k \leqslant R \tag{10-21}$$

偏心竖向力作用下，除满足上式要求外，还应满足

$$N_{kmax} \leqslant 1.2R \tag{10-22}$$

式中　N_{kmax}—— 相应于作用的标准组合轴心竖向力作用下，桩顶最大竖向力(kN)。

(2) 地震作用效应和相应作用的标准组合。

轴心竖向力作用下，有

$$N_{Ek} \leqslant 1.25R \tag{10-23}$$

式中　N_{Ek}—— 地震作用效应和相应作用的标准组合下，基桩或复合基桩的平均竖向力(kN)。

偏心竖向力作用下，除满足上式要求外，还应满足

$$N_{Ekmax} \leqslant 1.5R \tag{10-24}$$

式中　N_{Ekmax}—— 地震作用效应和相应作用的标准组合下，基桩或复合基桩的最大竖向力(kN)。

四、桩基软弱下卧层验算

桩端虽位于坚硬土层，但厚度有限且有软弱下卧层时，应验算软弱下卧层的承载力，避免因承载力不足而导致持力层发生冲切破坏。

对于桩距不超过 $6d$ 的群桩基础(图 10-10)，桩端持力层下存在承载力低于桩端持力层承载力 1/3 的软弱下卧层时，其剪切破坏面发生于桩群外围表面，冲切锥体锥面与竖直线成 θ 角(压力扩散角)。冲切锥体底面压应力应小于等于软弱下卧层承载力特征值，即

$$\sigma_z + \gamma_m z \leqslant f_{az} \tag{10-25}$$

$$\sigma_z = \frac{(F_k + G_k) - 3/2(A_0 + B_0) \cdot \sum q_{ski} l_i}{(A_0 + 2t \cdot \tan\theta)(B_0 + 2t \cdot \tan\theta)} \tag{10-26}$$

式中　σ_z—— 作用于软弱下卧层顶面的附加应力(kPa)；

γ_m—— 软弱下卧层顶面以上各土层重度的加权平均值(kN/m³)；

f_{az}—— 软弱下卧层经深度 z 修正的承载力特征值(kPa)；

t—— 硬持力层厚度(m)；

A_0、B_0—— 桩群外缘矩形底面的长、短边边长(m)；

θ—— 桩端硬持力层压力扩散角，按表 10-6 取值。

表 10-6　桩端硬持力层压力扩散角 θ

E_{s1}/E_{s2}	$t = 0.25B_0$	$t \geqslant 0.50B_0$
1	$\theta = 4°$	$\theta = 12°$
3	$\theta = 6°$	$\theta = 23°$
5	$\theta = 10°$	$\theta = 25°$
10	$\theta = 20°$	$\theta = 30°$

注：①E_{s1}、E_{s2} 分别为硬持力层、软弱下卧层的压缩模量。

② 当$t<0.25B_0$时，取$\theta=0°$，必要时宜通过试验确定；当$0.25B_0<t<0.50B_0$时，可内插取值。

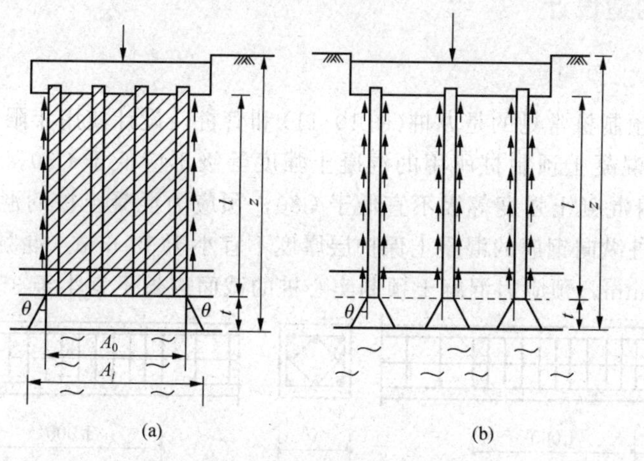

图 10-10　软弱下卧层承载力验算

五、桩基沉降计算

桩基因其稳定性好、沉降量小而均匀且收敛快，故较少做沉降计算。一般以承载力计算作为桩基设计的主要控制条件，而以变形计算作为辅助验算。

《建筑地基基础设计规范》规定，对以下建筑物的桩基，应进行沉降验算。

(1) 地基基础设计等级为甲级的建筑物桩基。

(2) 体形复杂、荷载不均匀或桩端以下存在软弱土层的实际等级为乙级的建筑物桩基。

(3) 摩擦型桩基。

同时做以下规定。

(1) 对嵌岩桩、设计等级为丙级的建筑物桩基、对沉降无特殊要求的条形基础下不超过两排的桩基、吊车工作级别A5及A5以下的单层工业厂房桩基(桩端下为密实土层)，可不进行沉降验算。

(2) 当有可靠地区经验时，对地质条件不复杂、荷载均匀、对沉降无特殊要求的端承型桩基也可不进行沉降验算。

桩基沉降变形指标按下列规定选用。

(1) 土层厚度与性质不均匀、荷载差异、体形复杂、相互影响等因素引起的地基沉降变形，对于砌体承重结构应由局部倾斜控制。

(2) 对多层或高层建筑和高耸结构应由整体倾斜值控制。

(3) 当其结构为框架、框架－剪力墙、框架－核心筒结构时，还应控制柱(墙)之间的差异沉降。

知识拓展

建筑桩基沉降变形计算值不应大于桩基沉降变形允许值(见《建筑桩基技术规范》)。计算桩基沉降时，对于桩中心距不大于的桩基，其最终沉降量计算可采用等效作用实体深基础分层总和法。等效作用面位于桩端平面，等效作用面积为桩承台投影面积，等效作用附加应力近似取承台底平均附加应力。等效作用面以下的应力分布采用各向同性均质直线变形体理论。

六、桩身构造设计

1. 钢筋混凝土预制桩

钢筋混凝土预制桩常见的是方桩（图 10-11）和管桩。设计使用年限不少于 50 年时，非腐蚀环境中钢筋混凝土预制桩所用的混凝土强度等级不应低于 C30，预应力桩不应低于 C40。预制桩桩身混凝土强度等级不宜低于 C30，预应力混凝土桩的混凝土强度等级不宜小于 C40，预制桩纵向钢筋的混凝土保护层厚度不宜小于 30 mm。混凝土预制桩的截面边长不应小于 200 mm，预应力混凝土预制实心桩的截面边长不宜小于 350 mm。

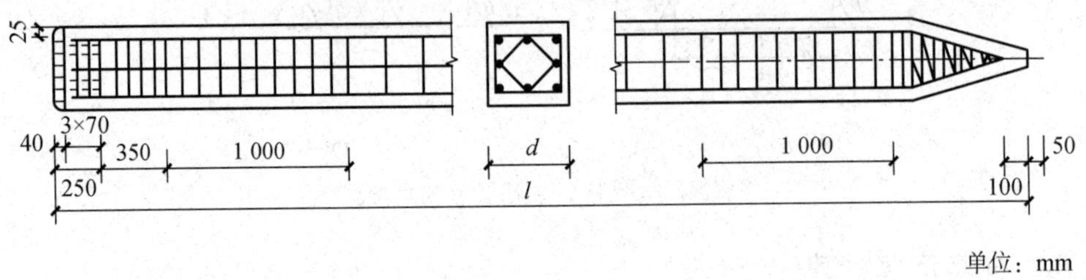

图 10-11　预制钢筋混凝土方桩示意图

预制桩的桩身应配置一定数量的纵向钢筋（主筋）和箍筋，桩身配筋应按吊运、打桩及桩在使用过程中的受力等条件计算确定。一般主筋选 4 ～ 8 根直径 14 ～ 25 mm 的钢筋，采用锤击沉桩时，预制桩的最小配筋率一般不宜小于 0.8%；采用静压法沉桩时，其最小配筋率不宜小于0.6%。当截面边长在300 mm以下时，可用4根主筋，箍筋直径6～8 mm，间距不大于 200 mm，在桩顶和桩尖处应适当加密。用打入法沉桩时，直接受到锤击的桩顶以下（4 ～ 5）d 长度范围内箍筋应加密，并应放置三层钢筋网。桩尖在沉入土层及使用期要克服土的阻力，故应把所有主筋合拢焊在桩尖辅助钢筋上，对于持力层为密实砂和碎石类土时，宜在桩尖处包以钢板桩靴，加强桩尖。预制桩的分节长度应根据施工条件及运输条件确定，每根桩的接头数量不宜超过 3 个。桩上需埋设吊环的位置由计算确定。桩身的混凝土强度必须达设计强度的 70% 才可起吊，达设计强度的 100% 才可搬运和打桩。

2. 混凝土灌注桩

灌注桩混凝土强度等级不得低于 C25，混凝土预制桩尖强度等级不得低于 C30。当桩顶轴向压力和水平力满足桩基规范受力条件时，可按构造要求配置桩顶与承台的连接钢筋笼。当桩身直径为 300 ～ 2 000 mm 时，正截面配筋率可取 0.2% ～ 0.65%（小直径桩取高值）。对于受水平荷载的桩，主筋不应小于 8ϕ12；对抗压桩和抗拔桩，主筋不应小于 6ϕ10。纵向受力筋应沿桩身周边均匀布置，净距不应小于60 mm，并尽量减少钢筋接头。箍筋应采用螺旋式箍筋，直径不应小于 6 mm，间距宜为 200 ～ 300 mm。受水平荷载较大的桩基、承受水平地震作用的桩基及考虑主筋作用计算桩身受压承载力时，桩顶以下 5d 范围内箍筋应加密，间距不应大于 100 mm。当桩身位于液化土层范围内时，箍筋应加密。当钢筋笼长度超过 4 m 时，应每隔 2 m 设一道直径不小于 12 mm 的焊接加劲箍筋，受力筋的混凝土保护层厚度不应小于 35 mm，水下灌注混凝土不得小于 50 mm。

七、承台的设计

承台是上部结构与群桩之间相联系的结构部分，其作用是把各个单桩联系起来并与上部

结构形成整体。承台应进行抗冲切、抗剪及抗弯计算，并符合构造要求。当承台的混凝土强度等级低于柱或桩的混凝土强度等级时，还应验算柱下或柱上承台的局部受压承载力。

承台种类有多种，如柱下独立桩基承台、箱形承台、筏形承台、柱下梁式承台、墙下条形承台等。下面主要介绍柱下独立桩基承台的设计。

1. 承台的构造要求

承台平面形状应根据上部结构的要求和桩的布置形式决定。常见的形状有矩形、三角形、多边形、圆形、环形等。承台的最小宽度不应小于 500 mm，边桩中心至承台边缘的距离不应小于桩的直径或边长，且桩的外边缘至承台边缘的距离不应小于 150 mm。对于墙下条形承台梁，桩的外边缘至承台梁边缘的距离不应小于 75 mm，承台的最小厚度不应小于 300 mm。

承台混凝土强度等级不宜小于 C20。承台底面钢筋的混凝土保护层厚度，当有混凝土垫层时，不应小于 50 mm；当无垫层时，不应小于 70 mm，且不应小于桩头嵌入承台内的长度。

承台配筋示意图如图 10-12 所示。对柱下独立桩基承台的纵向受力筋，应通长配置，如图 10-12(a) 所示；对四桩以上(含四桩) 承台板配筋，宜按双向均匀布置；对于三桩承台，应按三向板带均匀配置，且最里面三根钢筋相交围成的三角形应位于柱截面范围内，如图 10-12(b) 所示。钢筋锚固长度自边桩内侧(当为圆桩时，应将其直径乘以 0.8 等效为方桩) 算起，不应小于 $35d_g$(d_g 为主筋直径)，当不满足时，应将钢筋向上弯折，此时水平段的长度不应小于 $25d_g$，弯折段长度不应小于 $10d_g$。

承台的配筋除应满足计算要求外，还应满足承台梁的纵向受力筋直径不应小于 12 mm，间距不应大于 200 mm，架立筋直径不宜小于 10 mm，箍筋直径不宜小于 6 mm(图 10-13)，柱下独立桩基承台的最小配筋率不应小于 0.15%。

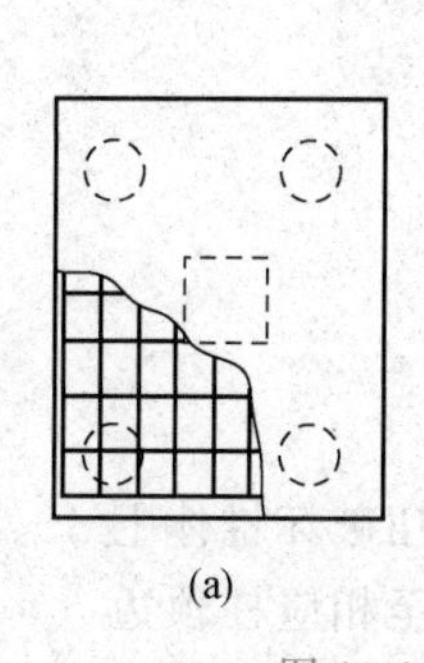

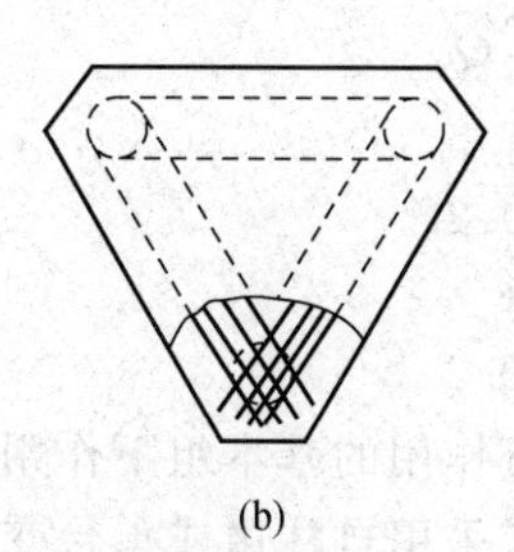

图 10-12　承台配筋示意图

(a)矩形承台配筋；(b)三桩承台配筋

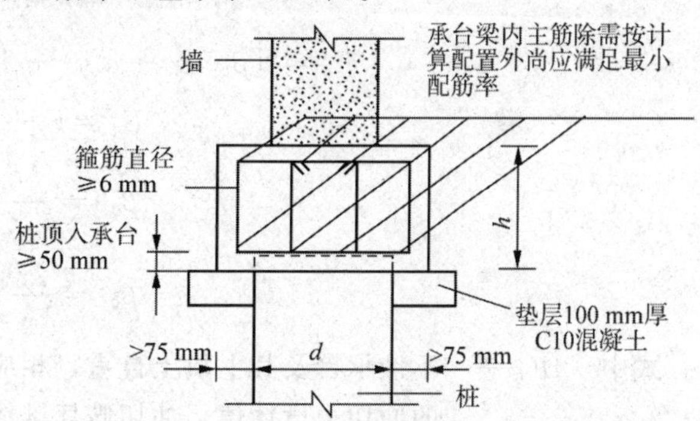

图 10-13　承台梁配筋示意图

桩嵌入承台内的长度对中等直径的桩不宜小于 50 mm，对大直径桩不宜小于 100 mm。

混凝土桩的桩顶纵向主筋应锚入承台内，其锚入长度不宜小于 $35d_g$。

对大直径灌注桩，当采用一柱一桩时，可设置承台或将桩与柱直接连接。

由于结构受力要求，因此柱下独立桩基承台在有抗震要求时，纵横方向宜设置连系梁。在一般情况下，两桩桩基承台应在其短向设置连系梁。一柱一桩时，在柱顶纵横方向宜设置连系梁，当桩与柱的截面直径之比大于 2 时，可不设连系梁。连系梁顶面宜与承台顶面位于同一标高，宽度不宜小于 250 mm，其高度可取承台中心距的 1/10 ～ 1/15，且不宜小于 400

mm。连系梁配筋应按计算确定，梁上、下部纵筋不宜小于 2ϕ12，位于同一轴线上的相邻跨连系梁纵筋应连通。承台和地下室外墙与基坑侧壁间隙应灌注素混凝土或搅拌流动性水泥土，或采用灰土、级配砂石、压实性较好的素土分层夯实，其压实系数不宜小于 0.94。

2. 承台厚度的确定

桩基承台厚度应满足柱对承台的冲切和基桩对承台的冲切承载力要求。

(1) 柱对承台的冲切计算。

柱对承台的冲切，可按下列公式计算(图 10-14)：

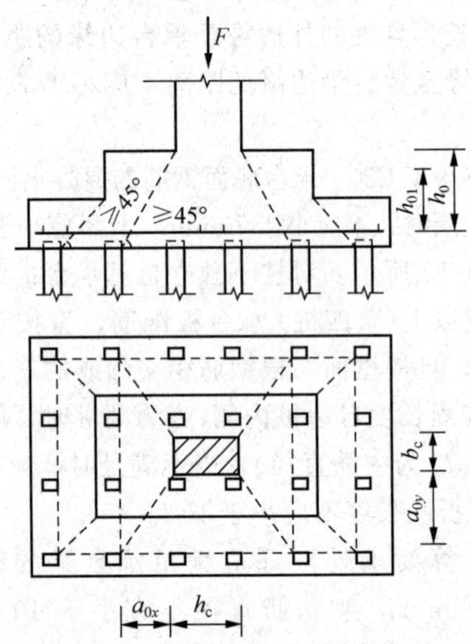

图 10-14　桩对承台冲切计算示意

$$F_1 = 2[\beta_{0x}(b_c + a_{0y}) + \beta_{0y}(h_c + a_{0x})]\beta_{hp} f_t h_0$$

$$F_1 = F - \sum Q_i$$

$$\beta_{0x} = \frac{0.84}{\lambda_{0x} + 0.2}$$

$$\beta_{0y} = \frac{0.84}{\lambda_{0x} + 0.2}$$

式中　F_1——不计承台及其上填土自重，相应于作用的基本组下作用在冲切破坏锥体上的冲切力设计值，冲切破坏锥体应采用自柱边或承台变阶处至相应柱顶边缘连线构成的锥体，锥体与承台底面的夹角不小于 45°(kN)；

h_0——冲切破坏锥体的有效高度(mm)；

β_{hp}——受冲切承载力截面高度影响系数，$h \leqslant 800$ mm 时 β_{hp} 取 1.0，$h \geqslant 2\,000$ mm 时 β_{hp} 取 0.9，其间按线性插入法取用；

β_{0x}、β_{0y}——冲切系数；

λ_{0x}、λ_{0y}——冲跨比，$\lambda_{0x} = a_{0x}/h_0$，$\lambda_{0y} = a_{0y}/h_0$，$a_{0x}$、$a_{0y}$ 分别为 x、y 方向柱边至最近桩边的水平距离，$\lambda_{0x}(\lambda_{0y}) < 0.25$ 时取 $\lambda_{0x}(\lambda_{0y}) = 0.25$，$\lambda_{0x}(\lambda_{0y}) > 1.0$ 时取 $\lambda_{0x}(\lambda_{0y}) = 1.0$；

b_c、h_c——分别为 x、y 方向的柱截面的边长(mm)；

f_t——承台混凝土抗拉强度设计值(N/mm²)；

F—— 不计承台及其上填土自重，作用的基本组下柱(墙) 底的竖向荷载设计值(kN)；

$\sum Q_i$—— 不计承台及其上填土自重，荷载效应基本组下冲切破坏锥体内各基桩或复合基桩的反力设计值之和(kN)。

对中、低压缩性土上的承台，当承台与地基土之间没有脱空现象时，可根据地区经验适当减小柱下独立桩基承台受冲切计算的承台厚度。

(2) 角桩对承台的冲切计算。

① 四桩以上(含四桩) 承台受角桩冲切的承载力可按下式计算(图 10-15)：

$$N_1=\left[\beta_{1x}\left(c_2+\frac{a_{1y}}{2}\right)+\beta_{1y}\left(c_1+\frac{a_{1x}}{2}\right)\right]\beta_{hp}f_t h_0$$

$$\beta_{1x}=\frac{0.56}{\lambda_{1y}+0.2}$$

$$\beta_{1y}=\frac{0.56}{\lambda_{1y}+0.2}$$

式中　N_1—— 不计承台及其上填土自重，相应于作用的基本组下角桩(含复合角桩) 反力设计值(kN)；

β_{1x}、β_{1y}—— 角桩冲切系数；

a_{1x}、a_{1y}—— 从承台底角桩顶内边缘引 45° 冲切线与承台顶面相交点至角桩内边缘的水平距离，当柱(墙) 边或承台变阶处位于该 45° 线以内时，则取由柱(墙) 边或承台变阶处与桩内边缘连线为冲切锥体的锥线(图 10-15)；

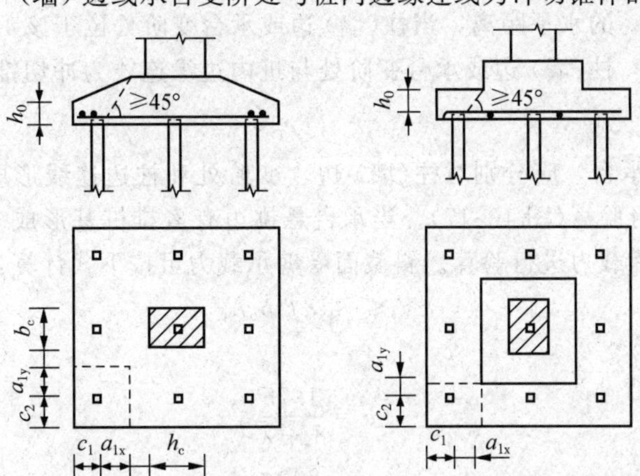

图 10-15　矩形承台角桩冲切计算示意图

h_0—— 冲切破坏锥体的有效高度(mm)。

λ_{1x}、λ_{1y}—— 角桩冲跨比，$\lambda_{1x}=a_{1x}/h_0$，$\lambda_{1y}=a_{1y}/h_0$，其值均应满足 0.25～1.0 的要求。

② 对于三桩三角形承台，可按下式计算受角桩冲切的承载力(图 10-16)。

底部角桩：

$$N_1=\beta_{11}(2c_1+a_{11})\tan\frac{\theta_1}{2}\beta_{hp}f_t h_0$$

$$\beta_{11}=\frac{0.56}{\lambda_{11}+0.2}$$

顶部角桩：

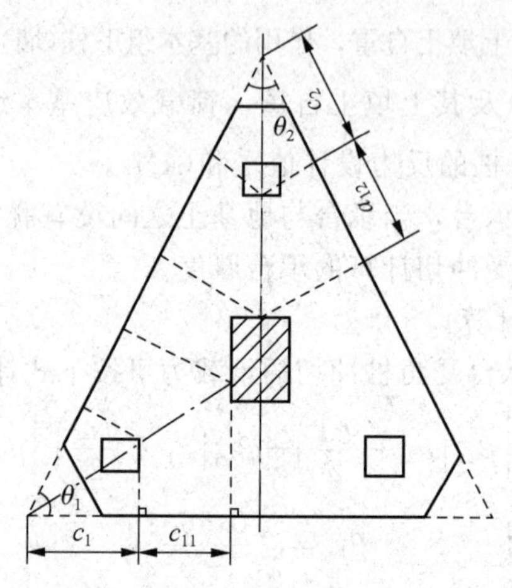

图 10-16　角形承台角桩冲切计算示意图

$$N_1=\beta_{12}(2c_2+a_{12})\tan\frac{\theta_2}{2}\beta_{hp}f_t h_0$$

$$\beta_{12}=\frac{0.56}{\lambda_{12}+0.2}$$

式中　λ_{11}、λ_{12}——角桩冲跨比，$\lambda_{11}=a_{11}/h_0$，$\lambda_{12}=a_{12}/h_0$，其值均应满足0.25～1.0的要求；

a_{11}、a_{12}——从承台底角桩顶内边缘引45°冲切线与承台顶面相交点至角桩内边缘的水平距离，当柱(墙)边或承台变阶处位于该45°线以内时，则取由柱(墙)边或承台变阶处与桩内边缘连线为冲切锥体的锥线。

3. 承台斜截面受剪计算

柱(墙)下桩基承台，应分别对柱(墙)边、变阶处和柱边连线形成的贯通承台的斜截面的受剪承载力进行验算(图 10-17)。当承台悬挑边有多排桩基形成多个斜截面时，应对每个斜截面的受剪承载力进行验算。斜截面受剪承载力可按下式计算：

$$V\leqslant\beta_{hs}\alpha f_t b_0 h_0$$

其中

$$\alpha=\frac{1.75}{1+\lambda}$$

$$\beta_{hs}=\left(\frac{800}{h_0}\right)^{1/4}$$

式中　V——不计承台及其上填土自重，在荷载效应基本组下斜截面的最大剪力设计值(kN)；

b_0——承台计算截面处的计算宽度(mm)；

h_0——承台计算截面处的有效高度(mm)；

β_{hs}——受剪切承载力截面高度影响系数，$h_0<800$ mm时h_0取800 mm，$h_0>$ 2 000 mm时h_0取2 000 mm，其间按线性插入法取用；

α——承台剪切系数；

λ——计算截面的剪跨比，$\lambda_x=a_x/h_0$，$\lambda_y=a_y/h_0$，其中a_x、a_y为柱边(墙边)或承台变阶处至y、x方向计算一排桩的桩边的水平距离，$\lambda<0.25$时取$\lambda=0.25$，$\lambda>3.0$时取$\lambda=3.0$。

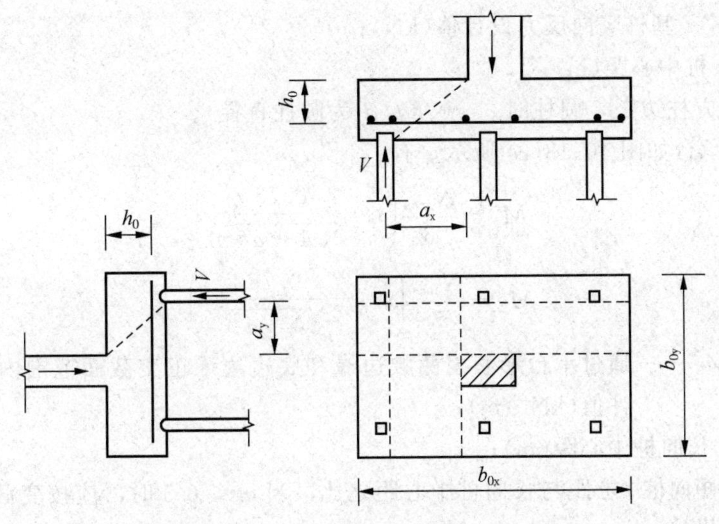

图 10-17　承台斜截面受剪计算示意图

4. 承台板配筋计算

桩基承台应进行正截面受弯承载力计算。

(1) 两桩条形承台和多桩矩形承台弯矩计算截面取在柱边和承台变阶处，可按下式计算(图 10-18(a))：

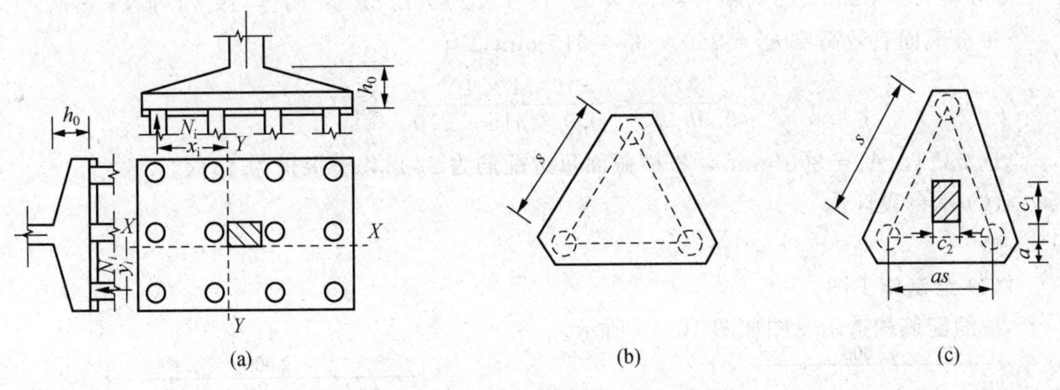

图 10-18　承台弯矩计算示意图

$$M_x = \sum N_i y_i$$

$$M_y = \sum N_i x_i$$

式中　M_x、M_y——绕 x 轴、y 轴方向计算截面处的弯矩设计值(kN·m)；

N_i——不计承台及其上填土自重，在作用的基本组合下的第 i 基桩或复合基桩竖向反力设计值(kN)；

x_i、y_i——垂直 y 轴和轴方向自桩轴线到相应计算截面的距离(m)。

② 三桩承台的正截面弯矩值。等边三桩承台如图 10-18(b) 所示，有

$$M = \frac{N_{max}}{3}\left(s_a - \frac{\sqrt{3}}{4}c\right)$$

式中　M——通过承台形心至各边边缘正交截面范围内板带的弯矩设计值(kN·m)；

N_{max}——不计承台及其上填土自重，在荷载效应基本组下三桩中最大基桩或复合

基桩竖向反力设计值(kN)；

s_a—— 桩中心距(m)；

c—— 方柱边长，圆柱时 $c=0.8d$(d 为圆柱直径)。

等腰三桩承台如图 10-18(c) 所示，有

$$M_1=\frac{N_{\max}}{3}\left(s_a-\frac{0.75}{\sqrt{4-a^2}}c_1\right)$$

$$M_2=\frac{N_{\max}}{3}\left(as_a-\frac{0.75}{\sqrt{4-a^2}}c_2\right)$$

式中 M_1、M_2—— 通过承台形心至两腰边缘和底边边缘正交截面范围内板带的弯矩设计值(kN·m)；

s_a—— 长向桩中心距(m)；

a—— 短向桩中心距与长向桩中心距之比，当 $a<0.5$ 时，应按变截面的二桩承台设计；

c_1、c_2—— 垂直于、平行于承台底边的柱截面边长(mm)。

考虑 1.5 倍的动力系数。桩尖长度 $\approx 1.5\times$ 桩径 $d\approx 0.6$ m，桩头插入承台 0.05 m，则桩总长为

$$l=8.3+0.6+0.05+1.05=10.0\ (\text{m})$$

$$M=1.5\times 0.0429\times ql^2=1.5\times 0.0429\times 25\times 0.35^2\times 10^2=19.71(\text{kN}\cdot\text{m})$$

桩横截面有效高度 $h_0=350-35=315$ mm，有

$$A_s=\frac{M}{0.9h_0f_y}=\frac{19.71\times 10^6}{0.9\times 315\times 270}=257(\text{mm}^2)$$

选 2ϕ14，$A_s=308\ \text{mm}^2$，桩横截面每边配筋为 2ϕ14，整根桩为 4ϕ14。

(6) 承台设计。

略。

(7) 绘制施工图。

桩的配筋构造示意图如图 10-19 所示。

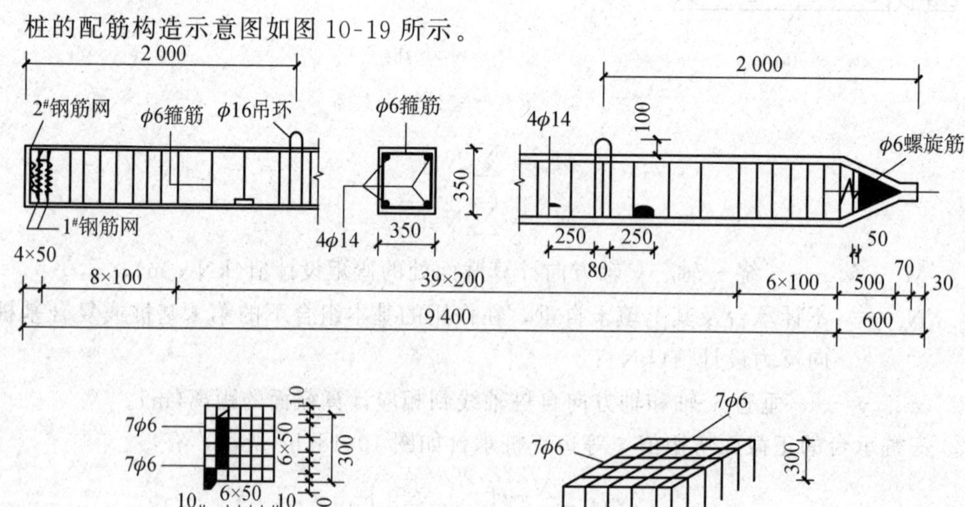

图 10-19 桩的配筋构造示意图

第六节　其他深基础简介

为满足结构物的要求，适应地基的特点，在土木工程结构的实践中形成了各种类型的深基础。深基础除桩基外，还有沉井、沉箱和地下连续墙等形式。

沉井多用于工业建筑和地下构造物，是一种竖井结构，与大开挖相比，它具有挖土量少、埋置深度大、整体性强、稳定性好、能承受较大的垂直荷载和水平荷载、施工方便、占地少和对相邻基础影响小等优点，适用于黏性土及土粒较粗的砂土中。沉箱是将压缩空气压入一个特殊的沉箱室内以排除地下水，工作人员在沉箱内操作，比较容易排除障碍物，使沉箱顺利下沉，可达地下水位以下 35 ～ 40 m 的深度，但目前应用较少。墩基是指利用机械或人工开挖成孔后灌注混凝土形成的大直径桩基础，由于其直径粗大如墩，因此称为墩基础，墩基与大直径桩并无明显界限。地下连续墙是近代发展起来的一种新的基础形式，具有无噪声、无振动、对周围建筑影响小，以及节约土方量、缩短工期、安全可靠等优点，它的应用日益广泛。

一、沉井基础

沉井是一种竖直的井筒状结构物，常用混凝土或钢筋混凝土等材料制成，一般分数节制作。施工时，先就地制作第一节井筒，然后用适当的方法在井筒内挖土，井体借自重克服外壁与土的摩阻力而不断下沉，随下沉再逐节接长井筒。为减少下沉时的端部阻力，沉井的下端往往装设钢板或角钢加工成的刃脚。井筒下沉到设计标高后，浇筑混凝土封底、填心，使其成为桥梁墩台或其他结构物的基础，也可以作为地下结构使用。沉井适合于在黏性土及较粗的砂土中施工，但当土中有障碍物时会给下沉造成一定的困难。沉井在下沉过程中，井筒就是施工期间的围护结构。在各个施工阶段和使用期间，沉井各部分可能受到土压力、侧水压力、水浮力、摩阻力、底面反力和沉井自重等力的作用。因此，沉井的构造和计算应按有关规范要求。

沉井按水平断面形式，可分为圆形、方形或椭圆形等；按竖直面，可分为柱形、阶梯形等；按沉井孔的布置方式，又可分为单孔、双孔及多孔。

沉井主要由刃脚、井筒、内隔墙、封底底板及盖顶等部分组成，沉井施工示意图如图 10-20 所示。

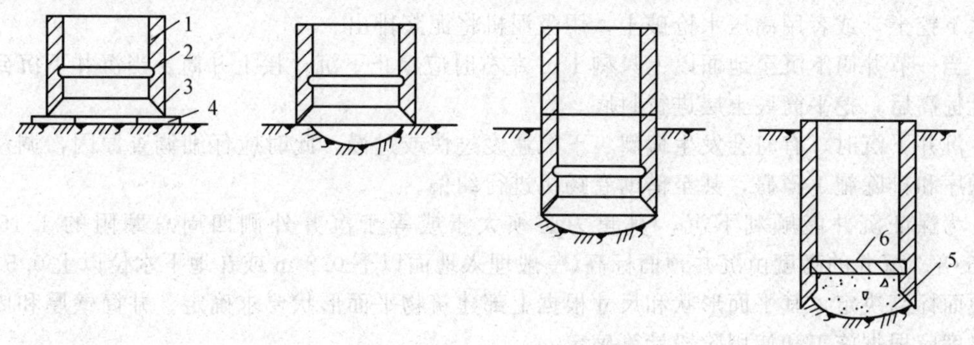

图 10-20　沉井施工示意图

1— 井壁；2— 凹槽；3— 刃脚；4— 垫木；5— 素混凝土封底；6— 钢筋混凝土底板

(1) 刃脚。

在井筒下端，形如刀刃，下沉时刃脚切入土中，刃脚必须要有足够的强度，以免产生挠曲或破坏。其底面称为踏面，宽度一般为 100 ～ 200 mm，土质坚硬时，踏面应用钢板或角钢保护，刃脚内侧的倾斜角为 40° ～ 60°。

(2) 井筒。

竖直的井筒是沉井的主要部分，它需具有足够的强度以挡土，又需有足够的重力克服外壁与土之间的摩阻力和刃脚土的阻力，使其在自重作用下节节下沉。为便于施工，沉井井孔净边长最小尺寸为 0.9 m，井筒壁厚一般为 0.8 ～ 1.2 m。

(3) 内隔墙。

能增加沉井结构的刚度，方便施工，控制下沉和纠偏，其底面标高应比刃脚脚踏面高 0.5 m，以利于沉井下沉，内隔墙间距一般不超过 5 ～ 6 m，厚度一般为 0.5 ～ 1.2 m。

(4) 凹槽。

凹槽位于刃脚内侧上方，其作用是使封底混凝土与井筒牢固连接，使封底混凝土底面的反力更好地传给井筒，其深度为 0.15 ～ 0.25 m，高约为 1.0 m。

(5) 封底。

沉井下沉到设计标高后先进行清基，然后用混凝土封底。封底可以防止地下水涌入井内，其厚度由应力验算决定，也可取不小于井孔最小边长的 1.5 倍，混凝土强度等级一般不低于 C15。

(6) 顶盖。

沉井做地下构筑物时，顶部需浇筑钢筋混凝土顶盖。顶盖厚度一般为 1.5 ～ 2.0 m，钢筋配置由计算确定。

沉井基础施工一般分为旱地施工、水中筑岛及浮运沉井三种。施工前应详细了解场地的地质和水文条件，制定出详细的施工计划及必要的措施，以确保施工安全。

沉井施工时，应将场地平整夯实，在基坑上铺设一定厚度的砂层，在刃脚位置再铺设垫木，然后在垫木制作刃脚和第一节沉井。当沉井混凝土强度达 70% 时，才可拆除垫木挖土下沉。

下沉方法分排水下沉和不排水下沉，前者适用于土层稳定不会因抽水而产生大量流砂的情况。当土层不稳定时，在井内抽水易产生大量流砂，此时不能排水，可在水下进行挖土，必须使井内水位始终保持高于井外水位 1 ～ 2 m。井内出土视土质情况，可用机械抓斗水下挖土，或者用高压水枪破土，用吸泥机将泥浆排出。

当一节井筒下沉至地面以上只剩 1 m 左右时应停止下沉，接上井筒。当沉井下沉到达设计标高后，挖平筒底土层进行封底。

沉井下沉时，有时会发生偏斜、下沉速度过快或过慢，此时应仔细调查原因，调整挖土顺序和排除施工障碍，甚至借助卷扬机进行纠偏。

为保证沉井能顺利下沉，其重力必须大于或等于沉井外侧四周总摩阻的 1.15 ～ 1.25 倍。沉井的高度由沉井顶面标高(一般埋入地面以下 0.2 m 或在地下水位以上 0.5 m)及地面标高决定，其平面形状和尺寸根据上部建筑物平面形状要求确定。井筒壁厚和内隔墙厚度应根据施工和使用阶段计算确定。

二、地下连续墙

地下连续墙是采用专门的挖槽机械，在泥浆护壁的条件下，沿着深基础或地下建筑物的周边在地面下分段挖出一条深槽，待开挖至设计深度并清除沉淀下来的泥渣后，就地将加工

好的钢筋笼吊放至槽内，用导管向槽内浇筑混凝土，形成一个单元槽段，然后在下一个单元槽段依此施工，两个槽段之间以各种特定的接头方式相互连接，从而形成地下的钢筋混凝土墙。地下连续墙既可以承受侧壁的土压力和水压力，在开挖时起支护、挡土、防渗等作用，同时又可以将上部结构的荷载传到地基持力层，作为地下建筑和基础的一个部分。

地下连续墙的优点是可以大量节约土方量、缩短工期、降低造价，施工时振动小、噪声低，不影响邻近建筑安全，具有较好防渗性能。目前地下连续墙已发展有后张预应力、预制装配和现浇等多种形式，其使用日益广泛，主要用于建筑物的地下室、地下停车场、地下街道、地下铁道、地下道路、泵站盾构等工程的竖井、挡土墙、防渗墙及基础结构等。

现浇地下连续墙混凝土施工时，一般先修导墙，以导向和防止机械碰坏槽壁。地下连续墙厚度一般在 450 ～ 800 mm，长度按设计不受限制。每一个单元槽段长度一般为 4 ～ 7 m，墙体深度可达几十米。目前，地下连续墙常用的挖槽机械，按其工作机理分为挖斗式、冲击式和回转式三大类。为防止坍孔，钻进时应向槽中压送循环泥浆，直至挖槽深度达到设计深度时，沿挖槽前进方向埋接头管(图 10-21)。再吊放入钢筋网，冲洗槽孔，用导管浇灌混凝土后再拔出接头管，按以上顺序循环施工，直到完成。

地下连续墙分段施工的接头方式和质量是墙体质量的关键。除接头管施工外，也有采用其他接头的，如接头箱接头、型钢接头管与滑板式接头箱等。

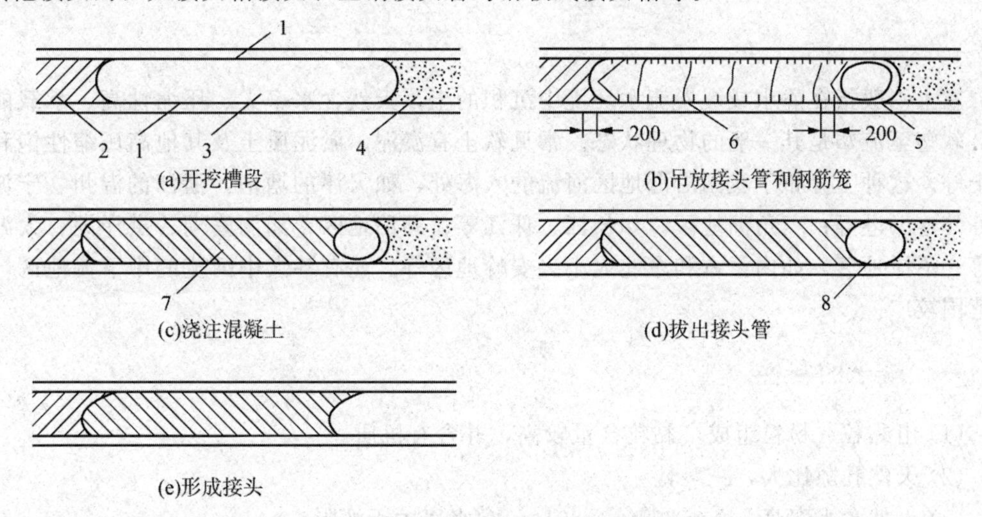

图 10-21　地下连续墙施工接头示意图

1 — 导墙；2 — 已浇筑混凝土的单元槽段；3 — 开挖的槽段；4 — 未开挖的槽段；5 — 接头管；6 — 钢筋笼；7 — 正浇筑混凝土的单元槽段；8 — 接头管拔出后的孔洞

思　考　题

1. 深基础与浅基础有何区别？在什么情况下可以考虑采用桩基础？
2. 说明常见桩型的优缺点及适用条件。
3. 单桩竖向承载力特征值如何确定？

第十一章　地基处理

当天然地基不能满足地基承载力和变形的设计要求时，需对地基进行人工处理，此工程称为地基处理或地基加固。地基的处理对象是软弱地基和特殊土地基。

第一节　软弱土地基和特殊土地基

软弱土地基系指主要由软土(淤泥、淤泥质土)、冲填土、杂填土或其他高压缩性土层构成的地基。而特殊土地基系指湿陷性黄土、膨胀土、欠固结土、可液化土及季节性冻土等带有地区性特点构成的地基。

第二节　软 土 地 基

软土一般指在静水或缓慢流水环境中沉积的土，天然含水率大、压缩性高、承载能力低，软塑至流塑是其一般的物理状态。常见软土有淤泥、淤泥质土及其他高压缩性饱和黏性土等。这种土分布于我国沿海地区河流的入海处，如天津的塘沽，浙江的温州、宁波、江苏的连云港等；三角洲地区，如长江、珠江等；湖泊地区，如洞庭湖、洪泽湖、太湖流域等；沼泽地区，如内蒙古和东北大小兴安岭地区等。还有各大中河流的中下流地区，分布范围较广。

一、软土的特性

(1) 由黏粒、粉粒组成，黏粒含量较高，并含有机质。

(2) 天然孔隙比大，$e > 1$。

(3) 天然含水率高，$w = 30\% \sim 80\%$，含水率大于液限。

(4) 高压缩性，压缩系数 $a_{1-2} > 0.5\ \mathrm{MPa}^{-1}$。

(5) 抗剪强度低，不排水剪切时，内摩擦角 $\varphi = 0$，黏聚力 $c < 0.02\ \mathrm{MPa}$。由于抗剪强度低，因此软土地基的承载力很低。

(6) 透水性差，渗透系数约在$10^{-8} \sim 10^{-10}\ \mathrm{m/s}$，土的固结速度缓慢，土中存在孔隙水压力。

(7) 有较强的结构性，灵敏度 $S_t > 4$，灵敏度越高，土一经扰动，其强度降低越多。

(8) 有明显的流变性，即在一定的剪应力作用下，土将产生缓慢的剪切变形，使土的抗剪强度随着剪应力作用时间的增长而降低。

二、软土地基设计要点

设计软土地基时，应考虑上部结构和地基的共同作用。对建筑体型、荷载情况、结构类型和地质条件进行综合分析，确定合理的建筑措施、结构措施和地基处理方法。减少软

土地基变形的措施如下。

（一）表土层利用

我国软土地区的地表常有一层一般黏性土，其承载力高于下卧软土层，称为硬壳层，此层厚度一般在 1 m 以上，设计时应充分利用此硬壳层作为持力层，采用浅埋基础。

（二）选用适当的地基基础设计方案

选用基础补偿性设计、人工地基设计、回填土加高自然地面标高设计和桩基础设计等方案。

第三节　地基处理方法

通常采用的地基处理方法有表层压实法、换土垫层法、深层密实法、排水固结法、化学加固法和旋喷法等。

一、表层压实法

土的表层压实有机械碾压法、重锤夯实法、振动压实法等，适用于软弱土厚度不大、上部荷载较小的轻型建筑物地基及道路路基等。一般加固深度可达 1.5 m，压实后的承载力可达 100 kN/m^2 以上。

（一）机械碾压法

碾压机械一般有平碾、羊足碾、压路机、推土机等，适用于处理非饱和黏土、湿陷性黄土、松散粉砂、细砂或杂填土等软弱土，经碾压后可使地基承载力增加、压缩性减小。

（二）重锤夯实法

重锤夯实法是用起重机械提升重锤到一定高度后，自由落下，重复夯打，使地基有一个较密实的表层，重锤夯实示意图如图 11-1 所示。该方法适用于地下水位以上的黏土、砂土、杂填土及湿陷性黄土等软弱土。地基经夯实后，强度提高而压缩性减小。

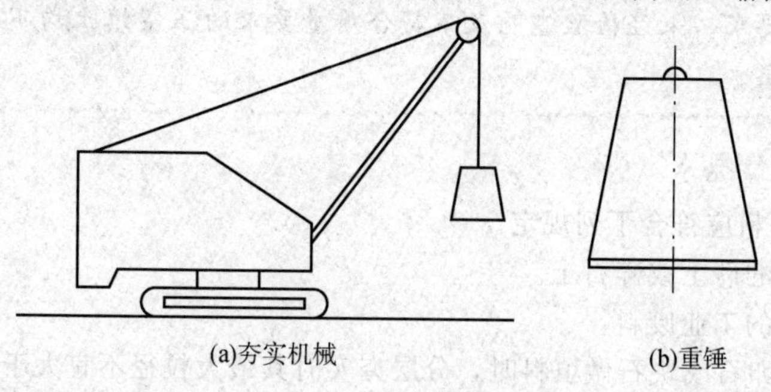

(a)夯实机械　　(b)重锤

图 11-1　重锤夯实示意图

重锤夯实质量与土质条件、土的含水率、夯打能量即锤重、落距、夯打遍数等因素有关。在夯打前必须通过试夯，以确定夯打的遍数及最终下沉量。

知识拓展

夯实用的重锤质量为 1.5～3.0 t，锤底直径为 0.7～1.5 m，锤重与锤底面积的关系应符合底面静压力 15～20 kPa 的要求。落距 H 一般取 2.5～4.5 m。夯打遍数一般为 8～12 遍，当最后两遍的平均下沉量不超过下列数值时即可停止夯打。

(1) 黏土与湿陷性黄土。10 ～ 20 mm。

(2) 砂土。5 ～ 10 mm。

由试验结果可知，夯实的影响深度是锤底直径的 1 倍左右。重锤夯打时土的含水率应等于或接近最佳含水率，以免影响夯实质量。

（三）振动压实法

振动压实法是使用振动压实机械使之产生很大的垂直振动力将地基表层振实。该方法适用于黏性土含量少、透水性能较好的松散杂填土及砂土等软弱土。

振动压实的效果与土成分、振动时间等因素有关。一般振动时间越长，效果越好。但当振动到一定时间后，振动引起的下沉基本稳定，再继续振也不能起到进一步密实的作用，故在施工前应进行试振，以便确定稳定下沉量及振实所需的时间。有效振实影响深度为 1.2 ～ 1.5 m。

当有相邻建筑物时，振动将会对相邻建筑产生不良影响，故振源与相邻建筑物的距离应大于 3 m。

机械碾压、重锤夯实、平板振动既可以加固地基表层土，也可以在换土垫层法中对回填土进行密实处理。

二、换土垫层法

换土垫层法是将地基软弱土层挖去，分层填以好土压实的方法。当软弱土层较薄时，可全部挖去；当软弱土层较厚时，可部分挖去。填土可采用砂、碎石、素土等，由换土作为基础持力层，以减小基底附加应力向下扩散至软弱下卧层引起的压力。

知识拓展

压实填土包括分层压实和分层夯实的填土。当利用压实填土作为建筑工程的地基持力层时，在平整场地前，应根据结构类型、填料性能和现场条件等对拟压实的填土提出质量要求。未经检验查明及不符合质量要求的压实填土均不得作为建筑工程的地基持力层。

（一）填土质量要求

压实填土的填料应符合下列规定。

(1) 级配良好的砂土或碎石土。

(2) 性能稳定的工业废料。

(3) 以砾石、卵石或块石做填料时，分层夯实时其最大粒径不宜大于 400 mm，分层压实时其最大粒径不宜大于 200 mm。

(4) 以粉质黏土、粉土做填料时，其含水率宜为最优含水率，可采用击实试验确定。

(5) 挖高填低或开山填沟的土料和石料应符合设计要求。

(6) 不得使用淤泥、耕土、冻土、膨胀性土及有机质含量大于 5% 的土。

（二）压实填土施工要求

压实填土的施工应符合下列规定。

(1) 铺填料前，应清除或处理场地内填土层底面以下的耕土和软弱土层。

(2) 分层填料的厚度和分层压实的遍数应根据所选用的压实设备，并通过试验确定。

(3) 在雨季、冬季进行压实填土施工时，应采取防雨、防冻措施，防止填料(粉质黏土、粉土)受雨水淋湿或冻结，并应采取措施，防止出现“橡皮”土。

(4) 压实填土的施工缝各层应错开搭接，在施工缝的搭接处应适当增加压实遍数。

(5) 压实填土施工结束后，宜及时进行基础施工。

(三) 压实系数

压实填土的质量以压实系数 λ_c 控制，并应根据结构类型和压实填土所在部位按表 11-1 的数值确定，即

$$\lambda_c = \frac{\rho_d}{\rho_{dmax}} \tag{11-1}$$

式中　λ_c—— 土的压实系数；

ρ_d—— 控制干土密度(g/cm^3)；

ρ_{dmax}—— 最大干土密度(g/cm^3)。

压实填土的最大干密度和最优含水率宜采用击实试验确定。

表 11-1　压实填土的质量控制

结构类型	填土部位	压实系数 λ_c	控制含水率/%
砌体承重结构和框架结构	在地基主要受力层范围内	≥0.97	$w_{op}\pm 2$
	在地基主要受力层范围以下	≥0.95	
排架结构	在地基主要受力层范围内	≥0.96	
	在地基主要受力层范围以下	≥0.94	

注：① 压实系数 λ_c 为压实填土的控制干密度 ρ_d 与最大干密度 ρ_{dmax} 的比值，w_{op} 为最优含水率。

② 地坪垫层以下及基础底面标高以上的压实填土，压实系数不应小于 0.94。

通过同一土质不同含水率的若干土样试验，可得到击实曲线，如图 11-2 所示。曲线的峰点即为最大干土密度，相应的含水率为最佳含水率。可以看出，土的含水率过大或过小，都会使最大干土密度值减小。

当无试验资料时，最大干密度为

$$\rho_{dmax} = \eta \frac{\rho_w G_s}{1 + 0.01 w_{op} G_s} \tag{11-2}$$

式中　ρ_{dmax}—— 分层压实填土的最大干密度(t/m^3)；

η—— 经验系数，粉质黏土取 0.96，粉土取 0.97；

ρ_w—— 水的密度(t/m^3)；

G_s—— 土粒相对密度(比重)；

w_{op}—— 填料的最优含水率(%)。

当填料为碎石或卵石时，其最大干密度可取 2.0 ～ 2.2 t/m^3。填土压实应分层进行，一般采用每层铺土厚度为 200 ～ 300 mm。

(四) 砂土垫层

工程上用的较多的是砂垫层，砂土透水性好，软弱土层中的水分可以渗至砂层中而排出，从而加速软弱土的固结。

1. 砂垫层厚度

砂垫层厚度应满足软弱下卧层强度验算条件，即

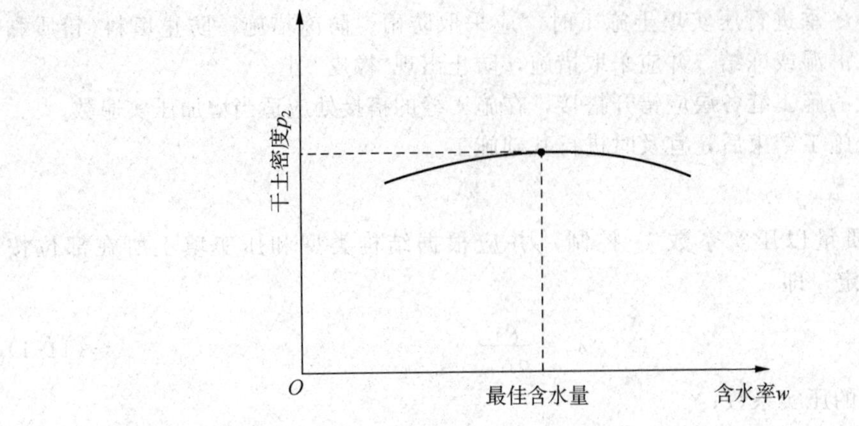

图 11-2　击实曲线

$$p_z + p_{cz} \leqslant f_{ax}$$

在计算时可由砂垫层的承载力确定基础宽度，砂垫层承载力一般取 150 ～ 200 mm。再假定砂垫层厚度，一般为 1 ～ 3 m。通过强度验算，直到满足为止。

2. 砂垫层宽度

砂垫层的底面宽度应满足应力扩散要求，即比基础底面宽度每边放出 $Z_{\tan\theta}$。对于条形基础，砂垫层底宽为 $b' \leqslant b + 2Z\tan\theta$，垫层宽度决定后，再按挖土边坡延伸至地面（图 11-3）。

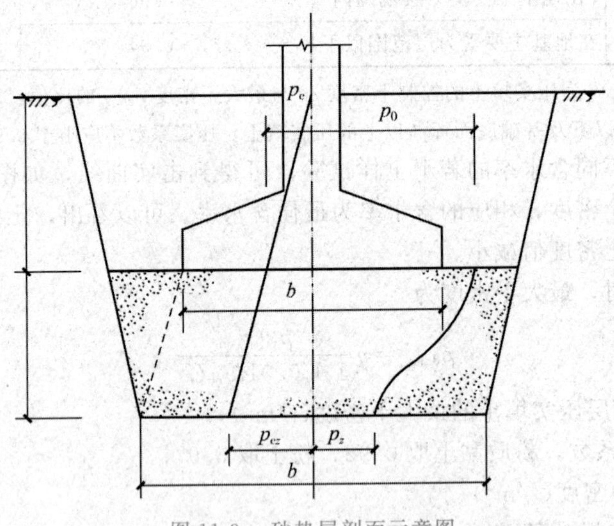

图 11-3　砂垫层剖面示意图

3. 砂垫层施工

砂垫层的密实度和承载力取决于砂的级配及施工质量，砂垫层以选中、粗砂为好。压实方法有平板法、插板法、水撼法、夯实法及碾压法。施工时应分层加水压实，不同方法砂垫层分层厚度及最佳含水率见表 11-2。

表 11-2　不同方法砂垫层分层厚度及最佳含水率

捣实方法	每层铺筑厚度 /mm	施工时的最佳含水率 /%	施工说明	备注
平振法	200 ～ 250	15 ～ 20	用平板式振捣器往复振捣	不宜使用于细砂或含泥量较大的砂所铺筑的砂垫层
插振法	振捣器插入深度	饱和	① 用插入式振捣器； ② 插入间距可根据机械振幅大小决定； ③ 不应插至下卧黏性土层； ④ 插入振捣完毕后，所留的孔洞应用砂填实	
水撼法	250	饱和	① 注水高度应超过每次铺筑面层； ② 用钢叉摇撼捣实插入点间距为 100 mm； ③ 钢叉分四齿，齿的间距 80 mm，长 300 mm，木柄长 90 mm；	湿陷性黄土、膨胀土地区不得使用
夯实法	150 ～ 200	8 ～ 12	① 用木夯或机械夯； ② 木夯重 40 kg，落距 400 ～ 500 mm	
碾压法	250 ～ 350	8 ～ 12	6 ～ 10 t 压路机往复碾压	① 适用于大面积地基； ② 不宜用于地下水位以下的砂地基

注：在地下水位以下的地基其最下层的铺筑厚度可比上表增加 50 mm。

砂垫层的密实度可进行室内实测干土密度控制。中砂干土密度不小于 1.55 ～ 1.60 g/cm³，粗砂可适当提高。

三、深层密实法

（一）强夯法

强夯法即强力夯实法，又称动力固结法。此法利用大型履带式起重机将质量为 8 ～ 40 t 的重锤从 6 ～ 40 m 的高度自由落下，对土进行强力夯实。此法施工类同于重锤法，但其夯实的原理与重锤法不同。由于锤重、落距大，因此每一击的夯击能量很大，重锤在落地时使土体产生剧烈振动，并产生强大的冲击波。其中，纵波(压缩波) 使土产生超静孔隙水压力，土粒位移；横波(剪切波) 剪切土颗粒，使土结构重新排列密实，从而获得较好的夯实效果。

强夯加固地基的影响深度可达10 m以上，地基承载力可提高3倍以上。有关工程实例表明，该方法具有良好的经济效果。

进行强夯施工时夯击点的间距一般为 5 ～ 15 m，夯击遍数一般为 2 ～ 5 遍，对于细颗粒较多、透水性弱的土层或加固要求高的工程，夯击遍数可以多些。每遍即在一个夯击点上连续夯击 3 ～ 10 击，待下沉稳定或每一击下沉量小于 30 ～ 50 mm 时，可停止夯击。两遍之间要有间歇时间，时间长短决定于孔隙水压力的消散程度。对于砂土及渗透性较好的地基，间歇时间较短；对于黏性土，则间歇时间要长，一般为 1 ～ 4 周。后几遍的夯击点的间距可逐渐减小，最后一遍一般采用低落距满拍，甚至采用搭接夯拍。对一般建筑物的加固范围为距建筑物最外轴线 3 m 处再布置一圈夯击点。

由于地质条件不同，因此施工前应进行试夯，以便确定符合加固质量的夯击遍数、每遍夯击数及最后下沉量的控制值，强夯加固效果可通过现场标准贯入、静力触探、旁压等原位试验或室内试验加以检验。

强夯法适用于碎石土、砂土、一般性黏土、人工填土等地基，也可用于湿陷性黄土地基。对于淤泥质土地基应慎重对待，对地下水位较高的地基应在施工前采取排水、降水措施。

强夯法施工振动较大，在周围 30 m 范围内建筑物会受影响，施工前应采取防震措施。

（二）挤密法

挤密加固地基的方法就是在软弱地基中先用机械设备打入桩管成孔，然后在孔内填以砂、土、灰土等材料，分层捣实成桩。成孔过程中，打入土中的桩管将孔内土体挤向四周，使地基土挤密，根据所用材料及施工方法不同，有以下几种挤密桩。

1. 灰土挤密桩

灰土挤密桩一般适用地下水位以上的素填土、杂填土或湿陷性黄土地基。经分层捣实后的灰土同桩周围挤密土共同承受基础底面压力，组成了一种人工复合地基，因灰土胶凝后具有较好的抗压强度，故此种人工复合地基的承载力比原状土承载力有所提高。

桩孔直径一般为 300 ～ 600 mm，桩孔间距一般为桩孔直径的 2 ～ 3 倍，桩孔深度一般为 5 m。

2. 砂挤密桩

砂挤密桩适用于软土、人工填土和松散砂土的地基。砂挤密桩成孔宜采用锤击或振动沉管方法，对于松散砂土地基在冲击和振动作用下可使桩周砂土挤密，可将填入桩孔的砂土振冲密实，从而提高承载力，减小压缩性。对于黏性软土，比较密实的砂桩可利于黏性软土排水，并与桩周黏性软土共同作用形成复合地基，也提高了承载力，减小了压缩性。

3. 振冲桩

振冲桩是振冲机械中的振冲器喷射压力水振动成孔。当振冲器下沉至设计标高时，向孔中填入砂、石的同时喷水振动自下而上逐渐振实形成密实的圆柱体即成为振冲桩。

振冲桩主要适用于加固砂土地基，桩间距在 2 m 以内。

（三）CFG 桩及 CFG 桩复合地基

CFG 桩是水泥粉煤灰碎石桩的简称，由碎石、石屑、粉煤灰、砂（也可不加砂）掺水泥加水拌和，经长螺旋钻孔管内泵压成桩。CFG 桩是一种具有黏结强度的非柔性、非刚性的亚类桩。通过调整水泥掺量及配比，桩强度可在 C5 ～ C20 变化。

由于 CFG 桩的强度及模量远高于桩间土，因此在外加荷载作用下，桩的变形小于桩间土的变形，从而使桩间土难以发挥作用，这就存在桩土共同工作的问题。此外，CFG 桩一般不配钢筋，桩体本身抵抗地震等水平荷载的能力很弱，基本上可以忽略不计。在水平荷载作用下，复合地基的水平抗力主要由桩间土提供，这也存在桩土共同工作问题。桩土共同工作的实质是通过调整桩土间的相对变形来实现桩、土共同工作。

在 CFG 桩复合地基中，解决上述问题的办法是在地基与基础之间设置一层 100 ～

300 mm厚的粗砂、石屑或碎石褥垫层，CFG桩复合地基示意图如图11-4所示，其具体厚度和材料可根据实际工程需要确定。褥垫层的作用如下。

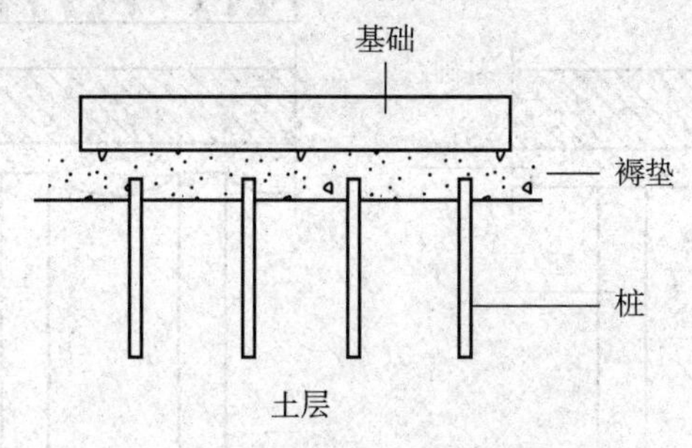

图11-4　CFG桩复合地基示意图

(1) 柔性褥垫层消减水平(图11-5)与垂直荷载对CFG桩的应力集中，使外加荷载相对均匀地被桩和桩间土分担，且褥垫层增加了复合地基的延性，可改善复合地基在地震等瞬时荷载作用下的受力情况。

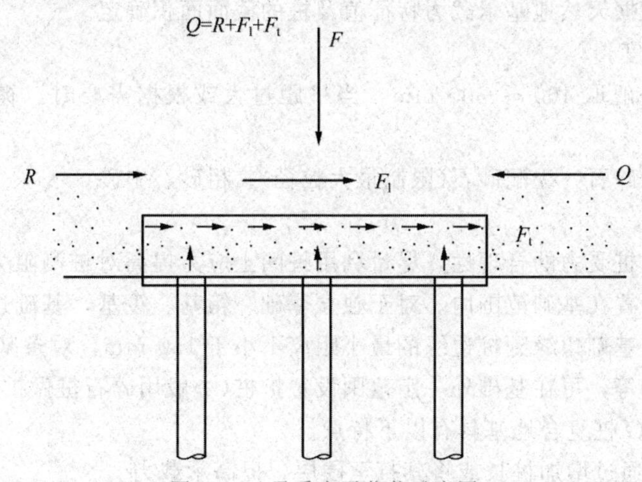

图11-5　承受水平荷载示意图

Q—水平荷载；R—基础侧土的反力；F_t—基础底面摩擦阻力；F_1—基础两侧面摩擦阻力

(2) 褥垫层提供了刚性桩向上刺入的变形条件(图11-6)，使调整桩土相对变形问题从根本上得以解决。在建筑物使用期间，桩间土产生缓慢连续的固结沉降，也可通过褥垫材料的蠕变流动得到补偿，使桩间土通过褥垫始终与基础底面保持接触，从而保证桩土共同工作。

(3) 褥垫层对于地基的不均匀沉降有补偿作用。

CFG桩复合地基的基本设计原则如下。

(1) 桩径 D。

一般桩径 D 设计成350～600 mm，可用振动沉管桩机、长螺旋钻机或其他成桩设备制桩。

(2) 桩距 S。

一般桩距 S 为3～6倍的桩径 D，桩距的大小取决于设计要求的复合地基承载力、土性与施工机具。设计要求的承载力大时 S 取小值，但必须考虑施工时新打桩对已打桩的影响，就施工而言希望采用大桩距大桩长，因此 S 大小应综合考虑。

(3) 桩长 L。

可根据经验公式计算确定。

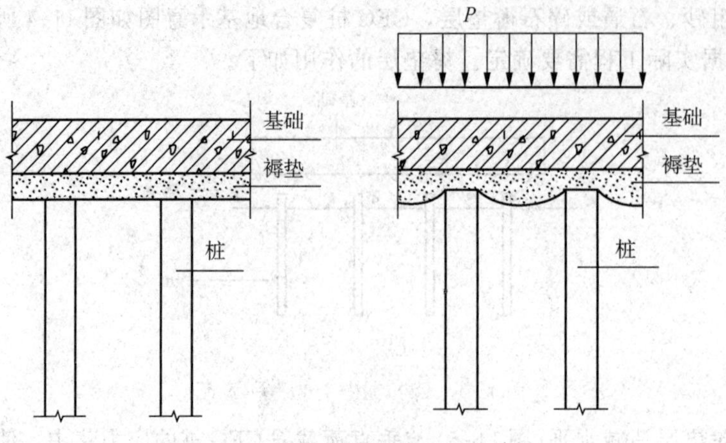

图 11-6　褥垫层调整桩土变形示意

(4) 桩体强度。

桩体强度可根据天然地基承载力特征值及桩的截面面积确定。

(5) 褥垫层厚度。

褥垫层厚度一般取 100 ～ 300 mm，当桩距过大或根据需要时，褥垫厚度也可适当加大。

褥垫材料可用碎石、级配砂石(限制最大粒径)、粗砂、中砂。

(6) 布桩。

布桩时要考虑桩受力的合理性，尽量利用桩间土应力提高对桩测阻力的增加作用。通常情况下，桩都布置在基础范围内。对于独立基础、箱基、筏基，基础边缘到桩的中心距一般为一倍桩径或基础边缘到桩边缘的最小距离不小于 150 mm，对条基不小于 75 mm。

对可液化地基等，可在基础外一定范围设置护桩(一般用碎石桩做护桩)。

CFG 桩及 CFG 桩复合地基具有以下特点。

(1)CFG 桩可通过增加桩长或将其打至硬层，提高承载力。

(2)CFG 桩复合地基承载力提高幅度较大，并可根据设计要求，通过改变设计参数使承载力有较大的可调性。

(3)CFG 桩复合地基的沉降量小，沉降稳定快，适用于对变形要求较严的建筑物。

(4)CFG 桩桩体材料价格经济，且施工也较简便。

四、排水固结法

在饱和软土或冲填土中，由于存在较多的孔隙水，因此地基承载力极低，压缩性很大。对于各类软弱地基，都可采用排水固结法加固地基。排水固结法的原理是在基础范围内加载预压，使孔隙水被排除，土体被压缩，使大量的沉降在建筑物建造之前完成。经过这样处理后，地基的承载力可得到较大的提高。排水固结法有以下几种方法。

(一) 加载预压

在软土和冲填土地基上堆以土、砂、石或其他重物，使地基土在自然状态下逐渐进行固结。施工时应逐级加荷，在前一级荷载作用下达到固结后再施加下一级荷载。同样，卸荷也逐级进行，以使地基逐步稳定。预压荷载宜接近设计荷载，必要时可超载，以缩短预压时间。但逐级加载数量不得超过地基当时的极限荷载，以防土体破坏。

预压效果与土质、土层厚度、加载大小有关。当饱和土层很厚时，排水的时间就较长，为缩短固结时间，可配合采用砂井加载预压、砂井真空降水预压等方法。

（二）砂井加载预压

在地基中用桩管成孔，孔中灌满砂土，成为砂井，地表面铺砾石。砂垫层以利排水，然后堆载预压，使土中水能较迅速地流入砂井而排出地面，以缩短排水固结时间，增强处理效果(图 11-7)。

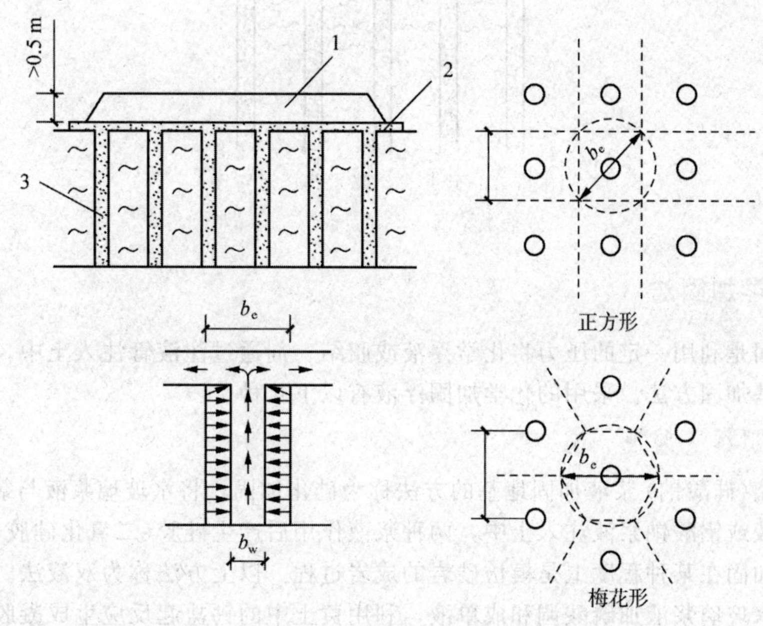

图 11-7　砂井加载预压

1— 堆载；2— 砂垫层；3— 砂井；b_e— 斜内径；b_w— 砂井内径

地基排水固结所需时间还与砂井直径、砂井间距有关。加大砂井直径、缩小砂井间距都对地基的排水固结有利，但经过计算与实践表明，缩小间距比增加井径效果更佳。因此，一般情况下砂井的直径和间距取细而密的方案。常用井径为 300 ～ 450 mm，井距为井径的 6 ～ 8 倍。

砂井的深度应满足地基的稳定及沉降的要求，从稳定方面考虑，砂井的长度应穿过地基的可能滑动面。从沉降方面考虑，砂井的长度应穿过主要的压缩层。

砂井的砂料宜用中、粗砂。

（三）砂井真空降水预压

在砂井顶部铺设砂垫层后，再在砂垫层上铺一层不透气的薄膜(塑料或橡皮布)，四周埋入土中，使之密封。然后用真空泵、抽水泵抽气抽水(图 11-8)。抽气前薄膜内外大气压相同，抽气后薄膜内压力降低，薄膜内外形成一个压力差，称为真空度。真空预压法就是利用大气压力差作为预压荷载，使土体逐渐排水固结。例如，当真空度达 600 mm 的水银柱时，就相当于预压荷载 80 kPa 左右。由于在土中产生负的孔隙压力，孔隙水被吸出，因此又称负压排水法。

真空降水预压法具有不需大量预压材料、不会引起地基失稳等优点，是一种较好的地基加固方法。

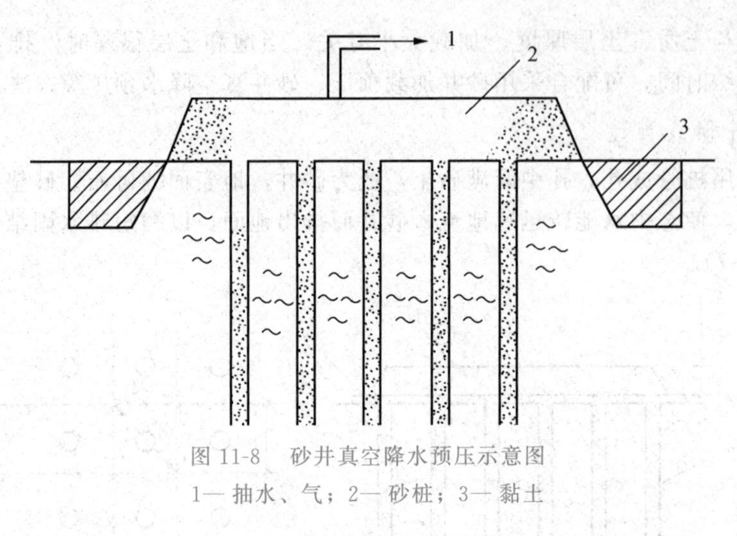

图 11-8　砂井真空降水预压示意图

1— 抽水、气；2— 砂桩；3— 黏土

五、化学加固法

化学加固是利用一定的压力将化学浮液或胶结、剂通过注液管注入土中，将土粒胶结在一起的地基加固方法。采用的化学加固浮液有以下几种。

（一）水玻璃类浆液

用水玻璃(硅酸钠)浆液加固地基的方法称为硅化加固，将水玻璃浆液与氯化钙浆液或重碳酸钠浆液或铝酸钠浆液注入土中，两种浆液作用后产生硅胶(二氧化硅胶体)，将土粒胶结起来，加固在某种程度上是模仿砂岩的成岩过程。以上方法称为双液法。加固黄土时也可只注入水玻璃浆液加磷酸调和成单液，利用黄土中的钙盐起反应生成凝胶。此方法称为单液法。

土的透水性和溶液浓度对加固效果起着主要作用。砂土和黄土的渗透系数大，故可采用压力硅化法加固地基，黏性土的透水性小，溶液不易渗入，这时可采用电动硅化法加固地基(图 11-9)。

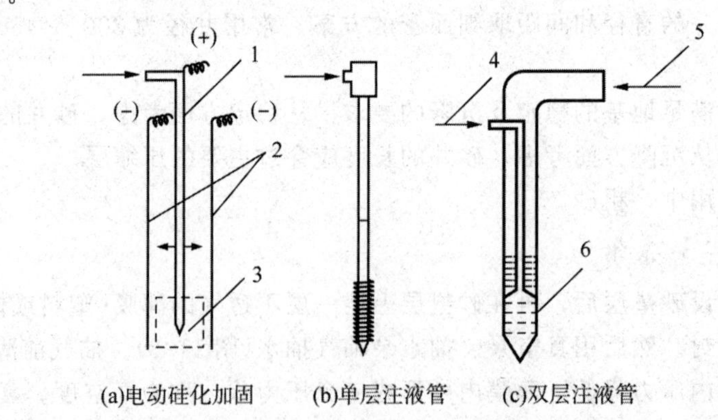

图 11-9　电动硅化加固示意图

1— 注液管；2— 电极棒；3— 加固区；4— 第一种溶液；5— 第二种溶液；6— 注液孔

施工时把注液管作为正极，铁棒或滤水管作为负极，将水玻璃和氯化钙溶液先后由正极压入土中，并通以直流电。在电渗作用下，孔隙水由正级流向负极，化学溶液也随之流入土的孔隙中，并在土中生成硅液。另外，可在负极抽水，加速软土的排水固结速度。

(二) 高分子类浆液

高分子类浆液也可应用于地基加固工程中，采用的高分子浆液有以下几种。

(1) 以丙烯酰胺为主的浆液，有丙凝、丙强等，具有堵水和加固地基的作用。

(2) 以木质为主的浆液有铬木素、木铵等，具有较好的堵水性及可灌性。

(3) 聚氨基甲酸酯类浆液。

六、旋喷法

旋喷法是一种旋喷注浆加固地基的方法，是在化学静压注浆基础上发展起来的。施工时先用钻机钻孔，达到设计要求的标高后再加压(20 kPa 左右的压力)，使浆液通过装在钻杆下部侧面上的喷嘴向四周旋喷，边喷射边旋转提升钻杆。用强力冲击扰动土体，使浆液与土粒搅拌混合，凝结后形成圆柱状的旋喷桩(图 11-10)。

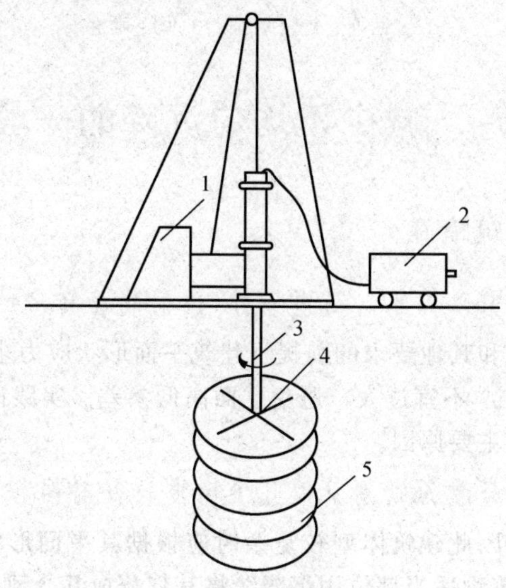

图 11-10　单管旋喷法示意图

1— 钻机；2— 高压泥浆泵；3— 钻杆；4— 喷头；5— 固结体

旋喷桩能起桩的作用而直接承受荷载，类似混凝土灌注桩，故也能用作桩基础(图 11-11)。

旋喷桩能起桩的作用而直接承受荷载，类似混凝土灌注桩，故也能用作桩基础(图 11-11)。旋喷法适用于砂土、黏性土、湿陷性黄土及人工填土等地基的加固，此法地基加固质量可靠，经济效果显著，但对于地下水流过大、永久冻土等地基不宜采用。

旋喷用浆液常用硅酸盐水泥浆，一般情况下可不加外加剂，当有地下水时可加入速凝早强剂(氯化钙、三乙醇胺等)。为提高旋喷桩的抗压强度，可用高强度水泥及掺入高效能的扩散剂(硫酸钠等)；为提高抗冻性，可掺入抗冻剂(沸石粉、三乙醇胺、亚硝酸钠等)；为提高抗渗能力，可掺入水玻璃浮液。

旋喷桩的喷液除水泥浆液外，也可采用前述的各种化学加固浆液。

旋喷桩的直径：单管法为 0.3 ～ 0.8 m，二重管法为 1 m 左右，三重管法为 1 ～ 2 m。桩的间距通常为桩径的 2 ～ 3 倍。

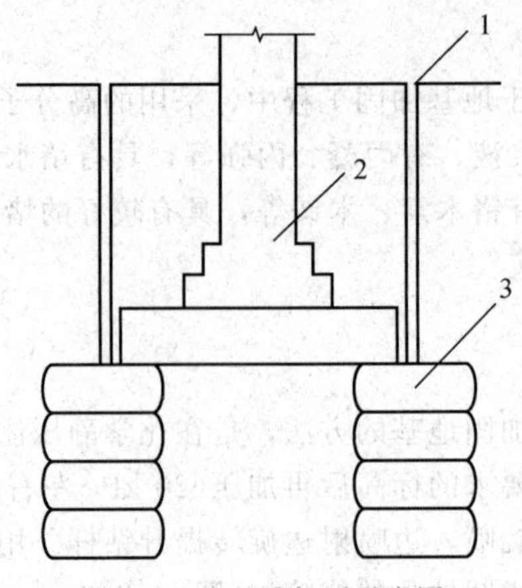

图 11-11　基础加固示意图

1— 钻孔；2— 基础；3— 旋喷桩

第四节　减少不均匀沉降的一般措施

一、通常采用的建筑措施

（一）建筑平面形状力求简单，高度差异（或荷载差异）不宜过大

设计时，在满足使用和其他要求的前提下建筑平面形状应力求简单，尽量避免转折多变，高度差异（或荷载差异）不宜过大，避免立面高低参差。实践证明，建筑体型复杂的建筑物常是造成墙身开裂的主要原因。

（二）设置沉降缝，将建筑物划分成几个刚度较好的部分

由于使用上的要求，因此建筑体型较复杂时应根据其平面形状、高度差异（或荷载差异）、地质情况等，在建筑物适当部位用沉降缝将其划分成几个刚度较好，即长高比（建筑物的长度 l 与高度 h 之比）较小的单元。这样可以减小因地基不均匀沉降在墙体内引起的应力，避免墙身开裂。

知识拓展

房屋和建筑物的下列部位宜设置沉降缝。

(1) 建筑平面的转折处。

(2) 高度差异（或荷载差异）较大处。

(3) 长高比过大的砌体承重结构或钢筋混凝土框架结构的适当部位。

(4) 地基土的压缩性有显著差异处。

(5) 建筑结构（或基础）类型不同处。

(6) 分期建造房屋的交界处。

沉降缝应有足够的宽度，房屋沉降缝宽度见表 11-3，缝内一般不填塞材料，当必须填塞材料时，要防止缝的两侧因房屋内倾而相互挤压。

表 11-3　房屋沉降缝宽度

房屋层数	沉降缝宽度 /mm
二 ～ 三	50 ～ 80
四 ～ 五	80 ～ 120
五层以上	不小于 120

注：当沉降缝两侧单元层数不同时，缝宽按高层者取用。

基础沉降缝构造如图 11-12 所示。

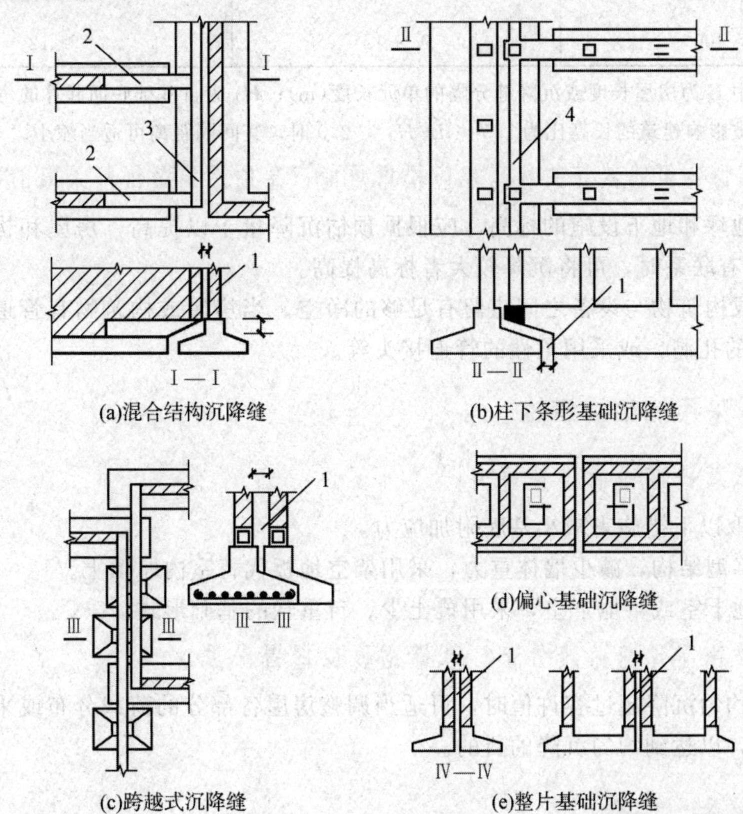

(a)混合结构沉降缝　(b)柱下条形基础沉降缝　(c)跨越式沉降缝　(d)偏心基础沉降缝　(e)整片基础沉降缝

图 11-12　基础沉降缝构造

1— 沉降缝；2— 挑梁；3— 支承在挑梁上的梁；4— 连系梁

（三）考虑相邻房屋的间距

当相邻建筑的高度差异或荷载差异较大时，宜留有一定的间隔距离，避免基底应力扩散而相互产生附加沉降。相邻的房屋中产生影响的称为影响建筑物，受到影响的称为被影响建筑物。一般情况下，重、高房屋对相邻轻、低房屋产生影响，使轻、低房屋产生裂缝或倾斜。相邻建筑的间隔距离见表 11-4。

表 11-4　相邻建筑的间隔距离

影响建筑的预估平均沉降量 S/mm	被影响建筑的长高比	
	$2.0 \leqslant \frac{L}{H_f} < 3.0$	$3.0 \leqslant \frac{L}{H_f} < 5.0$
70 ～ 150	2 ～ 3	3 ～ 6
160 ～ 250	3 ～ 6	6 ～ 9
260 ～ 400	6 ～ 9	9 ～ 12
＞400	9 ～ 12	≥12

注：① 表中 L 为房屋长度或沉降缝分隔的单元长度(m)；H_f 为自基础底面起算的房屋高度(m)。
② 当被影响建筑的长高比为 $1.5 < L/H_f < 2.0$ 时，其间隔距离可适当缩小。

(四) 建筑物各组成部分的标高，应根据可能产生的不均匀沉降采取的相应措施

(1) 室内地坪和地下设施的标高，应根据预估沉降量予以提高，房屋和构筑物各部分(或设备之间) 有联系时，可将沉降较大者标高提高。

(2) 房屋或构筑物与设备之间应留有足够的净空。当房屋或构筑物有管道穿过时，应预留足够尺寸的孔洞，或采用柔性的管道接头等。

二、通常采用的结构措施

(一) 减小基础底面的附加应力

通常，采取以下措施来减小基底附加应力。

(1) 选择轻型结构，减少墙体重力，采用架空地板代替室内厚填土。

(2) 设置地下室或半地下室，采用覆土少、自重轻的基础形式。

(二) 调整各部分的荷载分布、基础宽度或埋置深度

当基础不均匀沉降超过容许值时，可适当调整房屋各部分的荷载分布或采用不同的基础宽度和埋深，以达到均匀沉降的目的。

知识拓展

例如，对于持力层软弱且厚度变化比较大，而下卧层为坚硬的土层，可将基础在软土厚度较厚的区段适当加宽，降低基底应力，或将该处基础适当落深，使之与其他区段的软持力层厚度接近，以争取均匀沉降。

(三) 对要求严格或重要的房屋和构筑物，必要时可选用较小的基底应力。

如果作用在地基上的应力比较大，有时会使软土的天然结构遭到破坏。这时，地基的强度急剧降低，变形显著增加。因此，对于不均匀沉降要求严格或重要的房屋和构筑物，必要时选用较小的基底应力，使地基的安全度有所增加，以保证建筑物的安全和正常使用。

(四) 增加上部结构的整体刚度和强度

对于砖石承重结构的房屋，宜采用下列增强整体刚度和强度措施。

(1) 对于三层和三层以上的房屋，其长高比 l/h 宜小于或等于 2.5。当房屋的长高比为

$2.5 < l/h \leqslant 3.0$时，应尽量做到纵墙不转折或少转折，其内墙间距不宜过大，必要时可适当增加基础刚度和强度。当房屋的预估最大沉降量小于或等于 120 mm 时，在一般情况下其长高比可不受限制。

(2) 墙内设置钢筋混凝土圈梁或钢筋砖圈梁。所谓圈梁，就是在墙内沿水平方向设置一封闭的钢筋混凝土梁或砖配筋带。它的作用主要是增强建筑物的整体性，提高砖石砌体的强度，可以防止砖墙出现裂缝和阻止裂缝继续开展。

(3) 当开洞过大使墙体削弱时，宜在削弱部位适当配筋或采用构造柱及圈梁加强。

三、通常采用的施工和使用措施

(1) 在软弱地基上建造房屋时，通常先将重、高房屋先施工，有一定沉降后再施工轻、低房屋。

(2) 施工时应注意保护地基土的原状结构，避免扰动地基土。

(3) 控制施工期间加载速率，掌握加载间隔时间。

(4) 调整活荷载分布。

(5) 对于活荷载较大的构筑物(如料仓、油罐等)，使用前期应控制加载速率。

思　考　题

1. 某填土用粉土，比重 $G_s = 2.7$，压实系数 $\lambda_c = 0.96$，当最优含水率 $w_{op} = 15\%$ 时，试求压实时的控制干土密度 ρ_d。

2. 已知某独立基础传来设计荷载 $F_k = 180$ kN(± 0.00 处)，地基土为淤泥质土，其重度 $\gamma = 16$ kN/m^3，载力特征值 $f_{ak} = 50$ kPa，基础埋深 $d = 1$ m(图 11-13)。设中砂垫层厚为 1 m，砂垫层的承载力特征值 $f_{ak} = 150$ kPa，$\gamma = 19.2$ kN/m^3，试验算该砂垫层厚度能否满足要求，并确定垫层宽度(近似取 $\theta = 30°$)。

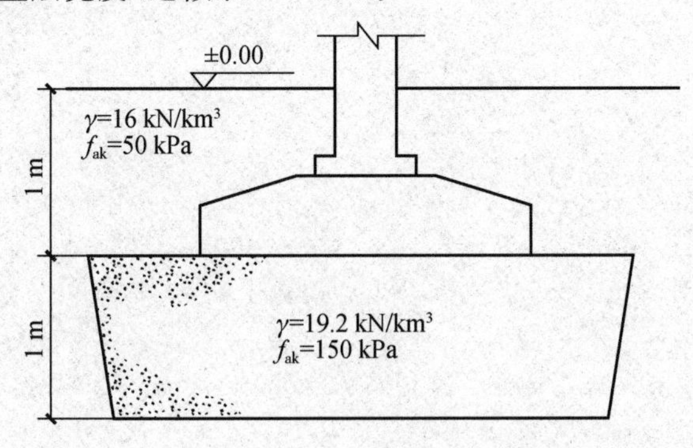

图 11-13　思考题 2 图

参考文献

[1] 朱艳峰. 土力学与地基基础[M]. 北京：中国建筑工业出版社，2021.

[2] 邢焕兰. 土力学与地基基础[M]. 大连：大连理工大学出版社，2021.

[3] 陈海玉. 土力学与地基基础[M]. 南京：南京大学出版社，2021.

[4] 吴健. 土力学与地基基础[M]. 郑州：黄河水利出版社，2020.

[5] 李宝玉，田玲，杨志刚. 土力学与地基基础[M]. 郑州：河南科学技术出版社，2020.

[6] 李文英，朱艳峰. 土力学与地基基础[M]. 北京：中国铁道出版社，2020.